Eugen Seibold

Der Meeresboden

Ergebnisse und Probleme
der Meeresgeologie

Mit 86 Abbildungen

Springer-Verlag
Berlin Heidelberg New York 1974

Professor Dr. Eugen Seibold
Geologisch-Paläontologisches Institut und
Museum d. Universität 2300 Kiel,
Olshausenstraße 40/60

Library of Congress Cataloging in Publication Data

Seibold, Eugen.
  Der Meeresboden.

  (Hochschultext)
  Bibliography: p.
  1. Submarine geology. I. Title.
QE39.S37   551.4'608   74-12228

ISBN-13:978-3-540-06868-6   e-ISBN-13:978-3-642-80858-6
DOI: 10.1007/978-3-642-80858-6

Vorwort

Vor einem Jahrhundert machten die Wissenschaften, die sich mit dem Leben
befassen, einen Umbruch mit. Der Entwicklungsgedanke und die sich an ihn
schließenden Hypothesen rückten durch CHARLES ROBERT DARWIN in den Mittelpunkt der Erörterungen. Fast jeder Zweig der Biologie wurde dadurch gezwungen, seine bisherigen Erkenntnisse daran zu messen, seine Ergebnisse
zu überprüfen, zu ergänzen, zu verfeinern, um Stellung nehmen zu können.

Seit einem runden Jahrzehnt sind die Erdwissenschaften in einer ähnlichen
Lage. Eine Gruppe neuer Hypothesen versucht die Entstehung der Ozeane und
Kontinente und deren Entwicklung in der Erdgeschichte zu erklären. Diese
neuen Vorstellungen gehen zum großen Teil vom Meer und seinem Untergrund
aus. Sie beruhen vielfach auf Methoden, über die wir meist erst seit wenigen Jahrzehnten oder gar Jahren verfügen. Deshalb werden oft genug Deutungen sicherer vorgetragen, als es die vielfach noch lückenhaft bekannten
Tatsachen eigentlich erlauben. Das Jugendliche dieses Feldes aber erklärt
auch seine stürmische Entwicklung, die Fülle von ungelösten Problemen, von
anregenden Ideen und die Begeisterung, mit der auf ihm gearbeitet wird.

Die Meeresgeologie ist aber nicht nur hinsichtlich dieser fundamentalen
Fragen ein nach allen Seiten *offenes Fach*. Sie stellt auch auf vielen
sonstigen Gebieten noch Zukunftsaufgaben – für den Studenten, für den
Geologen, der Erfahrungen an Land gesammelt hat, für die Nachbarwissen-
schaften, für die Wirtschaft.

Das hier vorgelegte kleine Buch soll diese und andere Interessenten in
die Meeresgeologie einführen. Es soll auch als Hochschultext für eine
breitere Öffentlichkeit lesbar sein. Deshalb wird versucht, kein detail-
liertes Grundlagenwissen vorauszusetzen. In einer solchen Einführung sollten ferner nicht die genannten Hypothesen im Vordergrund stehen, sondern
die Beobachtungen und die daraus erwachsenden wichtigeren Kenntnisse.

Man muß zum Beispiel die Formen des Meeresbodens und deren Verbreitung
kennen (Kapitel 2), wenn man seine Bedeckung mit Sedimenten oder das Leben auf ihm verstehen lernen will. Die verschiedensten umweltprägenden
Prozesse haben in Gebirgen und Einsenkungen, auf Hängen und Ebenen unterschiedliches Gewicht – sowohl an Land wie unter den Meeren. Woraus bestehen diese marinen Ablagerungen? Wo kommen sie her? (Kapitel 3). Wie
wirken sich die Wasserbewegungen auf sie aus (Kapitel 4), wie die Organismen (Kapitel 5)? Und umgekehrt: Was kann man aus diesen Sedimenten
ableiten? Zu dieser Frage werden einige Beispiele ausführlicher erläutert,
da der Meeresgeologe stets versucht, Rückschlüsse aus heutigen Gegebenheiten auf die erdgeschichtliche Vorzeit zu übertragen: Verraten Sedimente und Organismen, ob sie dem flachsten Wasser (Kapitel 4) oder der Tiefsee zugehören oder zugehörten, den polaren oder tropischen Klimazonen
(Kapitel 6)? Schließlich müssen sich eine Fülle von Faktoren günstig kom-

binieren, damit sich mineralische Rohstoffe auf dem Meeresboden anreichern (Kapitel 7). Zuletzt erst, im Kapitel 8, wird näher auf die Eingangsfragen, auf die Entstehung der Ozeane, eingegangen.

Dieses Buch soll *kein Ersatz für ein Lehrbuch* im engeren Sinn sein. Es enthält viele Fragezeichen und weist immer wieder auf *aktuelle Probleme* hin. Trotzdem werden Hilfen gegeben, damit Antworten auf spezielle Fragen im Text, in Tabellen und in Abbildungen gefunden werden können. Es will auch nicht näher auf Verfahren und Geräte eingehen, so sehr diese den Fortschritt der Meeresgeologie bestimmen. Da die einschlägige Literatur außerordentlich zersplittert und schwer erreichbar ist, wird im Anhang im wesentlichen nur auf Werke verwiesen, die den Interessenten bei einem vertieften Studium und bei seiner Suche nach Originalarbeiten weiterhelfen können. Die meisten sind freilich englisch geschrieben.

Wenn jung sein in der Wissenschaft und auch sonst bedeutet, Interesse am Grundsätzlichen und keine Vorbelastung zu haben, so darf nicht vergessen werden, daß es solche Erdwissenschaftler auch schon vor Jahrhunderten gab. Sie haben viel Phantastisches und oft Ergötzliches geäußert. Die Besten unter ihnen versuchten aber immer, an die Wurzeln der Probleme zu kommen. Oft genug nahmen sie höchst moderne Erkenntnisse voraus, ohne sie allerdings damals schon beweisen zu können. Viele Anregungen gab mir in dieser Hinsicht Prof. Dr. MAX PFANNENSTIEL - Freiburg. Einige Beispiele sind in einzelnen Kapiteln eingestreut.

Schließlich ist der Text deutsch geschrieben. Es ist uns Deutschen schon vor Generationen vorgeworfen worden, daß wir mit dem Rücken zum Meer säßen. An dieser Haltung hat sich seitdem leider nichts geändert. Es soll aber daran erinnert werden, daß uns diese Einstellung schon beim ersten *Zeitalter der Entdeckungen*, am Beginn der Neuzeit, zum unbedeutenden Mitläufer hatte werden lassen. Jetzt, wo es gilt, nicht mehr ferne Küsten, sondern die ganze Weite des Meeresbodens selbst in einem zweiten Zeitalter zu entdecken, müssen wir vermeiden, uns in dieselbe Rolle bringen zu lassen. Die folgenden Kapitel sollen zeigen, wieviele Zugänge zu grundlegenden Problemen und wieviel Verständnis für Fragen der Anwendung wir uns verbauen können, wenn wir uns nicht umdrehen.

Ich weiß sehr wohl, daß es ein Wagnis ist, dies alles auf 170 Seiten zu versuchen. Viel zu viel ist noch im Fluß. Viel zu wenig verstehe ich aus eigener direkter Forschung und mag deshalb manches schief oder gar falsch dargestellt haben. Jede Kritik ist daher willkommen.

Ich hatte das Glück, daß ich in den letzten beiden Jahrzehnten von der Begeisterung an der Meeresgeologie mit getragen wurde, im wörtlichen Sinn an Bord der Forschungsschiffe, vor allem der "Meteor". Anregungen und Kenntnisse kamen aus vielen Veröffentlichungen, mehr noch aus Vorträgen und Gesprächen im Kreis der vielsprachigen Familie, die den Meeresboden "unter Kultur zu nehmen" beginnt. Hierfür möchte ich mich ganz allgemein bei ungezählten Partnern bedanken. Ein Großteil des Manuskripts entstand in der SCRIPPS INSTITUTION OF OCEANOGRAPHY - La Jolla, USA, deren Gastfreundschaft ich im Winter 1972/73 genießen durfte. Im besonderen gilt mein Dank aber den Mitarbeitern des GEOLOGISCH-PALÄONTOLOGISCHEN INSTITUTS DER UNIVERSITÄT KIEL und dabei auch den Doktoranden, die jede Aufzeichnung und jede Probe vom Meeresboden neu und kritisch sehen.

Viele Beispiele auf den folgenden Seiten sind – zum Teil noch unveröffent-
lichte – Ergebnisse der Untersuchungen in Kiel. Darüber hinaus danke ich
Prof. Dr. K. VON FRISCH und dem Verleger Dr. KONRAD F. SPRINGER für die
Anregung zu diesem Buch, für ihr Verständnis und ihre Hilfe.

Kiel, im Sommer 1974   E. SEIBOLD

Inhaltsübersicht

1. Einleitung

Endogene Kräfte. Wer Zeuge eines Erdbebens wird, wer am Rande des Kraters
eines aktiven Vulkans steht, erlebt das Spiel der Kräfte, die aus dem Inneren der Erde kommen. Für die meisten von uns sind es seltene, dafür um so
anschaulichere Ereignisse. Diese Kräfte heben aber auch in fast unmerklicher
Weise den Skandinavischen oder Kanadischen Schild heraus, lassen den Ober-
rheingraben oder das Death Valley absinken. Würden wir das Spiel dieser
"endogenen" Kräfte in Raum und Zeit verstehen, so könnten wir auch die
großen Züge des Meeresbodens erklären, der unserer direkten Anschauung ja
weitgehend entzogen ist. Warum nimmt er rund 70% der Erdoberfläche ein
(Tabelle 2-1)? Warum liegen 2/3 des Landes auf der Nordhalbkugel? Warum
ist die mittlere Meerestiefe 3,7 km, die maximale an vielen Stellen um
10 km und nicht mehr? War dies immer so in der kurzen Spanne der Erdgeschichte, die wir mit geologischen Methoden einigermaßen beurteilen können,
d.h. in den letzten 600 Millionen Jahren?

Wir stehen beim Versuch, diese großen Fragen zu lösen, auf sehr unsicherem
Grund. Einfach deshalb, weil unsere direkten Beobachtungen beschränkt sind,
weil selbst die tiefsten Bohrungen mit heute schon mehr als 9 km nur die
äußerste Erdhaut ritzen. Die Erdkruste reicht je nach der geologischen
Situation 7-60 km tief, umfaßt aber nur 0,4% der Erdmasse. Der Erdmantel
darunter ist dagegen 2.850 km dick, nimmt damit 68% ein. Der Erdkern
schließlich hat einen Radius von 3.470 km und enthält 31,5%. Noch anschau-
licher: Auf einem mannshohen Globus würde die mittlere Meerestiefe 0,5 mm
ausmachen. Selbst die rund 100 km dicke "Lithosphäre", aus der Erdkruste
und dem obersten Erdmantel bestehend, würde nur einem Strich mit der Dicke
einer Schulkreide entsprechen.

Die entscheidenden Vorgänge, die zur Verteilung von Kontinenten und Ozeanen,
zur Bildung von Gebirgen und Becken führen, kommen im wesentlichen aus dem
Erdmantel. Energiequelle ist die Wärme, vor allem aus radioaktivem Zerfall.
Der Mantel unter der Kruste ist aber noch nie erbohrt worden. Gesteine aus
ihm glaubt man gelegentlich an der Erdoberfläche entdeckt zu haben. Sie
wurden hochgehoben, dadurch aber auch verändert. Deshalb ist man auf in-
direkte Methoden angewiesen, die Eigenschaften und Lagerung der Mantelgesteine zu erforschen: Seismische und magnetische Messungen, Modellversuche,
die Bewegungsvorgänge oder Mineralbildung unter den Bedingungen in jenen
Tiefen nachahmen.

Exogene Kräfte. Der Meeresboden wird aber auch von oben her, von *"exogenen"* Kräften geprägt. Energiequelle ist die Sonnenstrahlung. Sie läßt
Luft- und Wassermassen zirkulieren. Wind, Regen und Eis wirken auf den
Kontinenten als Bildhauer, die aus dem Rohbau, den die endogenen Kräfte
und der Gesteinscharakter setzen, die uns vertrauten Landschaften heraus-
modellieren. Sie führen dem Meer die mechanischen und chemischen Abfallprodukte dieses Prozesses zu. Die einzelnen Klimazonen setzen dabei verschiedene Akzente. Wellen und Strömungen, zusammen mit der allgegenwärti-

gen Erdschwere, übernehmen die Formung des endogen gegebenen Rahmens der
untermeerischen Landschaften. Auch hierbei kann es dramatische kurz- oder
langzeitige Höhepunkte geben: Der Stunden während Ansturm der Tsunamis,
d.h. der Wasserwellen, die durch Erdbeben oder Vulkanausbrüche erzeugt
werden. Tagelange tropische Stürme. Monatelange, extreme Eiswinter. Jahr-
tausendelange Kälteperioden der Eiszeiten. Aber auch hier ist das unauf-
fällige Alltagsleben wichtig, in besonderem Maß im Bereich der Organismen.
Sie haben im Meer in mancher Hinsicht größere Bedeutung als auf dem Land.
Zu den eindruckvollsten untermeerischen Gebirgen gehören die Korallenriffe,
die oft selbst aus der Tiefsee aufragen können. Doch auch sie können ohne
die Sonne nicht leben, ohne ihr Licht, das die Pflanzen befähigt, aus gelösten anorganischen Stoffen organische Substanzen zu schaffen. Damit sind
sie das erste Glied in der Nahrungskette für die Tiere.

Diese exogenen Vorgänge sollen im folgenden im Vordergrund stehen. Wir erleben sie, auch mit ihren Konsequenzen, direkter, können sie mit einfache-
ren Mitteln beobachten und auf weniger Umwegen zu verstehen suchen. Trotzdem gibt es noch keine sicheren Antworten auf eine Fülle von Fragen. Ist
der Meeresspiegel nach der letzten Kaltzeit weltweit kontinuierlich angestiegen oder nicht? Wieviel Sand wird in einem gegebenen Bereich und
Zeitraum wohin transportiert? Wie sind die submarinen Canyons entstanden?
Ist der Tiefseeboden wirklich ein so konservatives Milieu, ohne Erosion,
ohne Verwitterung, weithin ohne Relief? Wo kommt und kam der Kalkschlamm
her? Entstehen im Meer heute wirklich keine Feuersteine, Phosphorite,
oolithische Eisenerze – oder haben wir sie nur noch nicht gefunden? Wo
in der Tiefsee kann man Manganknollen voraussagen? Warum sind es überhaupt Knollen?

Die eingangs erwähnten globalen Probleme sollen indessen nicht vergessen
werden, denn diese *"erdwissenschaftliche Frage des Jahrhunderts"* ist um
eine Größenordnung gewichtiger als die soeben aufgezählten. Schließlich
macht ja auch die Hydrosphäre nur 0,024% der Erdmasse aus und letztlich
stammt das Meerwasser selbst aus dem Erdinnern. Die Grundlage für die Er-
örterung der meisten Probleme des Meeresbodens ist aber trotzdem die Art
und Verteilung seiner Oberflächenformen.

2. Formen des Meeresbodens

2.1 Die Erforschung des Meeresbodens

Mit Berg und Tal, ja mit Steilhang, Quellnische, Terrasse lebt der Mensch
seit Anbeginn. Seit Jahrhunderten stellt er große und kleine Züge in topo-
graphischen Karten dar. Seit Jahrhunderten auch beschäftigt er sich mit
dem Gesteinsmaterial an der Oberfläche und versucht, daraus Schlüsse für
den Untergrund, etwa für den Bergbau, zu ziehen.

Der Meeresboden dagegen war für den Menschen bis vor wenigen Jahrzehnten
nur in seinen flachsten Teilen von direktem Interesse, für die Schiffahrt
und die Fischerei. Tiefere Bereiche waren noch vor 100 Jahren fast völlig
unbekannt. Selbst in dem seit der Antike vielbefahrenen Mittelmeer gab
es noch vor 20 Jahren Felder von 100 x 50 km, aus denen nicht eine einzige
Tiefenzahl veröffentlicht war.

Der erste systematische Schritt in die Tiefe war die *"Challenger"*-Expedi-
tion (1872-1876). Sie brachte neben groben Vorstellungen der Tiefenlage
der Ozeanböden auch erste Kenntnisse der Eigenschaften und Verbreitung
der Bodenbedeckung heim. Die Tiefseesedimente werden heute noch nach den
damaligen Ergebnissen benannt.

Durch die Einführung des Echolots, die das zeitraubende und ungenaue Loten
mit Leine und Bleigewicht ablöste, war der zweite Schritt möglich, die Kar-
tierung des tieferen Meeresbodens. Er begann mit der *"Meteor"*-Expedition
in den Südatlantik (1925-1927).

An die Erforschung des Baus des Untergrunds konnte erst in den 30er Jah-
ren gegangen werden, in denen die *See-Seismik* eingeführt wurde. Mit der
Indienststellung der 2. "Meteor" im Jahre 1964 kann auch die deutsche
Grundlagenforschung daran teilhaben (Abb. 2-1, 2-2). Und erst in unseren
Tagen erleben wir den vierten Schritt, mit dem wir durch den Einsatz des
Bohrschiffes *"Glomar Challenger"* auch das Material des Untergrunds der
Tiefsee selbst in die Hand bekommen (Abb. 2-3).

Die Landgeologie ist daher in ihren Kenntnissen an Fakten der Meeresgeologie noch um diese Jahrhunderte voraus. Wirtschaftliche - auch militä-
rische - Zwänge, etwa die Erdgas- und Erdölsuche unter den flachen Meeresteilen, der Schutz der Küsten vor Zerstörung durch die Brandung, das Frei-
halten der Hafenzugänge für Schiffe mit immer größerem Tiefgang, die genaue Ortung auf See sind aber zusammen mit der hell entfachten wissenschaftlichen Diskussion zur Entstehung der Ozeane starke Motoren für
rasche Entwicklungen, allein schon hinsichtlich der Methoden und Geräte.
Erstaunliche Fortschritte der letzten Jahre zeigen dies: Positionsbestimmung mit Hilfe von Radar, Sendern an Land (HI-FIX, DECCA, LORAN) und
in Satelliten; verbesserte Echographen für große Meerestiefen, für steil-
ste Einschnitte (Abb. 2-11), für flächenhafte Aufnahmen (Abb. 2-4, 2-5),

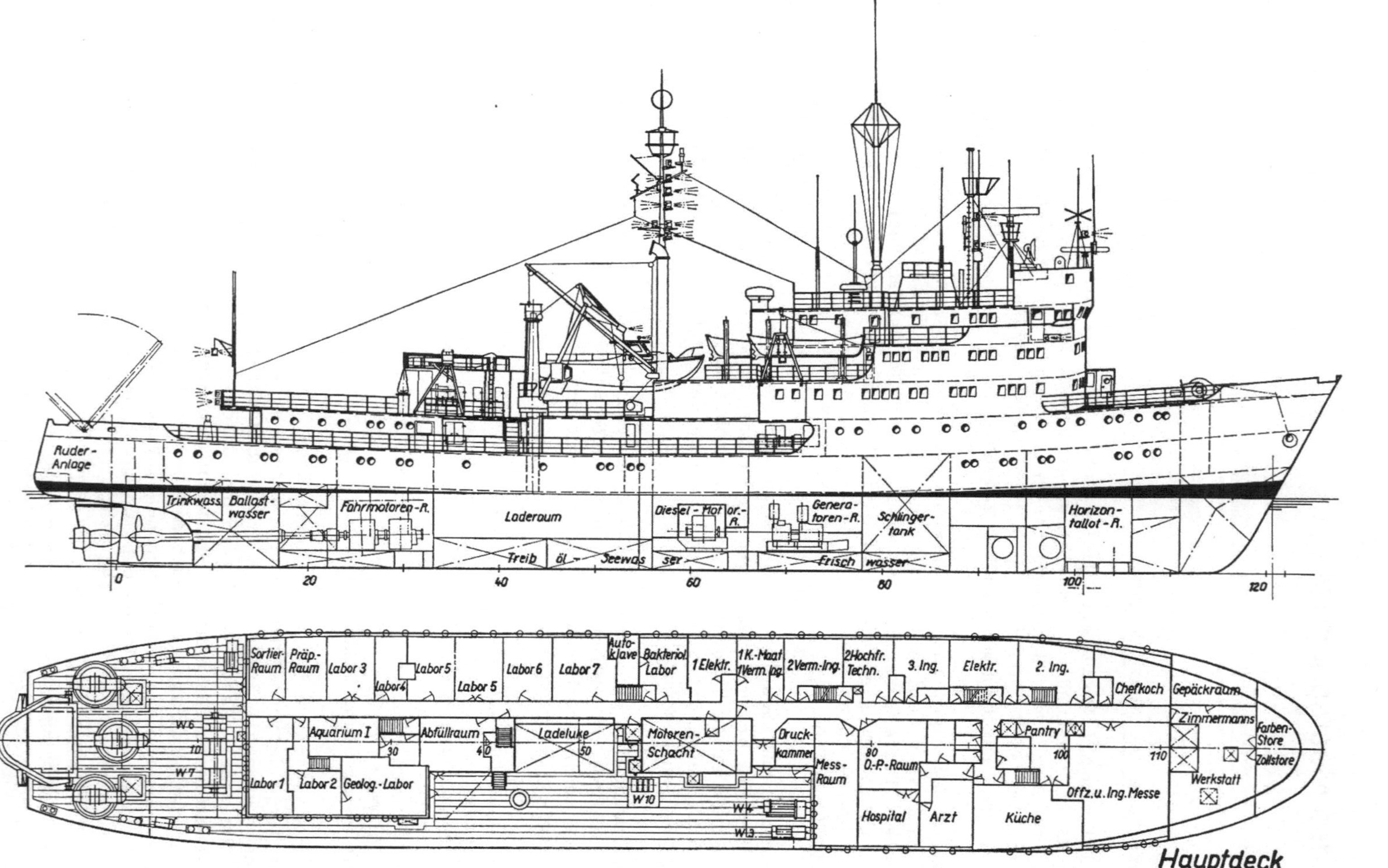

Abb. 2-1. Das Forschungsschiff "Meteor" wurde 1964 in Dienst gestellt und hat bisher über 30 größere Expeditionen in den Indik, Atlantik und das Mittelmeer durchgeführt. Es ist 82 m lang und verdrängt rund 3.000 t Wasser. Das Zentrum ist die Tiefseewinde mit 12 km Trosse auf dem Hauptdeck (W 10), die die schweren Geräte bedient. Weitere Winden (W) tragen zum Teil Spezialkabel. Um das Hauptdeck gruppieren sich 15 Laboratorien. An den Aufbauten ist abzuleiten, daß auch der Luftraum über dem Meer ein Forschungsgegenstand ist. Die "Meteor" ist damit ein schwimmendes, interdisziplinäres Groß-Laboratorium

Abb. 2-2. Decksarbeit auf
"Meteor" im Persischen Golf.
Ein Kastengreifer wird an
Bord gebracht. Er hat eine
Sedimentprobe aus dem Meeresboden gestanzt. Im Vordergrund links der Ausleger der
Tiefseewinde. Auf Deck liegt
links ein Kolbenlot, darüber
Kästen des Kastenlots, rechts
ein rundes Schwerelot. Ein
iranisches Wachboot liegt
längsseits

Abb. 2-3. "Glomar Challenger". Das Tiefseebohrschiff ist 120 m lang.
Die Spitze des Bohrturms reicht 58 m über den Wasserspiegel. Es hat von
1968 bis Herbst 1973 in allen Ozeanen außer der Arktis und in Wassertiefen bis 5.000 m 450 Bohrungen mit Eindringtiefen in den Meeresboden
bis über 1.000 m durchgeführt. Dabei wurden bisher 25.000 m Kernmaterial
entnommen

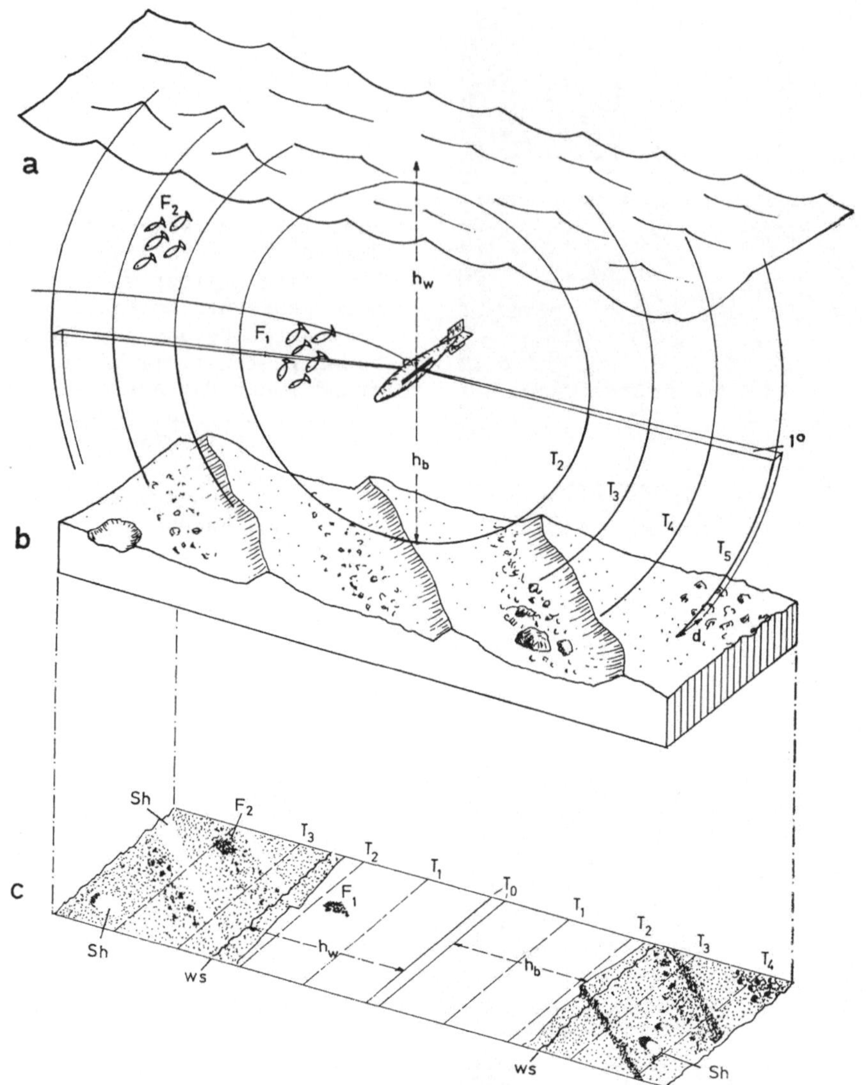

Abb. 2-4 a-c. Funktionsprinzip des Side-Scan-Sonarsystems. (a) Wasser-oberfläche, (b) Meeresboden mit Rippeln, Steinen und einer Vertiefung (links), (c) ein Stück Registrierstreifen. T_0 = Ausgangsimpulse des hinter dem Schiff geschleppten fischförmigen Schallgebers, T_1, T_2 usw. = Zeitmarken. Sh = akustischer Schatten. F_1, F_2 = Fisch-Schwärme und deren Abbild auf den Registierstreifen. d = Auflösungslänge am Boden, h_w = Abstand Wasser-Oberfläche (WS) - Schallquelle, h_b = Abstand Schallquelle - Boden. Der Meeresboden wird danach während der Fahrt flächenhaft akustisch abgetastet

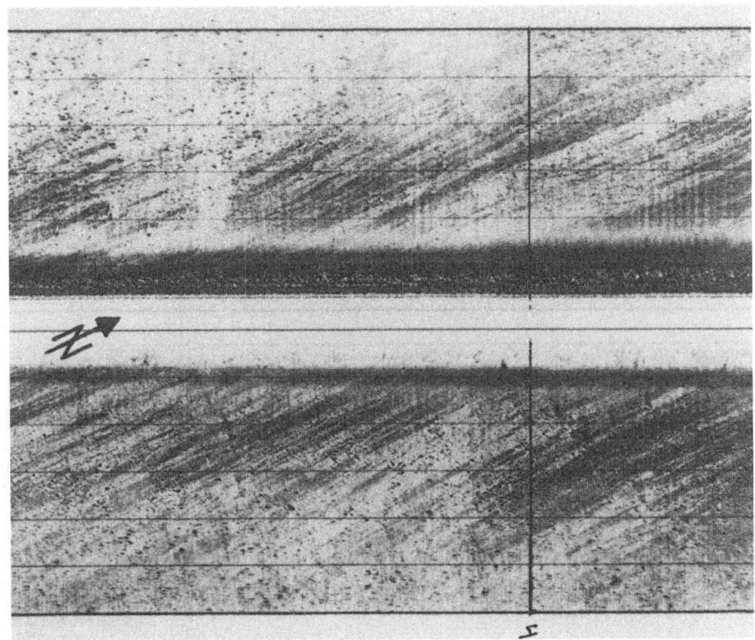

Abb. 2-5. Side-Scan-Aufnahme des Meeresbodens im Großen Belt. Länge etwa 2 km, Breite etwa 150 m, Wassertiefe um 12 m. Streifenmuster, wobei die dunklen Streifen aus gröberem Sediment bestehen. Dunkle Punkte sind Blöcke, an die sich gelegentlich nach links unten dunkle Streifen heften. Diese "Kometenmarken" zeigen hier Strömung aus Norden an

für ein Eindringen in die obersten Dekameter des Sediments (Abb. 2-8); kontinuierliche Verfahren für gravimetrische, magnetometrische, reflexions-seismische Verfahren (Abb. 2-10); Tiefsee-Unterwasserfernsehen; Geräte zur Entnahme größerer Sedimentmengen, von längeren Sedimentkernen (Abb. 2-2), auch aus Sanden, von Bohrkernen aus Festgesteinen usw.

2.2 Vertikalgliederung der Erde

Tabelle 2-1 gibt den Flächenanteil entsprechender 1 km-Höhen bzw. Tiefenstufen an der Erdoberfläche.

Diese Tabelle ist nicht nur eine Sammlung von Zahlen. In ihr stecken auch allgemeine Ableitungen. Zunächst fällt der große Anteil um +1 km und um -4 km auf. Die mittlere Höhe des Landes liegt bei 0,875 km, die mittlere Tiefe der Meere bei 3,729 km. Im großen Durchschnitt ragen daher die Kontinente um 4,6 km über den Meeresboden heraus. Wie kann man aber diese beiden Niveauflächen erklären? Am besten nach dem Prinzip der *Isostasie*, wonach die Kontinente als Schollen leichteren Materials auf dem Untergrund "schwimmen". Die Kruste hat eine mittlere Dichte um 2,8, der Mantel um 3,4. Sie ist auf den Kontinenten 30-40 km dick, unter Hochgebirgen bis 60, unter den Ozeanen aber nur um 7. Je dicker also eine Kruste, desto

Tabelle 2-1. Höhen- bzw. Tiefenstufen der Erdoberfläche (Meere nach MENARD und SMITH, 1966, Land nach KOSSINA)

Höhen- bzw. Tiefenstufe (km)	Fläche	
	(Millionen km^2)	% der Erdoberfläche
+ >5	0,5	0,1
4 - 5	2,2	0,4
3 - 4	5,8	1,1
2 - 3	11,2	2,2
1 - 2	22,6	4,5
+0 - 1	105,8	20,7
Land	148,1	29,0
-0 - 0,2	27,1	5,3
0,2- 1	16,0	3,1
1 - 2	15,8	3,1
2 - 3	30,8	6,1
3 - 4	75,8	14,8
4 - 5	114,7	22,6
5 - 6	76,8	15,0
6 - 7	4,5	0,9
-7 -11	0,5	0,1
Meer	362,0	71,0

tiefer taucht sie ein, desto höher ragt sie aber auch heraus. Der - rasche - Übergang von der kontinentalen zur dünneren ozeanischen Kruste vollzieht sich unter dem Kontinentalhang (Abb. 8-10, 8-11). Die Natur dieser Nahtstelle, ihre Geschichte, die Bewegungen an ihr, sind mit die brennendsten Probleme der Gegenwart, die bis in die Frage nach der Energieversorgung in den kommenden Jahrzehnten reichen.

Die hohen Anteile der Stufen O bis +1 km und O bis -0,2 km weisen auf die Bedeutung der Lage des *Meeresspiegels* für viele Vorgänge hin, die noch zu besprechen sein werden. Er bestimmt ja auf dem Land die Höhenlage der weiten, mündungsnahen Aufschüttungsebenen der Flüsse in Nordsibirien wie um den Golf von Mexiko, am Ganges wie am Amazonas. Er bestimmt im Meer die Tiefe, bis zu der durchschnittlich Wellen das Bodenmaterial abheben und verfrachten können, was ja gleichfalls schließlich zu einer Verflachung führen muß.

Es gibt allgemein übliche *Bezeichnungen* zur vertikalen Gliederung des Meeres. Sie gehen aus Abb. 2-6 hervor. Festlandfern, "pelagisch", ist der Gegensatz zu festlandnah, "neritisch". Dies für Sedimente wie Organis-

men. Hinweise für die Wassertiefe sind "litoral" bis "hadal". Bei größeren
Tidenhüben scheidet man über der Hochwasserlinie den supralitoralen, auch
supratidalen, zwischen Hoch- und Niedrigwasser den litoralen, auch inter-
tidalen Bereich aus.

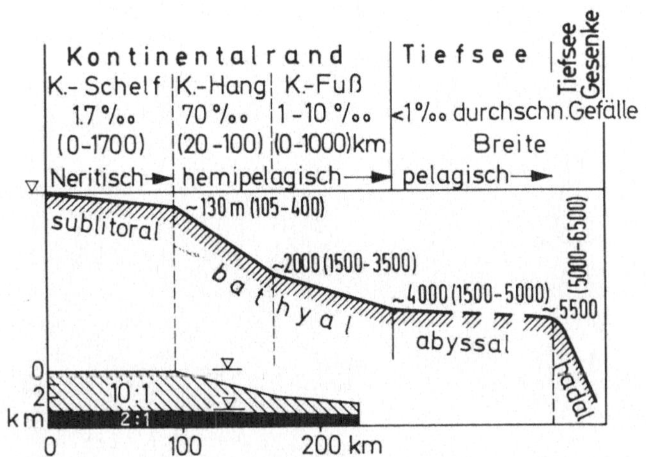

Abb. 2-6. Einteilung der Meeresböden. Das Schema zeigt die wichtigsten
Bezeichnungen, die im Text näher erläutert werden, am Beispiel des sogenannten "atlantischen Typs" eines Kontinentalrands, d.h. mit einer
Kontinentalfußregion. Man vergesse bei allen Profilen des Meeresbodens
nie, daß sie meist stark überhöht dargestellt sind. Deshalb ist unten
links ein Profil des F.S. Meteor (Fahrt 25) vor der Sahara in 10- bzw.
2-facher Überhöhung eingezeichnet. Nicht überhöht wäre es zeichnerisch
kaum darzustellen

2.3 Horizontalgliederung der Erde

Tabelle 2-2 stellt für die großen Ozeane einige Daten zusammen, die gleichfalls zu geologischen Überlegungen anregen sollen.

Die mittleren Meerestiefen zeigen, daß der Pazifik eine Sonderstellung
einnimmt. Wie im Kapitel 8 zu sehen sein wird, ist dies nicht nur ein
morphologisches Phänomen. Zum Stillen Ozean entwässern nur 18 Millionen
km^2, was 1/10 seiner Fläche entspricht (Wasser/Land-Verhältnis - 10).
Beim Atlantik aber ist dieses Verhältnis 1,6. Er kann deshalb auch sehr
viel mehr Flußfracht erhalten. Der Indik steht, wie bei den mittleren
Wassertiefen, dazwischen. Wie noch zu zeigen sein wird, sind Manganknollen
in Gebieten verminderter Sedimentzuwachsraten anzutreffen. Nach Tabelle
2-2 ist schon deshalb der Pazifik hierfür der "höffigste" Ozean. Umgekehrt hat sich herausgestellt, daß die Meerestiefen der offenen Ozeane
nur unwesentlich von den Sedimentzuwachsraten abhängen. G. BISCHOF meinte
1867 in "Die Gestalt der Erde und der Meeresfläche und die Erosion des
Meeresbodens", einem auch heute noch fesselnden Thema, daß die Meere der
südlichen Hemisphäre deshalb tiefer als die der nördlichen sein müßten,

weil in die letzteren mehr Fracht vom Festland zugeführt würde. Wir wissen aber heute, daß endogene Kräfte bei weitem den Ausschlag geben.

Tabelle 2-2. Land- und Ozeanflächen (nach versch. Quellen, bes. MENARD und SMITH, 1966)

	Fläche (Millionen km^2)	% der Erdoberfläche	Entwässerte Landfläche[b] (Millionen km^2)	Wasser / Land	Mittlere Wassertiefe (m)
Asien	44,8	8,7			
Europa	10,4	2,1			
Afrika	30,6	6,0			
Nordamerika	22,0	4,3			
Südamerika	17,9	3,5			
Antarktis	15,6	3,1			
Australien	7,8	1,5			
Pazifik[a]	181,3	35,4	18	10:1	–
	(166,2)	–	–	–	(4.188)
Atlantik[a]	106,6	20,8	67	1,6:1	–
	(86,6)	–	–	–	(3.736)
Indik[a]	74,1	14,5	17	4,3:1	–
	(73,4)	–	–	–	(3.872)

[a]Samt Nebenmeeren, wobei Schwarzes Meer, Mittelmeer und Arktis zum Atlantik geschlagen wurden. Zahlen in Klammern = ohne Nebenmeere.

[b]Ohne abflußlose Gebiete und Antarktis.

Die aus Abb. 2-6 zu entnehmenden *großen Einheiten* haben im Weltmeer flächenmäßig ein sehr unterschiedliches Gewicht. Der Kontinentalrand nimmt 20,6% davon ein, wobei auf den Schelf und Hang je rund 7,6%, auf die Fußregion der Rest, also etwa 5,4% kommen. Der Schelf (bis -200 m) mit seinen rund 27,1 Millionen km^2, also fast der Größe Afrikas, ist wirtschaftlich die wichtigste Einheit. Vor kurzem kamen noch 9/10 der Seefischerei-Erträge der Welt aus diesem Bereich, und die Erdgas- und Erdölgewinnung tastet sich in unseren Tagen erst zögernd über ihn hinaus in die Tiefe vor. Der Nord-Südgegensatz wirkt sich auch hier aus, liegen doch rund 2/3 des Schelfs auf der Nordhalbkugel.

Die Tiefsee kann in Ozeanbecken (41,8% der Weltmeere), vulkanische Erhebungen (3,1%), Rücken verschiedenster Entstehung (32,7%) und die tiefen Gesenke (1,7%) eingeteilt werden.

Wieder zeigen Atlantik und Indik verwandte Züge, etwa im Anteil der Kontinentalfußregion von 6,2 bzw. 5,7% oder der Gesenke von 0,5 bzw. 0,3% der jeweiligen Ozeanfläche. Umgekehrt gehören nur 1,6% des Pazifik dem Kontinentalfuß, dagegen 2,9% den Gesenken an (vgl. Tabelle 2-3). Erklärungsversuche für diese Unterschiede finden sich in Kapitel 8.

Tabelle 2-3. Kontinentalränder (nach verschiedenen Quellen, bes. MENARD und SMITH, 1966)

Ozean (ohne Neben-meere)	*Schelf*			*Kontinentalhang*			*K.Fuss*	*Gesenke*
	Fläche (0-200 m) (Millionen km^2)	Mittlere Breite (km)	Mittlere Neigung	Fläche (Millionen km^2)	Mittlere Breite (km)	Mittlere Neigung	Fläche (Millionen km^2)	Fläche (Millionen km^2)
Atlantik (% seiner Fläche)	6.080 (=7,0%)	115	0°28'	6.578 (=7,6%)	260	1°19'	5.381 (=6,2%)	0.447 (=0,5%)
Indik	2.622 (=3,6%)	91	0°23'	3.475 (=4,7%)	182	1°35'	4.212 (=5,7%)	0.256 (=0,3%)
Pazifik	2.712 (=1,6%)	52	0°49'	8.587 (=5,2%)	139	3°13'	2.690 (=1,6%)	4.757 (=2,9%)

2.4 Der Schelf

Der Kontinentalschelf (Gegensatz = Inselschelf) ist Teil des Kontinents.
Bis vor kurzem war man deshalb geneigt, die geologischen Verhältnisse
im Untergrund des Festlands unbesehen auf den Schelf hinaus zu projizie-
ren. Wo das Verfahren durch Bohrungen überprüft wurde, hat es sich auch
vielfach bestätigt. So um die Nordsee, um den Golf von Mexiko. Heute indessen werden Erdölkonzessionen auch auf Schelfabschnitten erworben, in
deren Hinterland Granite und Gneise anstehen, also zunächst für Erdöl
hoffnungslose Areale. Jeder Fall muß somit gesondert beurteilt werden.
Überwiegend aber liegen unter dem Schelf Sedimente. Warum eigentlich?
Weil offensichtlich für einen Großteil der Schelfe Zeit genug vorhanden
war, Fracht vom Festland aufzunehmen und durch Absenkung auch zu speichern.
Doch zu den Formen zurück! Zunächst etwas Grundsätzliches.

Die absoluten *Höhenunterschiede* sind auf dem Schelf wie in den flachen
Nebenmeeren natürlich gering, stehen ja nur 100-200 m Wassertiefe zur Verfügung. Deshalb liegen in Tabelle 2-3 die mittleren Neigungswinkel auch
bei weniger als 1/2°! Die relativen Höhenunterschiede sind wichtiger.
Wer im Gebirge aufwächst, pflegt auf die für ihn unscheinbaren Landschaftsformen der Ebenen "herabzusehen". In den Ebenen aber können Höhenunterschiede von einer Handspanne darüber entscheiden, ob das Gelände etwa
hinsichtlich des Grundwasserstands besiedelt werden kann oder nicht. So
kann auch in einer seichten Lagune ein Relief von Dezimetern bestimmen,
ob Sand oder Schlamm abgelagert werden. Dekameter hohe Schwellen gliedern
die Ostsee in Becken, die sehr verschiedenartige Lebensgemeinschaften
enthalten (Abb. 2-7). Diese Schwellen haben selten Steilkanten, heben
sich meist ganz allmählich heraus. Sie werden deshalb dem Geologen, der
fossile Flachmeersedimente untersucht, meist entgehen. Und doch muß er
stets an dieses unscheinbare Relief denken, wenn er etwa Feinheiten der
Ablagerungen der Meere in der "Kupferschiefer"- oder "Muschelkalk"-Zeit
erklären will. Im heutigen Flachmeer zumindest gibt es viele *reich ge-
gliederte Gebiete.*

Das erdgeschichtliche Moment. Dies mag allerdings auch davon herrühren,
daß Wellen und Strömungen, Organismen und Sedimente noch nicht in ein
völliges Gleichgewicht gekommen sind, weil noch vor 15.000 Jahren weite
Teile trocken gelegen haben. Viel Eis lag ja damals noch auf Festländern
und Meeren, hatte damit dem Weltmeer Wasser entzogen, hatte den *Meeresspiegel* um rund 120 m absinken lassen. Der Anstieg war zu rasch, um Aufragungen einzuebnen, um Senken mit Sediment zu füllen und damit den Meeresboden zu nivellieren. Dieser Prozeß ist heute noch in vollem Gange.

Wo sich also in der *letzten Kaltzeit* im - längeren - Unterlauf der Flüsse
Täler auf den - niedrigeren - Meeresspiegel hinab eingetieft hatten, sind
sie danach oft noch nicht völlig wieder aufgefüllt worden. Eine flache
Rinne vor der Elbemündung in der Deutschen Bucht, ein noch schwach ange-
deutetes Flußnetz auf dem Sundaschelf zwischen Sumatra, Java und Borneo
erinnern daran.

Umgekehrt sind heute ertrunkene Endmoränenzüge aus dieser Periode noch
weit verbreitet, in vielen der genannten Schwellen der Ostsee, in einem
Bogen, der die Norwegische Rinne in der Nordsee im Süden begleitet, vor
den nordöstlichen Staaten der USA. Das Eis, das damals vom Festland hinaus-

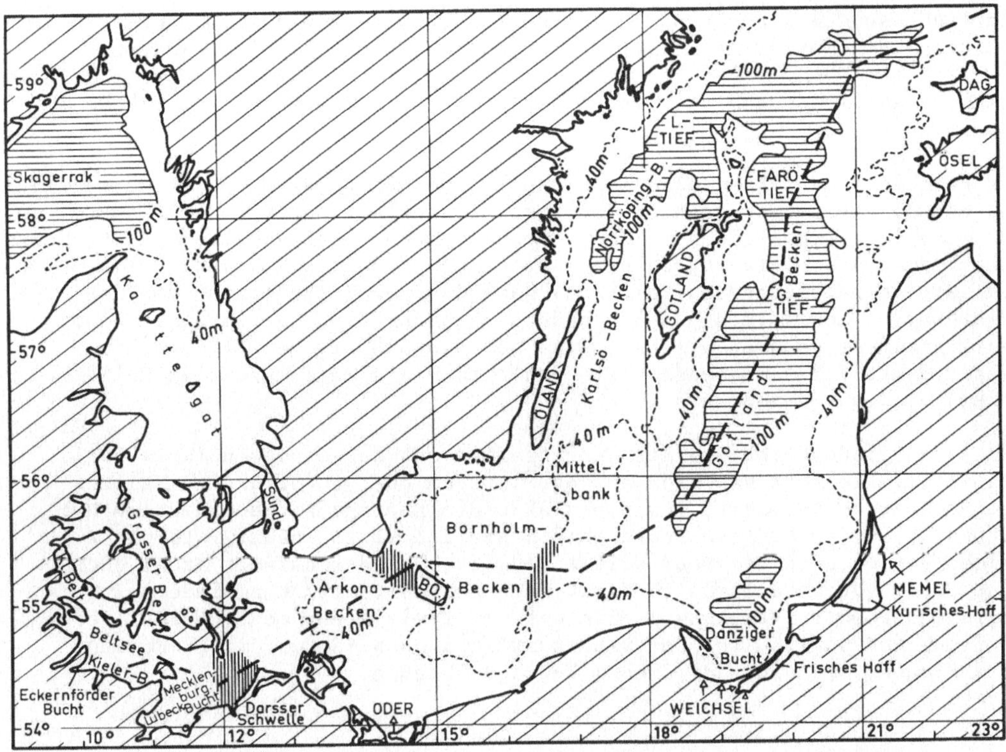

Abb. 2-7. Gliederung der Ostsee. Flache Schwellen (vertikal schraffiert) trennen Becken voneinander ab, deren Wassertiefen 459 m (L. = Landsort-Tief) bzw. 249 m (G. = Gotland-Tief) erreichen. Auch in den Flachmeeren der Vorzeit muß mit einem derartigen Relief und dessen Auswirkung auf die Wassereigenschaften und damit auf Sedimente wie Organismen gerechnet werden. (Dick gestrichelt die Lage der Profile in Abb. 6-10b)

gegriffen hat, hobelte in diesen Gebieten aber auch aktiv Furchen und Senken aus dem Untergrund heraus, die erst teilweise verfüllt worden sind. Die Fjorde Norwegens, Grönlands, Westkanadas sind die großartigsten Beispiele.

Wurde ein Stufenland aus geneigten Schichten, eine Karstlandschaft mit ihren typischen Einsenkungen, wurden Nehrungen mit den Lagunen dahinter überflutet, so haben sich Reste halten können, die vom Echographen, oft sogar aus der Luft, leicht zu identifizieren sind.

Das abenteuerlichste, da weithin unsystematische Relief geht auf Organismen zurück, auf *Korallenriffe*. JAMES COOKs Tagebuch schildert beredt den Kampf mit dem Great Barrier Reef vor Ostaustralien, den Kampf dazu mit der "Endeavour", einem 368-Tonnen-Schiff mit nur wenig Tiefgang und breitem Boden. Am 7.8.1770 wird vermerkt: "Nachdem ich mir unsere Lage von der Mastspitze aus genau angesehen hatte, mußte ich entdecken, daß wir auf allen Seiten von Untiefen umgeben waren. Keinerlei Passage zum offenen Meer war zu sehen, allenfalls durch gewundene Kanäle, in höchstem Maß gefährlich, so daß ich mir nicht vorstellen konnte, wohin wir steuern sollten, wenn das Wetter es uns wieder erlauben sollte, Segel zu setzen."

Vom Meer aktiv aus dem Untergrund herausgefräste Formen werden auf S. 65 behandelt.

Der Flachmeerboden kann aber auch ungemein *eintönig* sein. Wo Lockermaterial während des Anstiegs des Meeresspiegels leicht verlagert werden konnte, wurden alle morphologischen Züge verwischt, wenn nicht Wellen und Strömung neue Formen geschaffen haben oder heute noch schaffen (s.S. 61). Die Nordsee ist ein naheliegendes Beispiel, dazu die nördliche Adria, von der allerdings – umgeformte – Windsanddünen bekannt sind. Gebiete mit hoher Sedimentzufuhr gehören hierher, etwa vor den sibirischen Flüssen, im Gelben Meer. Vor dem Senegaldelta fehlt es viele Meilen weit an Reliefunterschieden von mehr als 10 cm.

Eines der großen Probleme der Schelfformen für den Geologen ist also 1. die Frage, wie weit das Erbe aus der letzten oder aus früheren Kaltzeiten noch durchschimmert, inwieweit also die heutige Situation überhaupt mit Perioden der Erdgeschichte ohne Eiszeiten vergleichbar ist; und 2. welche Formen sich das Meer selbst schafft. Vor der Antwort steht noch eine Fülle von Detailarbeit, damit nach genauer, oft auch wiederholter dreidimensionaler Vermessung eine bessere Typisierung möglich ist. Verbreitung und schließlich Entstehungsart und auch -dauer dieser Formen sind Fragen, die sich auf diesem Weg anschließen.

2.4.1 Schelfrand

Ein weiteres erdgeschichtliches Problem ist der Schelfrand. Er liegt oft 90–110 m tief, im weltweiten Mittel 130 m, um die Antarktis, Grönland, aber auch vor Südwestafrika bis 400 m. Er kann sehr scharf, aber auch gerundet sein. Jedesmal bietet er ein Erlebnis für den, der ihn an Bord am Echographen überläuft (Abb. 2-8).

Die vielfach gemessene *Tiefenlage* um 100 m schließt jeden Zweifel aus, daß der Tiefstand des Meeresspiegels der letzten Kaltzeit(en) dafür verantwortlich ist. Die oben erwähnte tiefere Lage in früher oder heute noch mit Inlandeis bedeckten Gebieten zeigt an, daß diese sich noch nicht wieder in das durch die Eislast beeinflußte "isostatische" Gleichgewicht gebracht haben. Offensichtlich müssen auch noch andere Entstehungsursachen des Gefällknicks in Betracht gezogen werden, im vereisten Gebiet, wie auch für das afrikanische Beispiel. Er mag zum Beispiel in manchen Bereichen ein – später überformtes – Erbe des Tertiärs oder gar früherer Epochen sein. Oft aber sind tertiäre Schelfränder unter den heutigen begraben. Landwärts, was seitherigen Vorbau des Schelfs bedeutet. Seewärts, was schwieriger zu erklären ist.

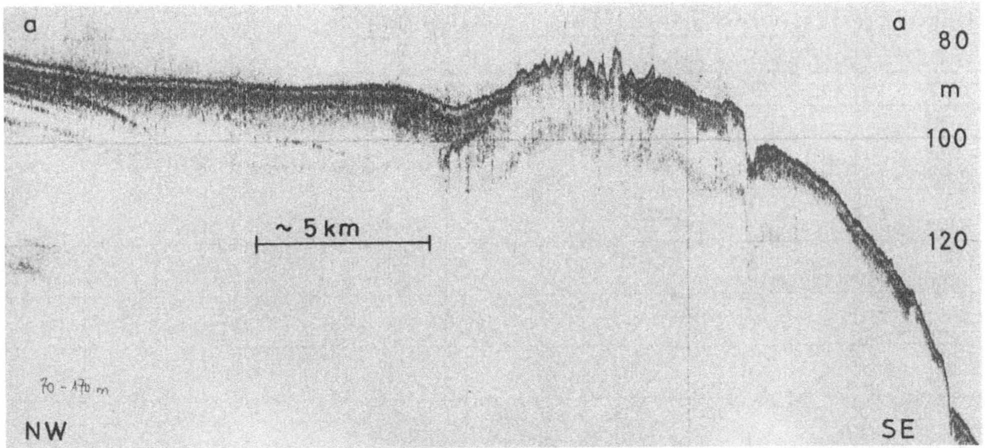

Abb. 2-8. Schelfrand am äußeren Persischen Golf. Original-Echogramm F.S. Meteor 1965. Man erkennt die Auflage von Lockersediment links, die durch ein abgestorbenes Riff zugeschärfte Schelfkante und den Abfall zur Tiefsee rechts

2.5 Der Kontinentalhang und -fuß

Diese morphologische Nahtstelle Kontinent/Tiefsee kann in der Art der Abb. 2-6 und 2-9 nach dem *"atlantischen"* Typ, also mit einer Kontinental-fußregion ausgebildet sein. Sie wird im *"andinen"* Typ durch ein Tiefsee-gesenke ersetzt (Abb. 2-9). Der Abfall kann auch in Treppenstufen erfolgen, gegliedert in Becken und Schwellen, die z.T. als Inseln aufragen, so vor Südkalifornien, vor Südchina. Im Atlantik gibt es Beispiele solcher *"Saumgebiete"* vor New England, Kanada und Florida (Blake Plateau). Obwohl beim andinen Typ Höhenunterschiede von 10 km zwischen Randgebirgen und Tiefseegesenken auftreten können, soll auch bei den Kontinentalhängen, den gewaltigsten Hängen der Erde mit einer Gesamtlänge von rund 110.000 km auf die niedrigen, gewöhnlich nur 1-6° betragenden Neigungswinkel hingewiesen werden. Mittelwerte enthält die Tabelle 2-3.

Der Bereich ist aber auch eine Nahtstelle zwischen kontinentaler und ozeanischer Kruste. Die erstere dünnt hier aus, oft sogar ganz unvermittelt. Die unterschiedliche Ausbildung und auch Entstehung des Kontinentalhangs muß daher von der Tiefe her zu erklären versucht werden. (Vgl. Kapitel 8)

Wie an Land, so ist auch im Meer ein Hang mit seiner Neigung ein nur momentanes Gleichgewicht zwischen der Standfestigkeit des Materials und den abtragenden Kräften, zu denen auch die Schwerkraft gehört. Überlast etwa durch Baumaßnahmen an Land bzw. durch Aufschüttung vor einem Delta im Meer, Herabsetzung des Materialwiderstands etwa durch Regengüsse bzw. "Verflüssigung" von Gleithorizonten durch Erdbeben führen zu *Rutschungen*. Sie verraten sich in einer rauhen Oberfläche, vor allem im Zufuhrgebiet, und in Abrißnischen (Abb. 2-10). Am Kontinentalhang gehen aber nicht nur durch Abreißen, sondern auch als Folge der Abtragung durch Strömungen Schichten "verloren". Wo, wann und wie diese ursprünglich gespeicherte geologische "Zeit" verloren geht, ist eine weithin noch offene Frage.

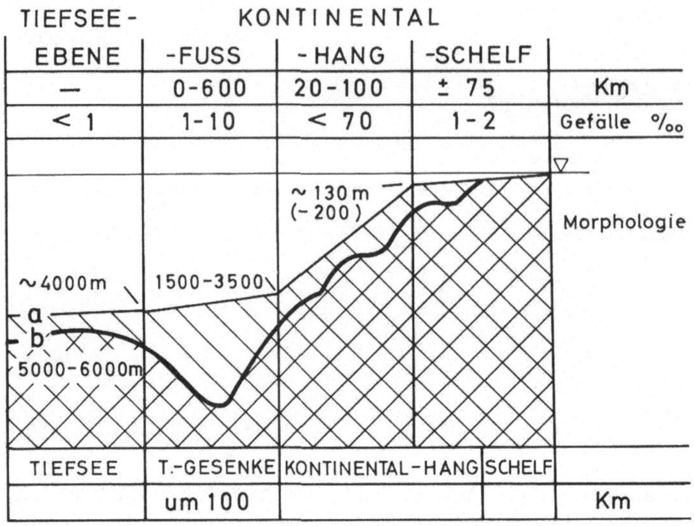

Abb. 2-9. Morphologisches Schema der Kontinentalränder. *a* Atlantischer Typ mit Kontinental-Fußregion; *b* Pazifischer Typ mit Tiefseegesenke

Das durch Rutsche und Strömungen flächenhaft fortgeführte Material kommt zusammen mit anderem weitgehend auf dem Kontinentalfuß zur Ruhe. Mit bis zu 1.000 km Breite und bis zu 10 km Dicke ist diese Region ein riesiger, seewärts ausdünnender Keil von Sedimenten, die größte Anhäufung auf der Erde.

Diesen flächenhaften Vorgängen stehen – wieder wie auf dem Land – lineare gegenüber. Der Kontinentalrand ist stellenweise durch kürzere oder längere *Furchen* und durchgehende *Täler* reich gegliedert. Sie queren ihn meist direkt, aber auch schräg (Abb. 2-11). Die spektakulärsten, deren Erklärung freilich noch immer nicht auf einen einheitlichen Nenner gebracht werden kann, sind die submarinen Canyons.

2.5.1 Submarine Canyons

Sie gleichen den großen Fluß-Schluchten des Festlands bis in letzte Einzelheiten hinein: Verästelungen in den oberen Teilen, Mäander, steile durchgehende Wände (20-25°, auch 45° Hangwinkel), ja sogar zum Teil überhängend (Abb. 2-12), aber auch Terrassen, durchgängiges Gefäll, von Werten bis 15% in Landnähe bis auf 1% nach außen abnehmend.

Sie können den Schelf bis hart an den Strand durchschneiden. Dort dämpfen sie die Brandung, was in uralten Fischersiedlungen an Küsten mit hoher Dünung ausgenützt wird. In Portugal ist Nazare, in Senegal ist Kayar ein Beispiel. Sie setzen aber auch oft erst am Schelfrand an, so im Golf du Lion. Besonders vor großen Flußmündungen sind sie bis über den Kontinentalfuß hinaus nachzuweisen, am Hudson bis 4.300 m Wassertiefe.

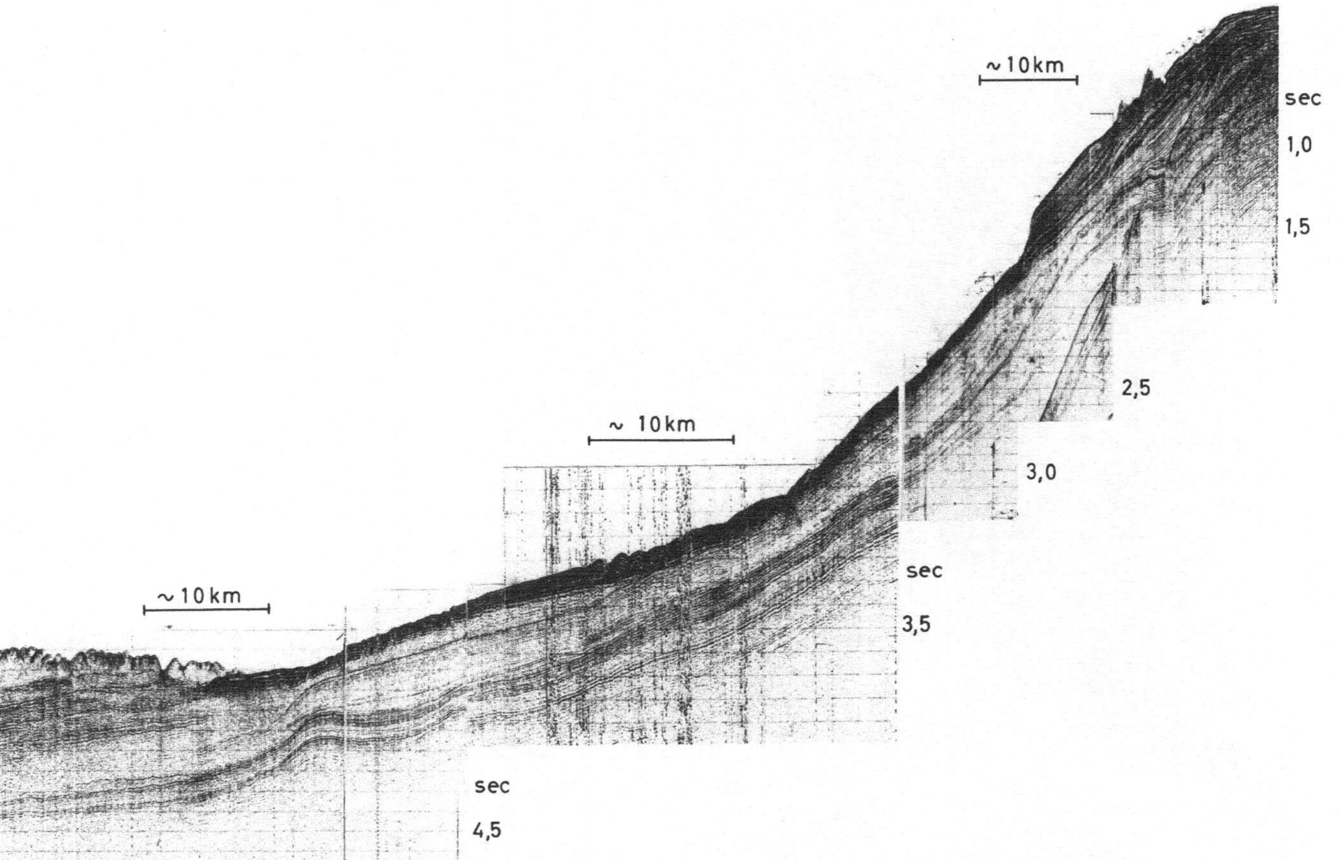

Abb. 2-10. Rutschung am Kontinentalhang vor Dakar/Senegal. Ausschnitte der Pneuflex-Aufzeichnungen auf der Meteorfahrt 25/1971. Rechts oben Schelfkante. In 1.050 m Wassertiefe (= Laufzeit 1,4 sec) Abriß der Rutschung, die rund 200 m dicke Sedimente hangab transportiert hat. Die Rutschmassen sind in rund 2.700 m Wassertiefe (= 3,6 sec) am Fuß des Kontinentalhangs zur Ruhe gekommen

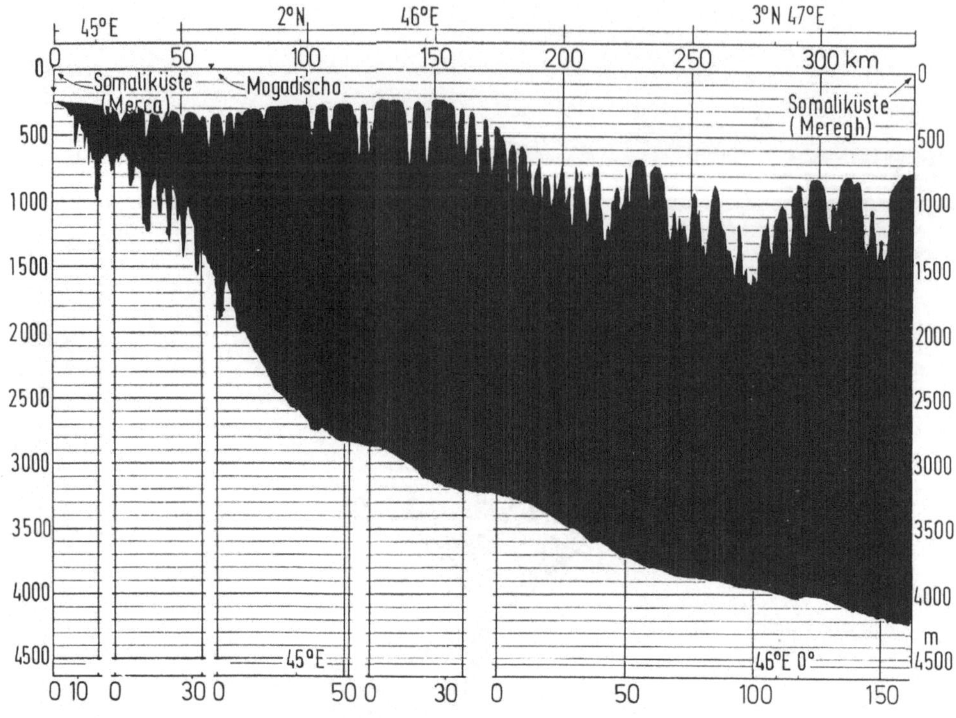

Abb. 2-11. Kontinentalrand mit Hangfurchen vor Ostafrika (Somaliküste
zwischen 1°30'N und 3°30'N). Unten ein Querprofil vom Kontinentalhang,
der mit der Verflachung ab rund 2.800 m in den Kontinentalfuß übergeht.
Lücken der Vermessung durch die Stationsarbeiten wurden ergänzt. Der Hang
hat im oberen Teil Einschnitte. Oben ein Profil parallel zur Schelfkante,
also etwa rechtwinklig zum Querprofil, mit einer Fülle von Einschnitten,
die bei Kombination beider Profile also auch schräg zum größten Gefälle
verlaufen können

Ihre geographische *Verbreitung* ist erst lückenhaft bekannt, da ihr defi-
nitiver Nachweis mehrere Profilfahrten mit genauer Positionsbestimmung
und einen tiefreichenden Echographen erfordert, dessen Schallkegel zudem
eng gebündelt sein muß, um die Steilformen erfassen zu können. Sie sind
oft an Flußmündungen geknüpft. Alt bekannte Canyons sind etwa die Fort-
setzung des Kongo, Indus, Ganges, Hudson. Sie können ein Erbe alter, heute an Land veränderter oder verfüllter Gewässernetze sein, so vor Süd-
australien. Sie können aber auch auf heute überfluteten isolierten Bänken
ansetzen, etwa auf der Georgesbank (östlich Boston). Sie sind mitunter
dicht gedrängt, wie vor dem nördlichen Ostafrika (Abb. 2-11), am Ostrand
Vorderindiens, vor Teilen der Sahara. Weite Strecken haben auch keine
submarinen Canyons, sei es mangels bisher genauer Vermessung, sei es aus
noch unvollkommen bekannten Gründen, zu denen niedrige Hangwinkel (südlich
Cape Hatteras auf der einen, nördlich Cap Blanc auf der anderen Seite des
Atlantik) oder/und geringe Sedimentzuwachsraten gehören, etwa im Nordwest-
teil des atlantischen Marokko. Umgekehrt scheinen sie auch durch hohe
Sedimentzufuhr aufgefüllt werden zu können.

Abb. 2-12. Wand des submarinen Scripps-Canyons vor La Jolla - Kalifornien und eines Seitentales des Grand Canyons. Steilheit, ja Überhänge kennzeichnen die Canyonwände in beiden Fällen

Vorkommen oder Fehlen wirft natürlich die Frage nach der *Entstehung* dieser eindrucksvollen Gebilde auf. Aus der Vielzahl der Hypothesen schält sich immer mehr heraus, daß, wie bei der Geschichte der Kontinentalränder, keine für sich allein alles erklären kann, und jeder Fall zunächst gesondert betrachtet werden sollte. Sollte nach den neuesten Vermutungen das Mittelmeer im Jungtertiär tatsächlich weitgehend trocken gefallen gewesen sein, so wären die dort häufigen Canyons leicht als subaerische Anlagen, also normale Flüsse an Land zu erklären, die seitdem offen gehalten wurden. Junge Abbiegungen des Kontinentalrands und damit das Absinken von Land-Tälern unter den Meeresspiegel mag im Mittelmeer wie rings um den Pazifik hinzukommen, vielleicht aber auch an den "stabilen" atlantischen Rändern. Der bestechende Ausweg aus dem Zwang zu derart gewaltigen Vertikalbewegungen des Meeresspiegels oder des Untergrunds ist der Gedanke, extreme Strömungen im Meer selbst für diese Einschnitte verantwortlich zu machen. Diese *"Suspensionsströme"* sind Wassermassen, die zunächst auf dem obersten Teil des Kontinentalhangs viel suspendiertes Material aufnehmen, sei es durch Hochwasserzufuhr eines Flusses, durch Aufwirbelung des Untergrunds infolge von Rutschungen, von heftigen Stürmen u.a. Diese Möglichkeiten bestanden in den Kaltzeiten mit ihrem niedrigen Meeresspiegel eher als heute, da ja bewegtes Flachwasser und Schelfrand näher zusammengerückt waren. Durch diese Aufnahme suspendierten Materials aber, bekommt das Wasser eine höhere Dichte, fließt den Hang hinunter, nimmt damit noch mehr Feinkörniges vom Boden auf und vergrößert in einer Art Kettenreaktion seine Geschwindigkeit so drastisch, daß fast 100 km/Std. erreicht worden sein sollen. Derartig schnelle, mit Staublawinen in den Alpen in Analogie gebrachte, materialbeladenen Suspensionsströme könnten natürlich selbst Granit erodieren. Tatsächlich ist der Monterey-Canyon in Kalifornien auch in Granit eingeschnitten. Nur: Niemand hat bis heute ein solches Ereignis im Meer direkt untersucht. In den Canyons wurden bisher nur weniger dramatische Ereignisse wie das wasserfallartige Herabrieseln von Sand beobachtet, wurden bodennahe Strömungen

von allenfalls wenigen dm/sec im Zusammenhang mit Gezeiten, internen
Wellen o.ä. gemessen.

Indirekt kann aber ein derartiger Mechanismus neben vielen sedimentolo-
gischen Hinweisen auch schon aus der Morphologie der tiefsten Partien
der submarinen Canyons abgeleitet werden. Vor den meisten Canyons breiten sich nämlich *Tiefseefächer* aus. Sie können mit den Schwemmkegeln von
Seitenflüssen verglichen werden, die in ein Haupttal münden. Innsbruck
liegt auf einem solchen. Nur sind die submarinen Dimensionen sehr viel
größer. Vor der Gangesmündung reicht ein Tiefseefächer 3.500 km nach Süden und bedeckt eine Fläche, die mit dem Einzugsgebiet des Mississippi
verglichen werden kann (Abb. 2-13). Nach außen fällt die Oberfläche der
Tiefseefächer mit etwa 2°/oo Gefälle ab. Der Charakter als Aufschüttungs-
form geht weiterhin aus gewundenen oder geflochtenen Tälern hervor, die
darin eingeschnitten sind, zum Teil viele Kilometer breit. Die Analogie
mit unseren Tiefland-Flüssen geht noch weiter, haben die Täler doch gelegentlich Terrassen und sind am Rand der Einschnitte Dämme aufgeschüttet,
an der Wurzel der Fächer bis zu mehreren 100 m hoch.

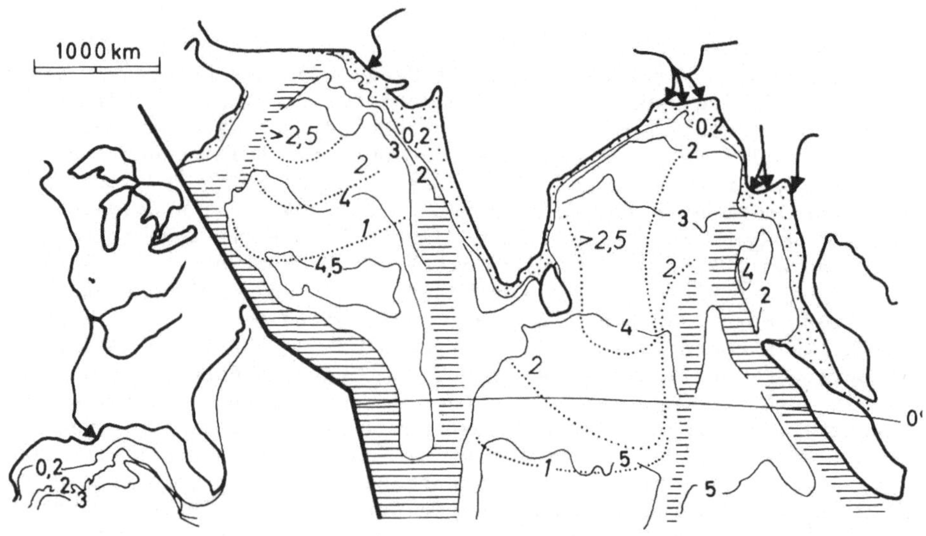

Abb. 2-13. Tiefseefächer des Indus und Ganges im Indischen Ozean. Schelf
bis 200 m Wassertiefe punktiert, ozeanische Rücken und Schwellen schraffiert. Isobathen (Tiefen in km) ausgezogen. Sedimentmächtigkeiten mit
Isopachen in km (kursiv). Links zum Vergleich im gleichen Maßstab Nordamerika zwischen den großen Seen und dem Golf von Mexiko

2.6 Die Tiefsee

Fast 80% des Weltmeers gehören der Tiefsee an. Sie ist viel reicher gegliedert, als es das Schema der Abb. 2-6 angeben kann. Eine erste Einteilung wurde schon auf S. 10 gegeben. Dort wurde auch erwähnt, daß rund
die Hälfte des Tiefseebodens von den Ozeanbecken eingenommen werden.
Wesentlichen Anteil daran haben die *Tiefsee-Ebenen*.

2.6.1 Tiefsee-Ebenen

Sie gehören zu den vollkommensten Ebenen, die man sich vorstellen kann.
Das F.S. "Meteor" kreuzte 1965 tagelang im Golf von Oman und ermittelte
dabei Wassertiefen, die alle zwischen 3.335 und 3.340 m lagen. Dabei ging
das Auf und Ab des Schiffes durch die Dünung mit ein. Wie aber können derartig riesige Ebenen entstehen? Im Grunde nur durch *Aufschüttung*. Aufschüttung mit so wenig Relief, ohne Rinnen, Furchen, Reste von Erhebungen
aus dem Untergrund? Hier muß also wieder ein ungewöhnlicher, sehr effektiver Mechanismus angenommen werden. Und wieder bieten sich die Suspensionsströme an, die mit den oben angegebenen Geschwindigkeiten tatsächlich viele hundert Kilometer am Tiefseeboden nach außen schießen können,
bis sie erlahmen. Sie werden dabei zunächst den Boden aufwirbeln, also
erodieren können, zuletzt aber ihre Fracht ablagern – das Grobkörnige zuerst, das Feinkörnige darüber.

In dieses Bild paßt die *Verbreitung* der Tiefsee-Ebenen: Sie sind im Atlantik weit, im Pazifik wenig verbreitet. Das muß darauf zurückgeführt werden, daß im letzteren der Kontinentalrand durch Tiefseegesenke begleitet
wird, die die Suspensionsströme auffangen. Bezeichnenderweise breitet
sich vor dem Golf von Alaska eine Ebene aus, weil dort das Gesenke zumindest morphologisch heute fehlt. Der rauhe Untergrund aus Basalt mit
seinen vulkanischen Formen wird bei diesen Vorgängen zugeschüttet, falls
diese Gebilde nicht zu hoch aufragen.

Wenn also das Sediment in den Tiefsee-Ebenen zu einem erheblichen Teil
aus Suspensionsströmen, somit vom Kontinentalrand stammen soll, so muß
diese Decke ozeanwärts immer dünner werden, da ja diese Ströme nach außen
Fracht verlieren und auch immer seltener werden. Nach außen müßte danach
auch der Meeresboden immer unruhiger werden, da sich der rauhe Untergrund zunehmend durchpausen müßte. Auch dies ist allgemein der Fall, denn
die Ebenen grenzen dort an Rücken der verschiedensten Art.

2.6.2 Ozeanische Rücken

Die ozeanischen Rücken nehmen rund ein Drittel des gesamten Weltmeeres
ein. Wie wir sehen werden, können sie alpines Relief haben (Abb. 2-14).
Kaum ein Zitat kann deshalb den Fortschritt der Erforschung des Meeresbodens besser belegen als die 1893 von JOHANNES WALTHER geäußerte Ansicht: "Man würde auf dem Meeresgrunde Eisenbahnen nach allen Richtungen
von Kontinent zu Kontinent legen können, ohne irgendwo auf Schwierigkeiten zu stoßen." JOHANNES WALTHER aber war einer der großen deutschen
Geologen und der damals wohl besten Kenner der Meeresgeologie!

Unter diesen langgestreckten ozeanischen Erhebungen gibt es solche, die
keine oder wenige Erdbebenherde aufweisen, sogenannte aseismische Schwellen (oder z.T. auch "Rücken") und die seismisch sehr aktiven Rücken, die
etwa in der Mitte des Atlantischen und Indischen Ozeans verlaufen (Abb.
8-3). Im Pazifischen Ozean ist ein solcher Rücken an die Ostseite verlagert. Sie sind mit über 70.000 km Länge, einer Breite von meist über
1.500 km und einer Erhebung von meist 2.500-3.000 m über dem Tiefseeboden, d.h. bis rund 1.000 m unter dem Meeresspiegel, die weitaus be-
deutendsten Gebirge unseres Planeten. Sie können in den Dimensionen allenfalls mit den Gebirgszügen verglichen werden, die den Pazifik säumen.

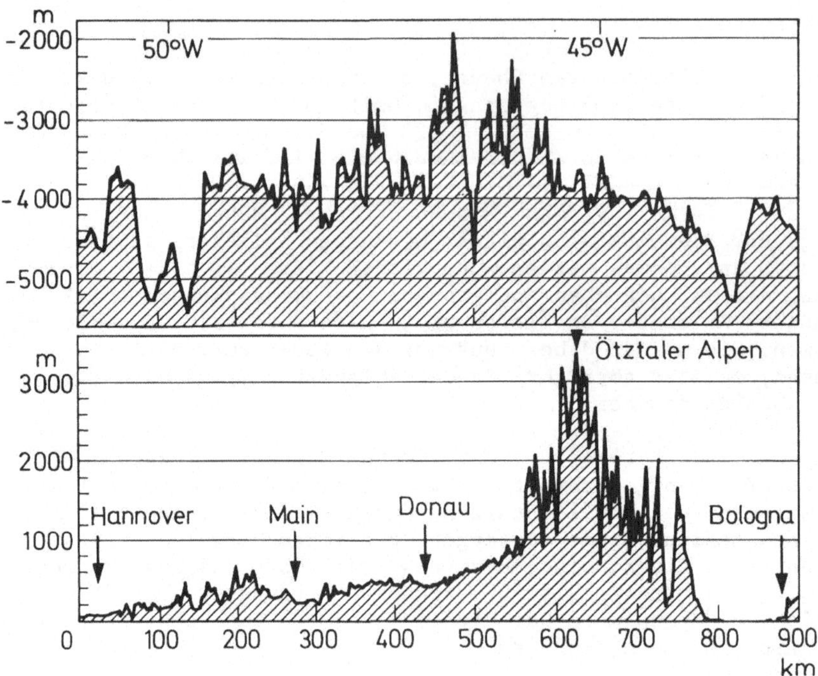

Abb. 2-14. Bodenprofile in 100-facher Überhöhung. Mittelatlantischer Rücken, West-Ost in 17°N, oben; Mitteleuropa, Hannover - Alpen - Bologna, unten

Der aktivste Teil dieser *mittelozeanischen Rücken* ist die schmale Kammregion (Abb. 2-15). Oft ist sie durch einen Zentralgraben auch morphologisch markiert, eine 30-50 km breite Einsenkung um 1.000-1.800 m. Um den Kamm scharen sich auch die - flach, d.h. weniger als 70 km tief liegenden - Erdbebenherde, kommen aktive Vulkane vor, wie etwa auf den Azoren, erreicht der Wärmefluß aus dem Erdinnern erhöhte Werte, liegt die Grenze Kruste/Mantel höher als sonst. All dies spricht dafür, daß hier im Untergrund nach oben gerichtete Bewegungen von Mantelmaterial im Gange sind: Sie wölben den Rücken heraus. Sie zerren ihn dadurch - oder auch aktiv - auseinander. Gräben entstehen. Erdbeben werden an Störungen ausgelöst. Vulkane bilden sich über den Spalten. In Kapitel 8 wird dargelegt, daß diese Kammregion eine Schlüsselposition für das Erdbild der Gegenwart darstellt. Ein morphologischer Aspekt sei aber schon jetzt erwähnt. Nach der Theorie des Auseinanderdriftens der Ozeanböden (Sea floor spreading) weicht die Kammregion durch die hochdringenden und sich dann seitlich ausbreitenden Magmenmassen jährlich um einige cm auseinander. Die "Lücken" werden mit dem hochdringenden Material gefüllt. Der Region werden also sehr erhebliche Wärmemengen zugeführt. Dies scheint ein weltweit recht einheitlicher und wiederum isostatisch wirksamer Vorgang zu sein, denn der Kamm ragt großenteils bis um die erwähnten Beträge zwischen 2.500 und 3.000 m über die Umgebung auf, vom komplizierten Nordatlantik abgesehen. Driftet dieser Ozeanboden von der Kammregion weg, so kühlt er sich ab und sinkt dadurch tiefer, nach neueren Vorstellungen in den ersten 10 Millionen Jahren um etwa 1.000 m, in weiteren 26 Millionen Jahren um weitere

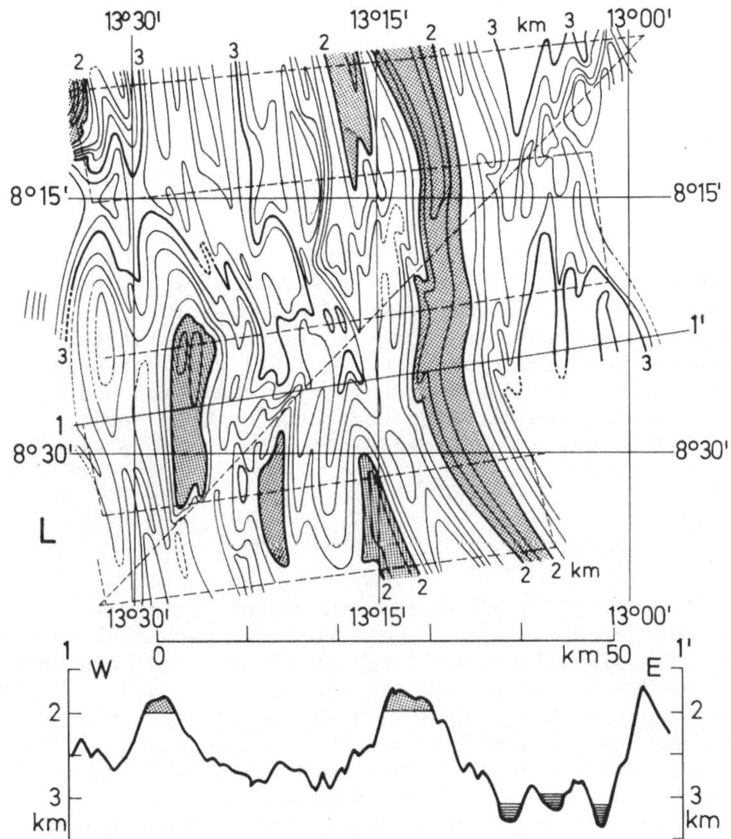

Abb. 2-15. Bathymetrische Detail-Aufnahme der Kammregion des Mittelatlantischen Rückens südwestlich der Insel Ascension. Abstand der Tiefen-
linien 200 m. Aufragungen in weniger als 2 km Wassertiefe gerastert.
Äußerst unruhiges Relief durch junge tektonische Bewegungen oder/und
vulkanische Erscheinungen. In einigen Fällen hat sich in Senken über
3 km Wassertiefe Sediment gesammelt, so im rechten Teil des Profils 1-1'

1.000 m. Kann man also das Alter der Ozeanböden künftig mit dem Echographen bestimmen? Kaum, da auch die Driftgeschwindigkeit, die Dicke der
Sedimentbedeckung, der Einfluß von Querstörungen u.a. ins Spiel kommen.

Steigen die mittelozeanischen Rücken aktiv hoch, so vermindert sich das
Ozeanvolumen. Der *Meeresspiegel* muß deshalb ansteigen. Sinken aber die
Ozeanböden kontinentwärts ab, so muß das Gegenteil eintreten. Erst eine
weltweite Bilanz kann deshalb einmal die Zusammenhänge der Schwankungen
des Meeresspiegels, die auf S. 80 näher behandelt werden, mit den hier
geschilderten Fragen aufhellen. So direkt, wie sie J.S. PALLAS schon 1778
sah, waren sie sicher nicht, wenn er aus Beobachtungen in Sibirien ab-
leitet: "Die meisten Naturphilosophen, die sich mit der physischen Geographie der Welt beschäftigt haben, stimmen darin überein, daß die Inseln
der Südsee über dem Gewölbe eines mächtigen unterirdischen Brandherdes

emporgestiegen sind. Der erste Ausbruch ... muß dabei eine unvorstellbar
große Wassermasse vor sich her getrieben haben. Dieses Wasser drängte
nordwärts gegen die ihm im Wege stehenden Gebirgsketten Asiens und Europas ... und muß auch den Fuß der Gebirge inmitten der Kontinente überflutet haben."

Im 18. Jahrhundert findet man auch eine heute fast rührende Deutung der
an sich richtigen Beobachtung, daß sich in der Nähe der Küsten aktive
Vulkane häufen. Sie zieht gleichfalls das Meer heran: "Wer weiß, ob vor
der Sündfluth feuerspeyende Berge gewesen sind, sonderlich ob nicht erst
die Sündfluth durch Zuführung, wo nicht merklicher vegetabilischer und
animalischer Bruchstücken solches harzigen Seegrundschlammes zu denen
ohnedies schon da gelegenen schwefelichten unerschöpflichen Erzlasten,
gleichsam Holz und Stroh dahin zusammengetragen. Wer will zum wenigsten
nicht für wahrscheinlich halten, daß das Meer zu diesen grausamen und
unaufhörlichen unterirdischen Feuern Materien noch heut zu Tage her-
schiessen müsse, da die Vulkanusstätten nirgends als nahe am Meere sind?"
(J.F. HENKEL, 1753).

2.6.3 Tiefseeberge

Auf vulkanische Tätigkeit (Abb. 2-17) gehen auch im wesentlichen die
Tiefseeberge oder, wenn weniger als 1.000 m über dem Boden herausragend,
die Tiefseehügel zurück. Ist die Spitze der Berge abgeflacht, so bezeichnet man sie als *Guyots*. Die Große Meteorbank ist ein Beispiel dafür
(Abb. 2-16). Warum aber sind sie abgeflacht? Sind es interne Wellen oder
noch unbekannte Wasserbewegungen, die die Vulkanbauten kappen? Sind es
spitze Vulkane, die Korallenriffe aufgesetzt bekommen haben, abgesunkene
Atolle also? Haben diese Vulkane einmal aus dem Meer aufgeragt und sind
sie danach durch Brandung und Strömungen eingeebnet worden, dann aber
gleichfalls abgesunken? Was bisher an Sedimenten auf den Guyots bekannt
geworden ist, spricht für Seeberge, die ursprünglich bis hart an den
Meeresspiegel oder darüber hinaus aufgeragt haben. Die regionale Verbreitung dieser im Ozean nur punktförmig sitzenden Erhebungen ist jedoch
erst lückenhaft bekannt. Es ist daher ein Zufall, wenn ein Schiff über
einen Seeberg und ein noch größerer, wenn es über dessen Spitze läuft.
Erst dann kann ja entschieden werden, ob sie abgeflacht ist. Immerhin
ist es ein Problem, warum bisher z.B. im Indischen Ozean so wenige Guyots
gefunden wurden.

Abb. 2-16. Große Meteorbank. Die Große Meteorbank liegt rund 900 km ▶
westlich der Kanarischen Inseln und erhebt sich aus etwa 4.200 m Wassertiefe. Die elliptische Dachfläche dieses Guyots mißt 1.400 km². Das Pneu-
flexprofit AB zeigt den inneren Bau mit einem zentralen Vulkankegel, auf-
und angelagerten Aschen und Laven sowie biogenen Kalksedimenten. Die unterschiedliche "Schallhärte" all dieser Ablagerungen verrät sich in den Hori-
zonten S – T – V. In den dazwischenliegenden Schichten wurden unterschiedliche Schallgeschwindigkeiten bestimmt (km/sec). Deshalb gelten die Tiefen-
zahlen rechts (m) nur für das Wasser. Die Dachfläche geht auf Einebnung
durch Wellen in erdgeschichtlichen Perioden zurück, in denen die Wassertiefe über der Bank geringer war

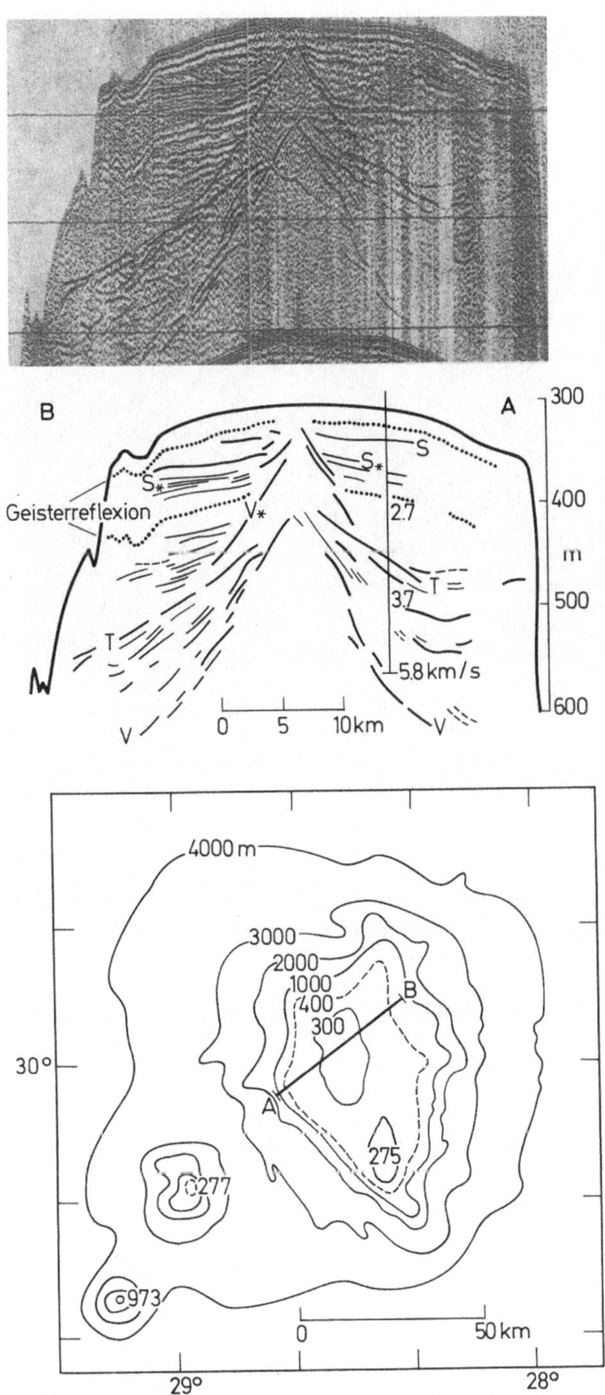

Abb. 2-16. (Legende siehe gegenüberliegende Seite)

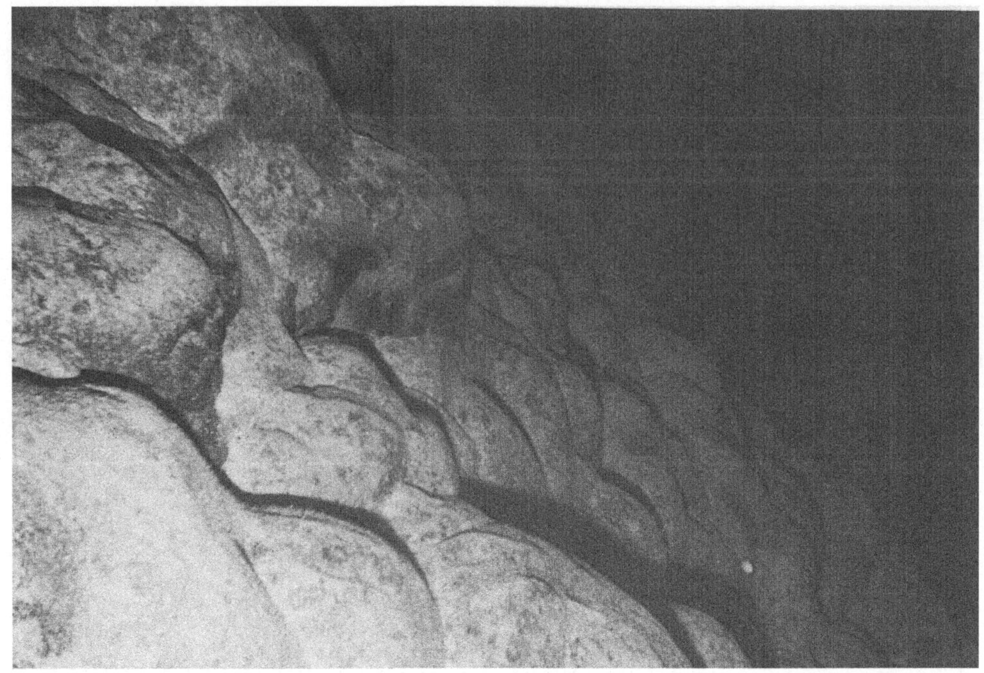

Abb. 2-17. Flanke eines Tiefseeberges im nördlichen Somalibecken des Indischen Ozeans (02°46'N - 60°02'E, 3.950 m Wassertiefe). Bildunterkante etwa 4 m breit. Die wellige Oberfläche eines Lavastroms ist von rund 10 cm dicken Manganoxidkrusten überzogen

2.6.4 Tiefseegesenke

Liegen die aktiven Rücken im wesentlichen in der Mitte der Ozeane, so liegen die tiefsten Einsenkungen der Meeresböden, die Tiefseegesenke (auch Tiefseerinnen oder -gräben genannt), im allgemeinen an deren Rändern. Auch dies muß zu erklären versucht werden! Zunächst aber die Beobachtungen: Sie sind (in 6.000 m Wassertiefe) um 100 km breit und einige 100 bis 1.000 km lang, der Aleutengraben z.B. 2.900 km. Ihr mitunter asymmetrischer Querschnitt ist meist V-förmig (Abb. 2-18), wobei eine ebene Sohle gelegentlich eine Sedimentfüllung anzeigt. Diese ist aber nicht selten recht unbedeutend und in der Schichtung wenig gestört. Die Hänge haben Neigungen bis 8-15°, Neigungen bis 45°, sowie Hangstufen sind aber auch schon beobachtet worden. Mitunter steht direkt Fels an (Abb. 2-19).

Die *größten Tiefen* wurden im Pazifik gemessen: Marianengesenke bis 11.030 m, Tonga bis 10.880, Kurilen bis 10.540, Philippinen bis 10.540, Japan bis 10.370, Kermadec bis 10.050 m. Die Unsicherheit bei diesen Zahlen ist freilich groß, sind sie doch alle mit dem Echographen bestimmt worden, also auf Grund der Schallgeschwindigkeit im Wasser. Diese aber schwankt mit dem Salzgehalt und der Temperatur der unterschiedlichen Wassermassen über diesen Tiefen, so daß schwer zu beurteilende Korrekturen vorgenommen werden müssen. Trotzdem fällt die große Einheitlichkeit

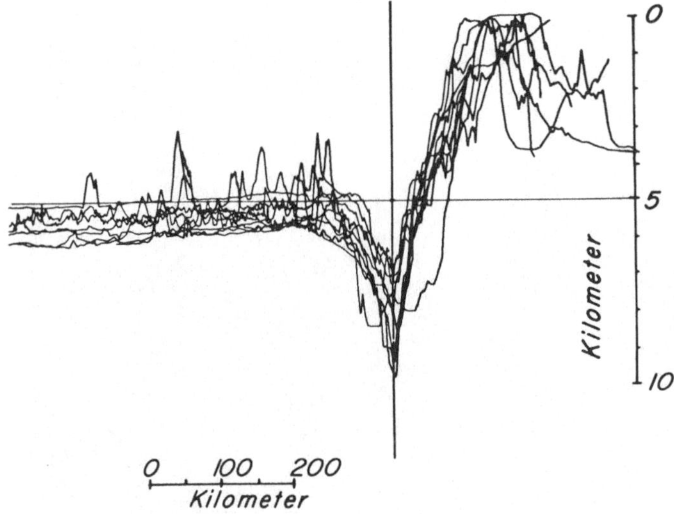

Abb. 2-18. Querprofile durch Tiefseegesenke. Land- bzw. Inselbogen-Seite rechts

dieser Maximalzahlen auf – wieder ein Hinweis darauf, daß die Erdkruste sich in ihrem isostatischen Gleichgewicht nicht wesentlich stören läßt. Es fällt weiter auf, daß alle Tiefen über 10.000 m auf den Pazifik beschränkt sind. Die tiefsten Stellen des Atlantik bzw. Indik liegen gleichfalls in Gesenken. Sie treten dort aber fast ganz zurück: Portorico-Gesenke (bis 9.220 m), Südsandwich-Gesenke (bis 8.264 m) bzw. Sunda-Gesenke (bis 7.450 m). Während die Gräben an der Ostseite des Pazifik an den Kontinent direkt grenzen ("andiner" Kontinentalrand), schalten sich an der Nord- und Westseite, aber auch im Indik und Atlantik Inselbögen mit Vulkanen und kleinere Ozeanbecken zwischen Gesenke und Kontinent (*"Inselbogen"-Typ*). Einige Gesenke liegen aber auch weit von den Kontinenten entfernt, etwa der Tonga-Kermadec-Zug, der von der Nordostspitze Neuseelands nach Nordnordost zieht.

Der zirkumpazifische Gürtel mit seinen Gesenken ist der Sitz der meisten *Erdbeben:* Mehr als 80% der flachen, 90% der intermediären (70-300 km tief) und fast alle tiefen Bebenherde (300-700 km) liegen darin. Die wenigen sonstigen intermediären und tiefen Bebenherde liegen gleichfalls in Gesenken (Indik, Atlantik), im Mittelmeer, im Iran und in Zentralasien. Diese Herde ordnen sich in rund 250 km breite Streifen, die landwärts an die Gesenke anschließen. Nach der Tiefe sind sie in Störflächen angeordnet, die landwärts mit 15-75° bis rund 700 km Tiefe einfallen, von Komplikationen bei den verschiedenen Typen abgesehen. Fast völlig gekoppelt mit diesen Bereichen sind die heutigen und historisch erfaßten aktiven *Vulkane.* Von 800 liegen über 75% im "zirkumpazifischen Feuerring".

Ein Versuch, all diese Erscheinungen, samt hier nicht genannten geophysikalischen und petrologischen Eigenschaften auf einen Nenner zu bringen, stellt wieder die obengenannte Theorie sowie die Theorie der Plattentek-

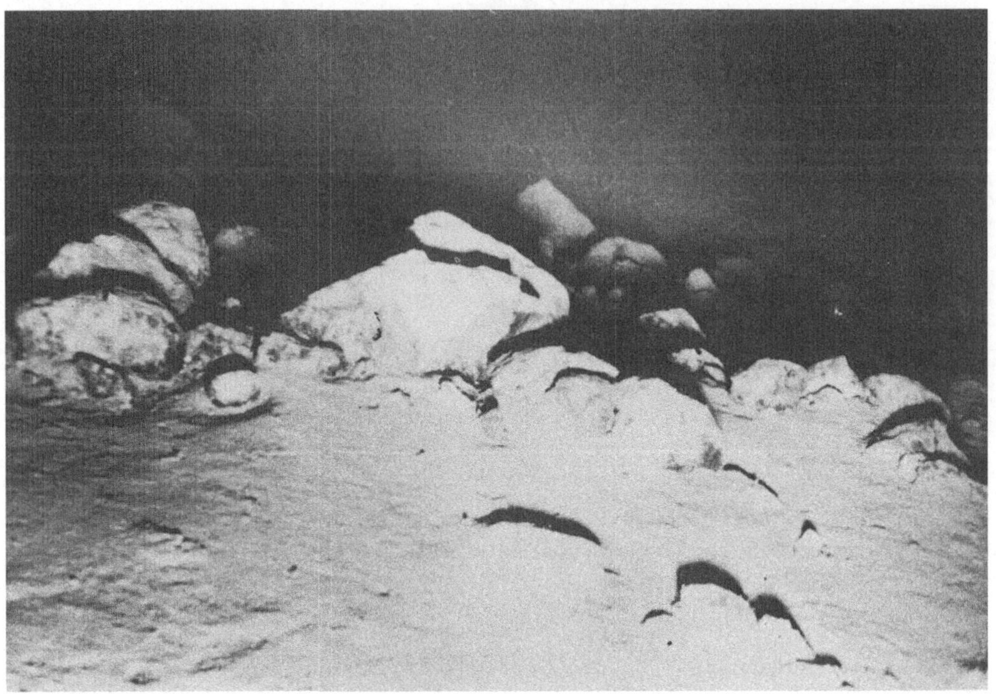

Abb. 2-19. West-Flanke des Tonga-Tiefseegesenkes (6.400 m Wassertiefe).
Bildunterkante rund 3 m breit. Blöcke und Ausbisse des anstehenden Ge-
steins sind nur teilweise vom Tiefseeton bedeckt, ein Zeichen für die
Jugendlichkeit und Steilheit der Flanke

tonik dar. Wird in den Kammregionen ständig neue ozeanische Kruste geschaffen, so muß sich entweder die Erde ausdehnen oder müssen anderswo
entsprechende Krustenstücke eingeengt bzw. beseitigt werden. Die Tiefseegesenke sollen nun das gleichfalls heute aktive Pendant der mittelozeanischen Rücken darstellen. In ihnen schiebt sich - nach einem allerdings
noch schwer zu verstehenden Mechanismus - die ozeanische Kruste unter die
kontinentale Kruste ("andiner" Typ) bzw. unter gleichartige oder veränder-
te ozeanische Kruste ("Inselbogen"-Typ). Dadurch die *junge* Absenkung,
so daß die Depressionen noch nicht mit Sediment vollgefüllt sind. Daher
die nach der Tiefe systematisch gestaffelten Erdbebenherde, daher die
darüber sichtbaren aktiven Vulkane. Dadurch die Umwandlung (Metamorphose),
das Auf- und Einschmelzen der unterschiedlichen - ozeanischen und kontinentalen - Gesteinsgruppen mit typischen Endprodukten, z.B. dem "Andesit".

Näher soll indessen hier nicht auf diese in vollem Gang befindliche wissenschaftliche Diskussion eingegangen werden. Mehr bringt das Kapitel 8. Der
Abschnitt über die Formen des Meeresbodens sollte nur zeigen: Form kann
ohne Materialkenntnis nicht einmal ästhetisch voll erfaßt, viel weniger
wissenschaftlich erklärt werden. Form wird lebendig, wenn man an ihre Entstehung denkt. Und schließlich: Diese untermeerischen Landschaftsformen
sind der aktive und passive Rahmen für das Sedimentationsgeschehen.

3. Herkunft und Zusammensetzung der marinen Sedimente

Ausgangsmaterial für die marinen Sedimente (Tabelle 3-1) sind letztlich
die Gesteine auf dem Festland. Sie werden auch durch die Verwitterung am
wirkungsvollsten zerkleinert, sei es durch Sprengung infolge von scharfem
Temperaturwechsel oder von Frosteinwirkung, sei es durch Lösung der chemisch weniger widerstandsfähigen Minerale. Beides spielt im Meer bei diesen Bruchstücken fast keine Rolle, da das stets vorhandene Wasser Tempera-
turänderungen dämpft, chemische Extreme gepuffert werden, drastische Bewegungen des "Grundwassers" entfallen. Aschen des Tamboraausbruchs von
1815 sind am Meeresboden noch ganz frisch, waren aber auf Java schon nach
wenigen Jahrzehnten angegriffen. Trotzdem kann die Quelle mariner Sedimente auch im Meer selbst liegen. Untermeerische Vulkane liefern neben solchen Aschen auch Fällungsprodukte aus Gasen und Lösungen. Die Brandung
greift die Küste an, Wellen und Strömungen den Untergrund. Rutschungen
verlagern Material. Wo wenig Zufuhr von außen kommt und die organische
Produktion nicht besonders hoch ist, wo zudem Lockermaterial auf dem
Meeresboden ausreichend zur Verfügung steht, wird im wesentlichen nur
dieses umgelagert, resedimentiert. Solche Flachmeere ernähren sich aus
sich selbst, sind "kannibalisch", wie etwa die Nordsee. Interessant sind
schließlich auch kosmische Ausgangsgesteine, doch fallen die Meteoriten
im Ozean nicht ins Gewicht.

Zufuhr durch Flüsse. Bruchstücke und Lösungen aus diesen Gesteinen werden
dem Meer vor allem durch die Flüsse zugeführt. Sie sollen gegenwärtig
flächenhaft die USA um 6,5 cm/1.000 Jahre erniedrigen, natürlich mit
großen regionalen Unterschieden je nach Relief, Klima, Vegetation und an-
stehendem Gestein. Hierbei ist eventuell sogar im gemäßigten Klima die
chemische Lösung (nicht nur der Kalke, sondern auch der Silikate) so
wichtig wie der mechanische Abtrag. Diese Zahlen sind aber nur mit Vorsicht in die Vergangenheit zu extrapolieren. Das 20. Jahrhundert ist einmal das "Zeitalter der marinen Eutrophierung", also der extremen Zufuhr
von Nährstoffen genannt worden: Düngemittel, Bodenerosion und anderes
tragen dazu bei.

Wir leben aber auch erdgeschichtlich gesehen in einer Ausnahmeperiode:
Noch ist das hohe Relief der weltweiten geologisch jungen Gebirgsbildung
vorhanden. Noch liegen Lockermassen weithin zum Abtransport bereit, die
Eis, Frost und Wind in den pleistozänen Kaltzeiten aufbereitet haben.

Zufuhr durch Gletscher. Wo ein Gletscher das Meer erreicht, liefert dieses
Förderband Material vom Feinsten bis zum Gröbsten an. Es wird dabei wenig
gerundet und zeigt die ganze Buntheit der Geologie des Hinterlands. Wenn
der Gletscher kalbt, entläßt er Eisberge mit dieser Fracht. Sie verlieren
sie beim Abschmelzen, transportieren sie heute von der Antarktis her bis
etwa 40° sdl. Breite, von der Arktis – praktisch nur in den Atlantik –
aber nur um Neufundland bis zur selben nördlichen Breite so weit nach
Süden, da der Golfstrom östlich davon ein solches Vordringen verhindert.

Tabelle 3-1. Sedimentation im Meer

Ausgangsgesteine	*Submarine Vulkane*	*Marine Organismen*
an Land und unter dem Meer liefern	liefern	liefern
Gesteins- und Mineral- bruchstücke	Gase	Außen- und Innen- skelette
	Lösungen	
Lösungen	Aschen	Weichteile

| *Transport* erfolgt durch | Rutschungen Wasser Eis Wind | |

Sedimentation

Lithogenes	Hydrogenes	Biogenes
Kiese	Kalkkristallite	Riffkalke
Sande	Evaporite (Gips,	Kalksande, -schlamme
Tone	Steinsalz, u.ä.)	Kieselschlamme
	Tonminerale	organische Substanz
	Manganknollen	

Daraus werden durch *Diagenese* (Kompaktion, Umkristallisation, Zementation
etc.) *Sedimentgesteine*:

Konglomerate	Kalke	(Kalk)Sandsteine
Sandsteine	Evaporite	Kalke
Tonschiefer	Dolomit	Kieselschiefer
		Bituminöse Schiefer

Heute sollen 80 Millionen km^2 des Meeresbodens Hinweise auf Eisverfrachtung
geben. Abb. 3-1 zeigt dagegen, wieviel weiter der Transport in der letzten
Kaltphase des Pleistozäns gereicht hat.

Zufuhr durch Wind. Schließlich sei auf den Wind als Transportmittel eingegangen. Er kann natürlich im Gegensatz zum Eis nur das Feinste weit ins
Meer hinaus verfrachten, Staubteilchen in Bruchteilen von Millimetern.
Staubstürme in den USA führen Körner bis 0,5 mm, meist aber um 0,02 mm
mit. In Windrichtung nehmen die Korngrößen ab. 1901 wurden bei einem Staub-
fall aus der Sahara in Palermo um 0,012 mm, in Hamburg um 0,006 mm gemessen, wobei über dem Mittelmeer in der Luft bis 11 g Staub/m^3 festgestellt wurden. Erstaunlich sind die Transportweiten. Zieht man lokale
Beimengungen ab, so erreichen das antarktische und grönländische Eis
0,1 - 1 mm Staub in 1.000 Jahren. Aus der Sahara vor allem kommen nach
der Insel Barbados um 0,6 mm/1.000 Jahre. Trotzdem sind quantitative An-
gaben noch unzuverlässig, da zu wenig regional und jahreszeitlich ge-
streute Beobachtungen vorliegen. Es gibt Schätzungen, wonach immerhin
25-75% der Tiefseetone im nördlichen und südlichen Pazifik sowie im zentralen Atlantik aus atmosphärischem Staub stammen. Die Hypothese indessen,
daß die Tiefseeschwelle, über der sich die Cap Verde-Inseln erheben, vor
allem auf die Fracht der ständig - und kräftig - wehenden Passatwinde
zurückgehen soll, erscheint freilich trotzdem fragwürdig, da die Windzufuhr kaum ausreichen dürfte, und heute noch niemand die Sahara-Ver-
hältnisse etwa im Tertiär genau kennt.

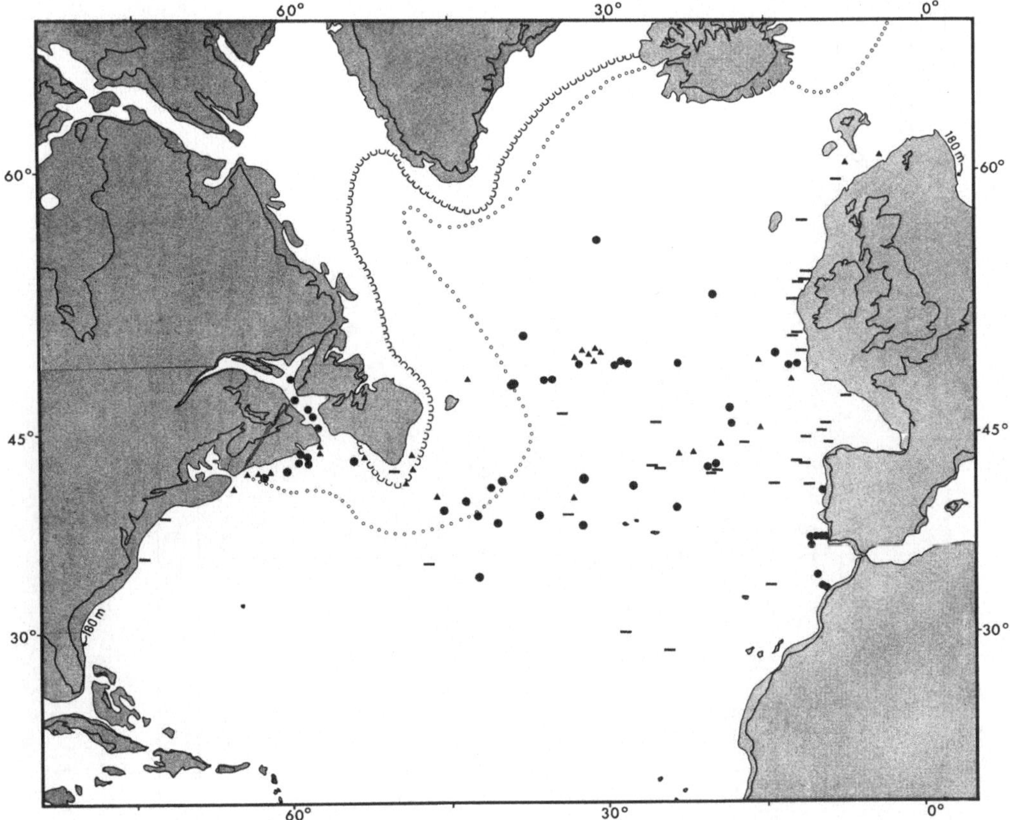

Abb. 3-1. Glazialmarine Sedimente im Nordatlantik. Nachgewiesen durch
entsprechende Sedimentpartikel in Oberflächenproben (Dreiecke), Dredge-
proben (Striche) und in Kernmaterial (Vollkreise). Kaltzeitliches Festland gerastert. Während die heutigen Treibeisgrenzen (mittlere und äußerste sind eingetragen) durch den Einfluß des Golfstroms SW-NE verlaufen,
hat das Treibeis in der letzten Kaltzeit auf breiter Front die Höhe
Spaniens erreicht (vgl. auch Abb. 6-4)

Zufuhr aus dem Meer. Vom Meeresboden selbst stammt das resedimentierte
Material. Gesteins- und Mineralbruchstücke aus all den bisher erwähnten
Quellen bauen die "lithogenen" Sedimente auf. Direkt aus dem Meerwasser
kommen durch Ausfällung und Eindampfung die "hydrogenen" Sedimente der
Tabelle 3-1 (letztlich auch die "biogenen"). Dies kann am besten in einer
ersten Übersicht durch einen Vergleich der wichtigsten chemischen Bestandteile von - einem durchschnittlichen - *Fluß- und Meerwasser* gezeigt werden (Tabelle 3-2).

Tabélle 3-2. Vergleich zwischen Meer- und Flußwasser

Ion	Meerwasser			Flußwasser[a]		
	ppm^b	% der Ionen (rund)	Reihenfolge	ppm	% der Ionen (rund)	Reihenfolge
Cl^-	18.980	55,0	(1)	7,8	6,4	(5)
Na^+	10.561	30,6	(2)	6,3	5,2	(6)
SO_4^{2+}	2.649	7,7	(3)	11,2	9,3	(4)
Mg^{2+}	1.272	3,7	(4)	4,1	3,4	(7)
Ca^{2+}	400	1,1	(5)	15,0	12,4	(2)
K^+	380	0,4	(6)	2,3	1,9	
HCO_3^-, CO_3^{2-}	140	0,2	(7)	58,8	48,6	(1)
Br^-	65	0,1		0,02	–	
H_3BO_3	26	–		0,1-0,01	–	
Sr^{2+}	13	–		0,09	–	
F^-	1,4	–		0,09	–	
H_4SiO_4	1	–		13,1	10,8	(3)
NO_3^-	0,5	–		1,0	0,8	
Fe^{2+}, Fe^{3+}	0,01	–		0,67	0,5	
$Al(OH)_4^-$	0,01	–		0,24	0,2	
Summe	34.479	= 100%		120,8	= 100%	

[a] nach LIVINGSTONE (1963). "Hartes" Flußwasser enthält insgesamt um 300, "weiches" um 60 ppm.

[b] ppm = Teile pro Million Teile Wasser oder g pro t.

Das "Süßwasser" der Flüsse erreicht danach nur 1/100 - 1/500 des Salzgehalts der Meere. In ihm überwiegen weit die gelösten Karbonate, die im Meer erst an 7. Stelle kommen. Warum dieses Abfallen? Im wesentlichen sind es die Organismen, die das von den Flüssen zugeführte Karbonat einbauen und damit dem Meerwasser entziehen. Die Tabelle 3-2 zeigt darüber hinaus, daß es vor allem Kalziumkarbonate, nicht Magnesiumkarbonate sind, die auf diese Weise entzogen werden: Das Ca/Mg-Verhältnis im Meer liegt bei 0,3, in den Flüssen bei 3,7. Ein ähnlicher Verlust durch Einbau in Organismen ist für die Kieselsäure anzunehmen. Diatomeen, untergeordnet auch Radiolarien, benötigen sie. Schwer löslich sind im Meer Eisen- und Aluminiumverbindungen.

Umgekehrt reichern sich im Meerwasser die leicht löslichen Salze an, Chloride und Sulfate. Diese sind auch für den Einbau in Organismen weitgehend unwichtig. Zudem ist damit zu rechnen, daß aus submarinen Vulkanen dem Meerwasser direkt aus dem Untergrund Cl^-- und SO_4^{2-}-Ionen zugeführt werden.

Ein interessanter "Ausreißer" ist das Kalium. Setzt man es mit dem Natrium ins Verhältnis, so liegt dieses im Flußwasser bei 2,3/6,3, also bei 0,36, im Meerwasser bei 380/10.561, also bei nur 0,036. Kalium wird im Meer durch Tonminerale abgefangen, Natrium nicht.

Alle diese Zahlen sind nur Näherungswerte, die das Prinzipielle beleuchten und an dieser Stelle eine eingehende chemische Diskussion vermeiden wollen.

Zur Geschichte des Meerwassers. Für den Geologen stellt sich darüber hinaus eine noch viel fachbezogenere Frage: Seit wann in der *Erdgeschichte* gelten die Werte der Tabelle 3-2? Hatte das Meerwasser immer einen Salzgehalt von rund 35°/oo? Berücksichtigt man den Mineralbestand und die in Raum und Zeit verbreitete Abfolge der Evaporite von Kalk über Gips und Steinsalz zu den Edelsalzen, so ist nach physikalisch-chemischen Überlegungen einzugrenzen, daß die Konzentration der wichtigsten Bestandteile des Meerwassers in den letzten 700 Millionen Jahren kaum je, wenn überhaupt, doppelt oder halb so hoch wie heute gewesen sein kann. Nach paläontologischen Befunden erscheint diese Toleranz sogar noch zu hoch, zumindest seit dem Paläozoikum (s. Tabelle im Anhang), in dem eine Fülle "vollmariner" Tiergruppen auftritt, die zumindest heute keine großen Schwankungen im Salzgehalt überleben: Einzeller wie die Radiolarien, Mehrzeller wie Korallen, Brachiopoden, Cephalopoden, Echinodermen. Seit derselben Epoche findet sich ein Teil dieser Invertebraten in recht anspruchsvollen und artenreichen, daher gegen Schwankungen empfindlichen Massierungen, den Riffen, zusammen. Komplizierte Minerale wie Glaukonit, die sich praktisch nur im Meer bilden, finden sich gleichfalls in derart alten Sedimenten.

Gelten diese Überlegungen auch für die Karbonate? Da präkambrische, also über rund 600 Millionen Jahre alte Kalksteine vorkommen, kann geschlossen werden, daß sich auch in dieser Hinsicht das Meerwasser konservativ verhalten hat. Hier muß allerdings daran erinnert werden, daß mit der Besiedlung des Landes durch höhere Pflanzen vor rund 400 Millionen Jahren die Kalkzufuhr ins Meer wahrscheinlich erhöht worden ist. Wurde erst dadurch oder durch niedriger organisierte Pflanzen, die die Verwitterung an Land förderten, die Bildung von Kalkschalen mariner Organismen begünstigt? Sie beginnt ja so eindrucksvoll erst wirklich mit dem Paläozoikum. War es ein um die Wende Präkambrium/Kambrium einsetzender erhöhter Sauerstoffgehalt, der die Organismen dazu befähigte? (S. 133). Oder kam der Antrieb dazu "aus den Organismen selbst"?

Wie entstanden aber die gebänderten Kiesel-Eisenerze des Präkambriums? Hierfür scheint es unausweichlich zu sein, daß u.a. höhere Gehalte an Kieselsäure im Meer anzunehmen sind.

Zufuhr aus Vulkanen. Aus dem Meer selbst kommt schließlich die Zufuhr vulkanischen Materials, das nicht vom Festland direkt, oder indirekt über Fluß- Eis- Windfracht angeliefert wird. Man schätzt, daß es rund 10.000 Vulkane in den Ozeanbecken gibt. Nur wenige ragen bis zum Meeresspiegel heraus, etwa Hawaii oder die Azoren. Erwähnt wurden bei dieser Zufuhr schon vulkanische Gase und Lösungen. Sie werden in Kapitel 7 in einem Beispiel aus dem Roten Meer ausführlicher behandelt. Da untermeerische Ausbrüche oder weniger dramatische Zufuhr schwer zu beobachten sind, ist die Bedeutung dieser vulkanischen Aktivität noch umstritten. "Neptunisten" unserer Tage halten sie für gering, "Vulkanisten" natürlich für erheblich. Dies geht bis in die Frage der Entstehung der Tiefsee-Manganknollen hinein. Am ehesten sind die Aschen, das "pyroklastische Material", quantitativ zu fassen: Sie haben in vielen, durchschnittlich 2 m langen Kernen, aus der Japansee einen Anteil von insgesamt 3,6 cm, d.h. in Einzellagen von 0 - 8,7%. Im Nordwestpazifik sind darin 4,2 cm enthalten. 5-7% des Gesamtsediments werden in beiden Bereichen von pyroklastischem Material gestellt.

Die Aschen sind auch ein wichtiges Werkzeug für das Erkennen zeitgleicher Horizonte, daher für die erdgeschichtliche Gliederung einer Region, geworden (*"Tephrochronologie"*). Voraussetzung ist natürlich, daß man aus oft vielen Lagen mindestens eine durch unverwechselbare Charakterisierung durchgehend erkennen kann. Dies ist zu einem gewissen Grad möglich durch Vergleiche der Korngrößen oder Mächtigkeiten, für weitere Gebiete aber nur durch Bestimmung optischer oder chemischer Eigenschaften der vulkanischen Gläser. Erstaunliche Ergebnisse wurden neuerdings z.B. in Westkanada durch die chemische Charakterisierung mittels der Elektronen-Mikrosonde erzielt. Als Leitelemente zur Unterscheidung von oft recht ähnlichen Aschen dienten Ca, K, Fe oder Ca, K, Na.

Wie gezeigt wurde, enthalten die marinen Sedimente Zerriebenes, Ausgefälltes und Gewachsenes, d.h. lithogene, hydrogene und biogene *Bestandteile*. Schon ein einzelnes Korn oder eine Korngemeinschaft kann zu geologischen Aussagen führen. Ein "gekritztes Geschiebe" weist auf Eisfracht hin, ein Glaukonitkorn, ein Seeigelstachel, selbst als Bruchstück, auf die Herkunft vom Meeresboden. Gute Sortierung verrät lange Transportwege. Sie brauchen im Meer nicht immer einsinnig zu sein und können auch aus dem ewigen Hin und Her der auf- und ablaufenden Wellen am Strand resultieren. Meist aber führen solche "bequemen" Untersuchungen der Korngrössenverteilung zu mehrdeutigen Ergebnissen - auch sonst in der so komplexen Geologie. Neben dem Material, neben Kornform und -größe ("Strukturelles") sind auch die Anordnung der Körner ("Texturelles") der größere homogene Verband, etwa eine Kalkschicht, eine Sandlinse, sind die daneben, darüber, darunter liegenden Nachbarsedimente und deren Grenzen zu beachten. Trotzdem sollen aus den drei genannten Gruppen einige Beispiele für

Rückschlüsse auch aus wenigen Merkmalen gebracht und auf offene Probleme
hingewiesen werden.

3.1 Lithogene Bestandteile

Granite, aber auch Kalksteine zerfallen bei der Verwitterung in Bruchstücke, diese in Minerale oder deren Bruchstücke. Zerbrochenes und Zerriebenes ("Klastisches") bilden die lithogenen Sedimente. Die durchschnittliche Größe ihrer Einzelkörner gibt ihnen den Namen, hat aber auch tiefere
Bedeutung. Kies besteht überwiegend aus Körnern über 2 mm, Sand aus solchen zwischen 2 und 0,063 mm, Silt zwischen 0,063 und 0,002 mm, Ton unter
0,002 mm. Dies hat Konsequenzen für das Material und für Schlüsse daraus.

3.1.1 Kies

Kiese setzen sich aus *Gesteinsbruchstücken* zusammen. Sie wurden durch Verwitterung und Transport wenig verändert. Da die Gesteine aus Mineralen
bestehen und diese in den verschiedensten Kombinationen auftreten können,
steht eine bunte Palette zur Verfügung, die direkte Hinweise auf das
Liefergebiet erlaubt. Bezeichnenderweise hat diese Methode die größten
Erfolge bei der Analyse von Leitgeschieben, also Kiesen, erbracht, die
durch Eis verfrachtet worden sind. In diesem Klima steht ja die mechanische
Verwitterung im Vordergrund, tritt die chemische zurück, so daß der Zerfall der Blöcke verlangsamt wird. Verschiedene "Rhombenporphyre", die in
norddeutschen Moränen gefunden werden, kommen aus der Oslo-Region. Einige
davon können sogar einzelnen dortigen Talzügen zugeordnet werden. Meereis,
das sich in polaren Regionen bildet und einige Meter dick werden kann,
nimmt vom Boden im Flachwasser Kies auf, verfrachtet ihn bis zum sommer-
lichen Abschmelzen und verrät dadurch in Bodensedimenten aus allen Wassertiefen die Richtung der Meeresströmung an der Oberfläche. Solches an der
Basis von Meereis eingefrorenes Material ist freilich bisher noch nicht
direkt beobachtet worden.

3.1.2 Sand

Sande bestehen dagegen im wesentlichen aus *Mineralen* oder deren Bruchstücken. Sie sind jedoch meist schon eine Auswahl, die die chemische
Verwitterung übrig gelassen und der - längere - Transport aussortiert
hat. Von einem Granit gehen beispielsweise durch Lösung die dunklen
(Eisen- Magnesium-) Minerale, dann die Feldspäte und erst zuletzt, und
unter den meisten Klimaten nur sehr untergeordnet, die Quarze, verloren.
Deshalb besteht der Sand, an den zunächst jeder denkt, der mit ihm in Be-
rührung kommt - vor allem am Badestrand -, fast ganz aus Quarzen. Die
Strände der Bahamas sind dagegen mit reinen Kalksanden, die der vulkanischen, wie in Hawaii, mit Sanden aus dunklen Mineralen bedeckt. Der
an Stränden so weit verbreitete Quarzsand ist freilich nicht allein eine
Auslese nach chemischer Widerstandsfähigkeit, sondern auch nach mecha-
nischer. Er ist unter den genannten Mineralen das härteste. In einer ge-
mischten Anlieferung wird deshalb der Quarz die anderen auch rasch zerreiben, vor allem den Kalksand. Karbonat und Kieselsäure sind daher feind-
liche Brüder. Dies gilt auch in chemischer Hinsicht.

Trotz dieser Verarmung der Palette geben die teilweise widerstandsfähigeren
Schwerminerale (Dichte über 2,9, dagegen Quarze um 2,65) gelegentlich hervorragende Hinweise auf das Herkunftsgebiet mariner Sande (Abb. 3-2).

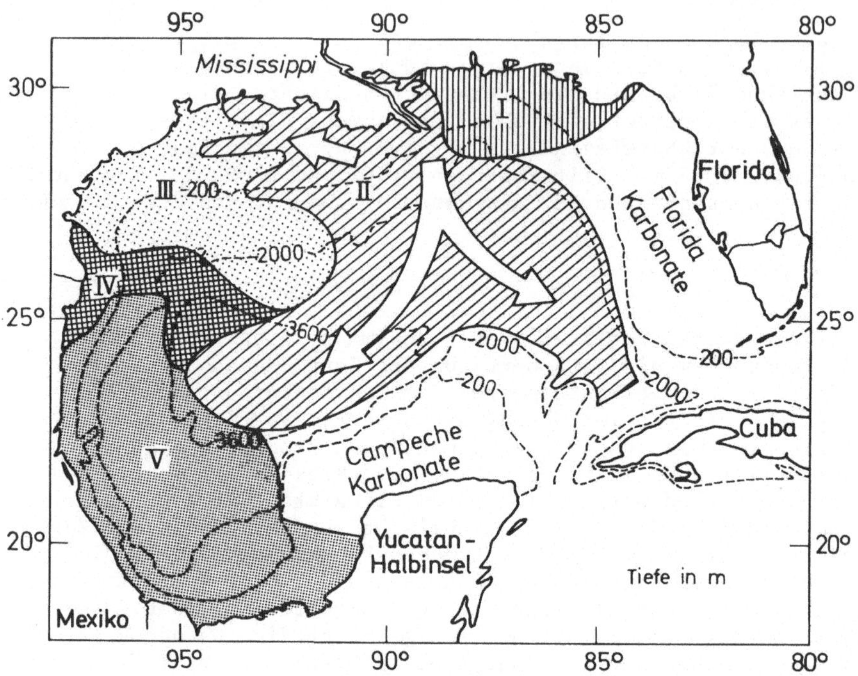

Abb. 3-2. Schwermineral-Provinzen im Golf von Mexiko. Der unterschiedliche Anteil verschiedener Schwerminerale läßt eine Charakterisierung
der Oberflächensedimente nach Provinzen zu: I = Ostgolf, II = Mississippi,
III = Zentral-Texas, IV = Rio Grande, V = Mexiko. Vor Yucatan und Mexiko
herrschen Karbonatpartikel vor. Damit können Aussagen über die Herkunft
des terrigenen Materials gemacht werden, sowie für dessen Transport im
Meer

Quarzsand wird aber nicht nur von verwittertem Granit geliefert. Er kann –
eben durch seine Widerstandsfähigkeit – auch einen komplizierteren Lebens-
lauf haben, aus Sandsteinen stammen, die ihrerseits ehemalige marine Sand-
bänke oder Wüstendünen darstellten. (Polyzyklische Sande). Dies erschwert
Rückschlüsse von der *Kornform* und *-oberfläche* auf Herkunft und Bildungsbedingungen. Nur in Ausnahmefällen können solche Ableitungen deshalb eindeutig sein. Rezente Glazialsande sind zum Beispiel statistisch eckiger
und weniger kugelig als Wassersande. Dünensande sind besonders gut gerundet. Windtransportierte Sande haben eine mattere Oberfläche als wasser-
transportierte. Selbst die Verwendung des Raster-Elektronenmikroskops zur
Untersuchung der Kornoberflächen verspricht deshalb noch keine raschen Erfolge. Zudem werden viele Oberflächen *nach* der Ablagerung der Körner durch
Lösung, Aufwuchs und ähnliche diagenetische Erscheinungen verändert.

3.1.3 Silt

Wird die mittlere Korngröße noch kleiner, wie im Silt, so wachsen die
Schwierigkeiten. Zunächst schon aus technischen Gründen. Auf sie soll
wenigstens in diesem Fall näher eingegangen werden. Sie werden - leider
auch in vielen wissenschaftlichen Veröffentlichungen der Gegenwart -
nur kurz oder gar nicht erwähnt, weil sie ja nicht von allgemeinem Interesse zu sein scheinen. Ergebnisse können aber nur beurteilt und verwandt
werden, wenn die angewandte Methode bekannt ist, die Grenzen ihrer Aus-
sagefähigkeit abgeschätzt werden können.

Während man das Gröbere mit den herkömmlichen Mikroskopen, das Feinere
mit Röntgengeräten untersuchen kann, geraten beide Methoden im Siltbereich an ihre Grenzen. Ferner beginnen sich in ihm Einzelpartikel zu
Aggregaten zusammenzuballen, zu koagulieren. Sie müssen für eine sorgfältige Untersuchung zerstört, dispergiert werden. Die dafür angewandten
Mittel, Art und Dauer ihrer Einwirkung, beeinflussen die Ergebnisse und
zerstören auch die unter natürlichen Verhältnissen zu berücksichtigenden
Korngrößen und -formen. Je feiner das Material, desto wichtiger werden
zudem organischer Schleim, Bakterien und ähnliche Komplikationen, die
bisher eine experimentelle Überprüfung sehr erschweren. Mit dem Raster-
Elektronenmikroskop ist indessen jetzt ein Instrument gegeben, um wenigstens die morphologische Untersuchung der Teilchen zu ermöglichen.

Warum also diese Mühen? Zunächst ist schon aus all den technischen Gründen der Silt eine der dunkelsten Stellen in der Erforschung der Sedimente.
Dies ist ein wissenschaftlicher Ansporn in sich selbst. Sodann bestehen
die heutigen marinen Schlamme im Durchschnitt aus rund 15% Sandpartikeln,
40% Tonpartikeln und 45% Silt. Der windverfrachtete und so weit verbreitete Löß, aber auch viele Fluß- und Flachmeersedimente der Arktis sowie
kontinentnahe Tiefseesedimente gehören wesentlich dem Siltbereich an.
Ganze Organismengruppen, wie etwa die Kokkolithophoriden, die wichtigsten Kalkgehäuse bauenden ozeanischen Algen, bestehen aus Plättchen
dieser Größenordnung. Woraus besteht also der Silt auf dem Meeresboden?
Wie entsteht er? Wo kommt er her? Wie verhält er sich beim Transport?
In einem Beispiel aus dem Persischen Golf sollen einige Antworten versucht werden: Auf der iranischen Seite besteht der Meeresboden aus Schlammen, die über 50% Kalk enthalten. In 2/3 der Proben ist der Siltanteil
höher als 40%. Er wurde mit dem Raster-Elektronenmikroskop, Röntgen-
methoden u.a. untersucht. Es ergab sich dabei, daß in den Korngrößenfrak-
tionen 0,002 - 0,006 mm, 0,006 - 0,02 mm und 0,02 - 0,06 mm der Kalkgehalt mit der Korngröße zunimmt, in den Sandfraktionen noch mehr. Das
weist schon darauf hin, daß der Kalk dort nicht aus dem Meerwasser direkt
ausgefällt wird, sondern aus Organismen stammt. Tatsächlich zeigt auch
der Silt einen Anteil an biogenen Partikeln von im wesentlichen 20-60%,
der Sand von 50-100%. Typische Siltkorngrößen werden nur von den erwähnten Kokkolithen und Nadeln der Ascidien geliefert. Sonst sind es Bruchstücke von Schalen und Skeletten. Silt aus Kalksteinpartikeln wird zudem vom Festland angeliefert. Diese klastischen Körner bestehen aus Kalzit, während die andere Modifikation von $CaCO_3$, Aragonit, in größeren
Partikeln im wesentlichen aus Organismenresten stammt. Mit zunehmendem
Abstand von der iranischen Küste nimmt nun das Kalzit/Aragonit-Verhältnis
ab, weil sich der Einfluß der Landzufuhr von Kalzit in gleicher Richtung
verringert, sich der Beitrag von Aragonit durch Schalen etc. verstärkt.

Eine Illustration für Herkunft und Transportverhalten von Siltpartikeln
liefert schließlich dort auch der Dolomit (Abb. 3-3).

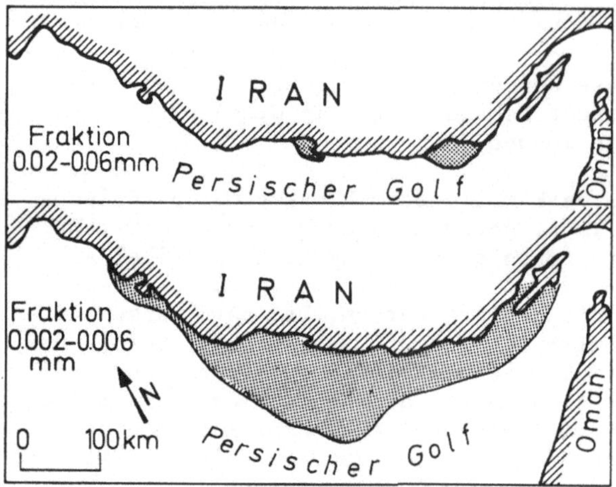

Abb. 3-3. Dolomit im Silt der Sedimente des Persischen Golfs. Während
der gesamte Mittelabschnitt des Persischen Golfs vor der iranischen Küste
in der Korn-Fraktion 0,002 - 0,006 mm erhöhte Dolomitgehalte zeigt
(unten, Quarz: Dolomitverhältnisse unter 1,5 gerastert, über 1,5 weiß),
ist dies in der gröberen Fraktion 0,02 - 0,06 mm (oben) auf die Gebiete
vor den Mündungen der Flüsse beschränkt, in deren Einzugsgebiet Dolomit-
gestein ansteht. Dolomit entsteht daher auf der iranischen Seite - im
Gegensatz zur arabischen - nicht im Porenwasser der marinen Sedimente,
sondern wird von Land zugeführt. Der Grobsilt wird dabei im Meer nicht
sehr weit verfrachtet

3.1.4 Ton

Sedimente, deren Partikel im wesentlichen unter 0,002 mm groß sind, die
Tone, haben einige Eigenschaften, die mehr als nur graduell von den bisher besprochenen abweichen. Der Anteil an Quarz- und Feldspatkörnern geht
in den Tonen zurück. Schon deshalb, weil Minerale mit typischen Korngrößen von weniger als 0,002 mm hinzukommen, die sogenannten *Tonminerale*.
Diese blatt- oder stäbchenförmigen Silikate können auch gelegentlich
0,02 mm erreichen. Sie sind das Endprodukt der chemischen Verwitterung
der Silikatgesteine, aber auch der silikatischen "Verunreinigung" der
Kalke. Sie bilden sich unter Umständen auch im Meerwasser selbst aus gelöster Kieselsäure und Aluminiumverbindungen neu. Bei der Abnahme etwa
des Quarzanteils ist jedoch auch zu berücksichtigen, daß ein Quarzkorn,
das mechanisch abgerieben und damit kleiner wird, immer langsamer abgerieben werden kann. Es wird ja mit der Verkleinerung immer länger schwe-
bend, in Suspension, verfrachtet, ohne Bodenberührung, ohne große Reibung
mit anderen Körnern. Der feinste Abrieb, der bei dieser Beanspruchung an-
fällt, kann zudem leichter in Lösung gehen. Umgekehrt erreichen feinste
Quarze durch Windtransport auch die entlegensten Tiefseebereiche. Die

Korngrößen in natürlichen Aerosolen liegen zwischen 0,01 und 0,0001 mm.
Ferner können sich feine Quarze auch in marinen Sedimenten selbst neu
bilden.

Die extrem feinen Körner und spezifische Eigenschaften der Tonminerale
stellen große aktive Oberflächen zur Verfügung. 1 g Ton kann über 30 m^2
davon enthalten. Wasser, aber auch Ionen wie K$^+$ und Ca^{++} werden festge-
halten. Diese können zudem ausgetauscht werden. Organische Substanzen
setzen sich fest, lagern sich auch in feinsten Partikeln zusammen mit
den Tonteilchen im wenig bewegten Wasser ab. Der hohe Wassergehalt wird
bei Überdeckung nach oben gepreßt, wodurch sich der Ton setzt. All dies
macht die Tone zu einer *chemischen Fabrik*, die zwar bei den normalen niedrigen Temperaturen langsam, bei den verfügbaren langen Zeiträumen dennoch
effektiv arbeitet. Die Umwandlung der organischen Substanz in Erdöl und
Erdgas, die Neubildung von Mineralen wie Pyrit (FeS$_2$) sind dafür Beispiele. Kleinste Knollen, aber auch solche bis zur Größe eines Bauern-
brotlaibs, die Konkretionen, bilden sich bevorzugt in Tonen. Eine Fülle
von Problemen ist noch offen: Welche Ionen werden unter welchen Bedingungen im Meer absorbiert, ausgetauscht? Verhält sich die organische Substanz in Silikat- bzw. Kalk-Tonen unterschiedlich? (Letztere werden zur
Vermeidung von Verwechslungen besser Kalk-Pelite oder -Lutite genannt.)
Wann, wo und wie bilden sich die Konkretionen? Merkwürdigerweise wurde
aus keinem der vielen Sedimentkerne aus dem Meer bisher z.B. eine Kalk-
konkretion geborgen, an der man dieser Frage hätte direkt nachgehen
können.

Diese kleinsten Tonpartikel werden natürlich auch am leichtesten verfrachtet, obwohl sie sehr zur Aggregatbildung neigen und dann schneller auf
den Boden sinken. Deshalb kann für die Tone die Frage nach der Herkunft
nur großregional gestellt werden. Sie wird bei der Besprechung der Klima-
hinweise (Kapitel 6) eingehender behandelt. Hier sei nur darauf hingewiesen, daß sich auf den Ozeanböden in der *Verbreitung der Tonminerale*
der eingangs erwähnte Gegensatz der Nordhemisphäre mit den großen Landmassen zur Südhemisphäre mit der Meeresvormacht widerspiegelt: Landverwitterung stellt vor allem das Tonmineral Illit zur Verfügung. Illit ist
mit über 60% nur auf den Ozeanböden nördlich des Äquators vertreten,
Montmorillonit stammt vor allem aus Vulkanen. Dieser kommt zu über 50%
praktisch nur auf den Meeresböden der Südhalbkugel vor, zusammen mit
einer Fülle ozeanischer Vulkane, zudem weit entfernt von den Landmassen,
die diese Zeugenaussage abschwächen könnten.

3.2 Hydrogene Bestandteile

Das im Meerwasser Gelöste kann zum Sediment werden, wenn ein Wasserkörper
völlig verdunstet, etwa Lagunen im zumindest jahreszeitlichen Trockenklima. Es sind die Evaporite der Tabelle 3-1. Seit der Antike gewinnt
der Anwohner des Mittelmeers daraus "Salz". Doch schon auf dem Weg zu
diesem Endstadium, bei der Verengung des Wasserkörpers, werden Minerale
der Karbonatgruppe ausgefällt, wenn deren Löslichkeitsgrenzen überschritten werden. Das ganze System ist indessen durch seine Abhängigkeit von der
Temperatur, dem - hydrostatischen - Druck, der Wechselwirkung der vorhandenen Ionen, den Einflüssen organischer Verbindungen u.a. recht kom-
pliziert und ist zudem zunächst ein Problem des *Meerwassers*. Die Fällung

von Mineralen kann durchaus direkt aus ihm heraus erfolgen. Millimeter-
große würfelige Steinsalzkristalle, die sich nach oben korbförmig hochbauen, scheiden sich zum Beispiel in solchen Lagunen an der Wasserober-
fläche aus, bis sie auf den Boden absinken. Die Fällung kann auch auf
dem Boden oder in den Poren des Sediments erfolgen und wird damit zu
einem der Probleme des Meeresbodens selbst.

3.2.1 Kalk

Das von der Masse der fossilen Sedimentgesteine her gewichtigste ist dabei
der Kalk. Wir haben schon bei der Diskussion der Tabelle 3-1 gesehen,
daß der Karbonatgehalt des Flußwassers im Meer drastisch reduziert wird,
wenn man ihn auf den sonstigen Anteil von Ionen bezieht. Wir haben angenommen, daß dies auf den Einbau in Organismen zurückzuführen ist. Kann
im Meer jedoch Kalk auch anorganisch ausgefällt werden? Dies ist ein
schon lange umstrittenes Problem, schon deshalb, weil all die genannten
komplizierenden Faktoren bei diesem System von Einfluß sind. Der wichtigste ist der Einfluß der Kohlensäure. Wird der Gehalt an Kohlensäure im
Wasser erhöht, so kann zunächst mehr Kalk gelöst werden. Etwa durch 1.
Erniedrigung der Temperatur, 2. Erhöhung des Drucks, 3. Atmung von Pflanzen und Tieren, 4. Oxydation von toter organischer Substanz. Wird ihr Gehalt im Wasser umgekehrt erniedrigt, so kann weniger Kalk gelöst werden,
also durch 5. Erhöhung der Temperatur, 6. Erniedrigung des Drucks, 7.
Assimilation von Pflanzen. Wenn ein Wasserkörper durch Aufnahme von Karbonaten "gesättigt" ist, so sollte man annehmen, daß weitere Zufuhr zur
Fällung, daß umgekehrt Entnahme, etwa durch Organismen zum Schalenbau,
zur Lösung des Bodenkörpers führt. Dies ist im allgemeinen jedoch viel
komplizierter, vor allem, weil offensichtlich das Meerwasser imstande
ist, diese Reaktionen stark zu dämpfen. Es ist chemisch "gepuffert" und
kann erheblich übersättigt sein, bevor es zur Fällung kommt. In den letzten Jahren erst ist es klar geworden, daß die Ozeane bis in eine Wassertiefe von einigen Kilometern (Atlantik 4-5 km, Pazifik 2-3 km) hinsichtlich des Kalzits übersättigt, darunter untersättigt sind. Die Temperatur
(Punkte 1 und 5) nimmt ja nach unten ab, der Druck (Punkte 2 und 6) zu.
In der Tiefe kann daher Kalk gelöst werden. An der Oberfläche kann die
Übersättigung so hoch werden, daß tatsächlich Kalk anorganisch ausgefällt werden kann. Dies wird aber auch heute noch von manchen Fachleuten
bezweifelt. Der Frage kann am ehesten in Gebieten nachgegangen werden,
in denen sich alle Voraussetzungen für eine solche Kalkfällung (Punkte
5-7) summieren.

In den letzten 15 Jahren wurden die Bahamas besonders gut untersucht.
Sie sitzen auf einem isolierten Sockel im tiefen Meer. Passatwinde aus
dem Osten schneiden sie dazuhin von terrigener Zufuhr völlig ab. Es werden deshalb nahezu reine Karbonate abgelagert. Die *Great Bahamabank* ist
extrem flach, meist weniger als 5 m tief. Meeresströmungen bringen tropisches, kalkübersättigtes Wasser auf die Bänke, wo es bei Sommertempera-
turen von über $30^{\circ}C$ durch Verdunstung bis $46^{\circ}/oo$ Salzgehalt erreichen
kann. Eine Fülle von Algen besiedelt den Boden. Deshalb sind alle Punkte
(5-7) ideal erfüllt. Zudem werden ständig Kristallisationskeime vom Boden
aufgewirbelt, da auf ihm Kalkschlamm aus einigen tausendstel Millimeter
langen Aragonitnädelchen liegt. Werden diese nun direkt aus dem Meerwasser
ausgefällt? Sind es mechanische oder biologische Abriebprodukte? Bohr-

organismen, Sedimentfresser, Tiere, die Schalen zerknacken, könnten dabei
mitwirken. Stammen sie aus dem Gewebe von Organismen? Zunächst sind men-
genmäßig die Abriebprodukte sicher nicht ausschlaggebend, da es schwer vor-
stellbar ist, daß diese überwiegend nadelförmig sein sollen. Außerdem wäre
dieser Beitrag ja keine anorganisch-chemische Ausfällung. Schwieriger ist
die Entscheidung, ob die Nadeln ausschließlich aus zerfallenden Algen stammen. Die Untersuchung der Isotopenverhältnisse O^{18}/O^{16} der Nadeln im Gewebe dieser Algen und im Sediment spricht dafür, daß die Hauptmasse tatsächlich pflanzlichen Ursprungs ist. Zudem stimmt die Feinmorphologie mit
oft sägezahnähnlichen Umrissen überein. Nun wurden spontan auftretende,
milchige Trübungen im Wasser beobachtet, die "Whitings". Entstehen sie
durch plötzliche Ausfällung großer Mengen von Aragonitkristallen? Sind
es einfach Aufwirbelungen vom flachen Boden? Aus dem pro und contra der
Argumentation neigt man heute eher zur letzteren Möglichkeit.

Direkte Ausfällung aus dem Meerwasser ist aber neuerdings an den *Ooiden*
der Bahamas nachgewiesen worden. Es sind kugelförmige Gebilde, die um
0,3 mm, in Ausnahmefällen bis 1 mm groß sind. Um einen Kern lagern sich
durchgehende oder unterbrochene Lagen von 0,002 - 0,001 mm Dicke an,
zwischen rund 15 und 30. Sie bestehen aus Aragonitnädelchen und einem
wechselnden Anteil von organischer Substanz. Sie häuten sich am Außenrand der Great Bahamabank im flachsten Wasser. Dort sind die Geschwindigkeiten des Gezeitenstroms so hoch, daß man sich gegen ihn kaum halten
kann. Die Ooide werden daher immer wieder bewegt. Sie können aber beim
Kentern des Stroms oder bei zeitweiliger Überdeckung durch andere Ooide
auch immer wieder ruhig liegen bleiben. Genau dieses Wechselspiel soll
nach Labor-Experimenten die direkte Aragonitfällung ermöglichen.

Offensichtlich ist also zumindest unter den gegenwärtigen Bedingungen im
Meer die anorganische Fällung von Kalk auf Sonderbedingungen beschränkt.
Der weit überwiegende Teil der Kalke, auch der feinstkörnigsten, ist bio-
gen, geht auf Organismenreste zurück. Deshalb kommen wir auf die Kalke
im Kapitel 5 zurück.

3.2.2 Dolomit

Eine ähnliche Diskussion zog sich über Jahrzehnte durch die Literatur für
den Dolomit, $[Ca, Mg (CO_3)_2]$. Es scheint jetzt gesichert zu sein, daß er
heute aus freiem Meerwasser nicht direkt ausgefällt, wohl aber durch die
Reaktion des Porenwassers mit geeignetem Sediment gebildet wird. Ein
schon klassisches Beispiel hierfür ist der *Südrand des Persischen Golfs*
geworden (Abb. 3-4). Die dortigen Wattflächen liegen hinter Inselketten
in Bereichen von hohen Wassertemperaturen, erhöhtem Salzgehalt durch die
starke Verdunstung und erhöhtem Mg/Ca-Verhältnis im Wasser. Das mit Mg
relativ angereicherte Porenwasser wirkt in der obersten Sedimenthaut auf
die Kalzium-Karbonatkriställchen ein und wandelt sie in Dolomitkristalle
um.

Damit rückt die Dolomitbildung in das allerflachste Wasser, an oder sogar
über die mittlere Hochwasserlinie, ein in diesem Trockenklima sehr un-
freundliches Milieu für die höheren Organismen. Dies erklärt eine Fülle
von Beobachtungen an fossilen Dolomiten: Der in den nördlichen Kalkalpen
weit verbreitete "Hauptdolomit" hat "Messerstiche", d.h. aufgelöste Gips-

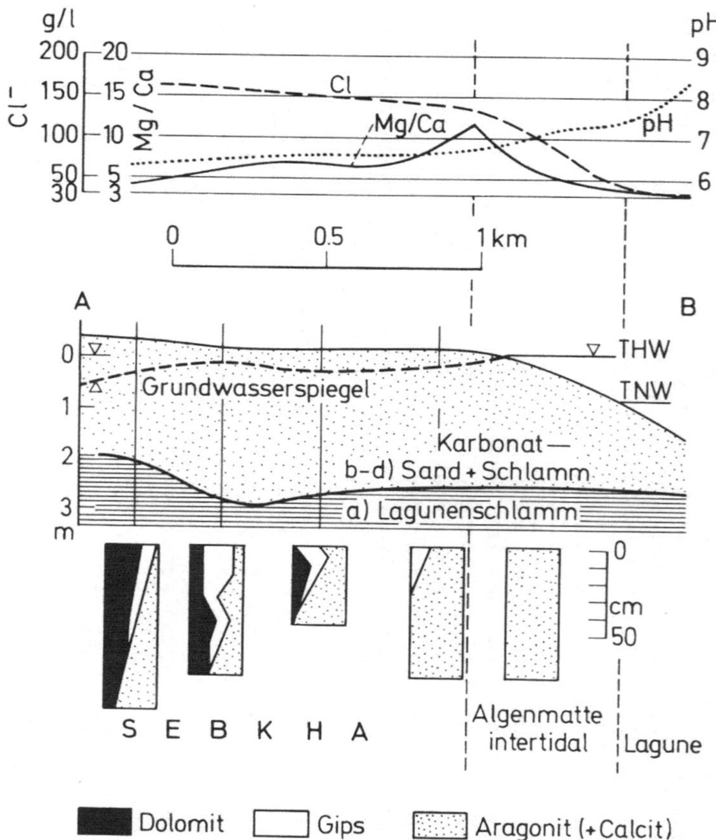

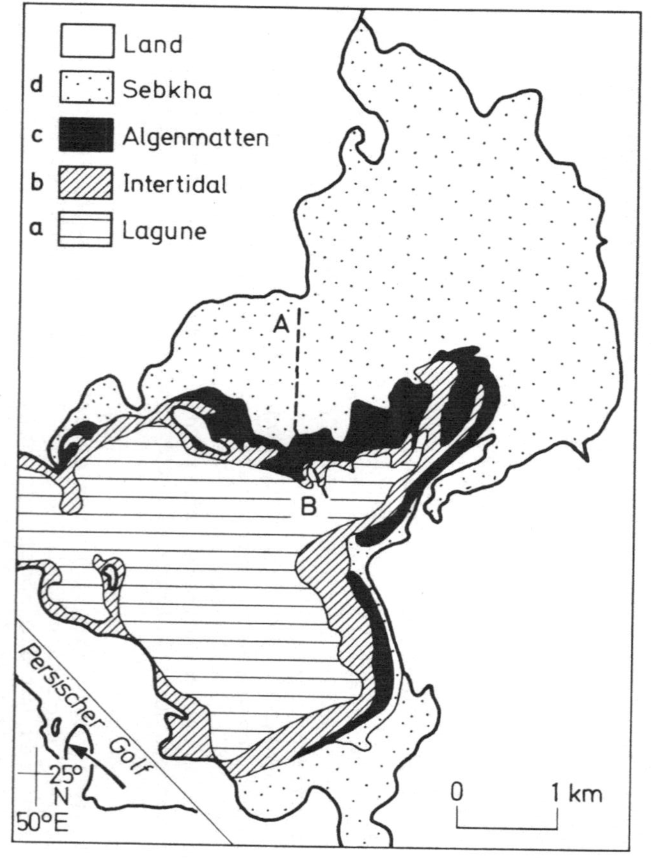

Abb. 3–4. (Legende siehe gegenüberliegende Seite)

kristalle. Dolomite des süddeutschen Muschelkalks wie auch des norddeutschen Zechsteins sind fast fossilleer.

3.2.3 Evaporite

Das Beispiel vom Südrand des Persischen Golfs hat die Ausscheidung von Gips ($CaSO_4 \cdot 2H_2O$), teilweise auch von Anhydrit ($CaSO_4$) aus marinem Porenwasser gezeigt. Hierbei wurde die komplexe Frage der Anhydritbildung nicht behandelt. Beide Salze gehören mit dem Steinsalz (NaCl) und den Kalisalzen (K- und Mg-Chloride und -Sulfate) zu den Evaporiten. Wie der Name sagt, ist die Voraussetzung für ihre Entstehung normalerweise die Verdunstung. Die Konzentration des Meer- oder Porenwassers wird erhöht. Salze können daher ausfallen. Ähnliche Wirkung kann freilich auch die Bildung von Meereis im polaren Klima haben. Es nimmt ja nur im Wasser zwischen den Eiskristallen Salz auf. Dadurch wird das darunter liegende Meerwasser konzentriert. Lokal soll auch unter diesen Bedingungen Gips ausgefällt werden können.

Nun haben Versuche und Berechnungen gezeigt, daß normales Meerwasser auf rund 1/3 seines Volumens eingeengt werden muß, bis sich Gips auszuscheiden beginnt. (Andere Vorstellungen rechnen mit einer Einengung auf 2/3, wieder andere auf 1/5). Steinsalz fällt erst bei einer Volumenreduktion auf 1/10 aus. Erste Voraussetzung für ausgedehnte marine Salzlager muß daher *arides Klima* sein. Weiterhin: 1000 m Meerwasser liefern 0,75 m Gips und 13,7 m Steinsalz. Wie kann man nach diesen Gegebenheiten aber viele Meter dicke fossile marine, fast reine Gipslager oder die z.T. viele 100 m dicken Steinsalzlager erklären? Man kann an die Eindampfung von kilometertiefen Meeresteilen denken. Dies ist eine fast abenteuerliche Vorstellung, wird aber dennoch gegenwärtig für miozäne Evaporite unter dem Mittelmeer diskutiert. Bei einem einmaligen Eindampfungsvorgang ist es

---

◄ Abb. 3-4. Rezente Dolomitbildung. Links: Am Südrand des Persischen Golfs haben sich Lagunen (a) mit Kalkschlammen gebildet, an die sich Wattsedimente (Intertidal zwischen Tide- Hoch- und Niedrigwasser (b) und Algenmatten (c) schließen. Landwärts folgen flache "Sebkhas", die nur gelegentlich bei Springtide und günstigen Winden überflutet werden (d). Rechts: Der Cl^--Gehalt steigt durch die erhöhte Verdunstung in den Lagunen auf 30 g/l. Im offenen Ozean beträgt er nach Tabelle 3-2 um 19 g/l. Die Algenmatten fallen mit den Gezeiten trocken. In ihrem Porenwasser werden daher bis 130 g/l erreicht. Dadurch werden kleine Gipskristalle ausgefällt, also Ca^{++}-Ionen entzogen. Deshalb steigt das Mg/Ca-Verhältnis auf über 10 an, während es nach Tabelle 3-2 im offenen Ozean um 3 liegt. Mg^{++}-Ionen reichern sich somit relativ an.

Im Oberflächensediment des Sebkhas werden Temperaturen bis über 40°C gemessen. Die Verdunstung wird dadurch so hoch, daß im Porenwasser über 150 g Cl^-/l erreicht werden, was fast der Sättigung einer Kochsalzlösung entspricht. Die Gipsausscheidung setzt sich fort. Das warme, schwere und Mg-reiche Porenwasser kann absinken und verwandelt - bei pH-Werten zwischen 6 und 7 - das aragonitische Sebkha-Sediment im obersten Meter teilweise in Dolomit (Sediment Kern-Auswertung unten). Mitunter kommen bis zu 30 cm dicke, reine Dolomitlagen vor, wobei das ursprüngliche Gefüge verwischt wird. Die Dolomitkriställchen sind zunächst sehr klein, unter 0,02 mm. Auch so kann also Silt entstehen

aber unwahrscheinlich, daß reine Gipslagen gebildet werden. Sie sollten
Steinsalz mit enthalten. Deshalb sieht man sich gezwungen, einen anderen
Mechanismus heranzuziehen, einen dauernden *Nachschub von Meerwasser* in
ein Becken mit erhöhter Verdunstung. Aber auch dabei müßte ja bald die
Steinsalz-Sättigungsgrenze überschritten werden, so daß wieder Gips zusammen mit Steinsalz ausfallen müßte. Aus diesem Grund nimmt man an, daß
mit der Zufuhr normalen Meerwassers und mit der Einengung bis zum Konzentrationsbereich der Gipsausfällung eine *Abfuhr* hochkonzentrierten Meerwassers gekoppelt ist, so daß der Konzentrationsbereich der Steinsalz-
ausfällung nicht erreicht wird. Dabei wird diskutiert, ob 1. dieser Austausch in der Art des Modells "Persischer Golf" (S. 135) vor sich geht,
also Oberflächeneinstrom normalen Meerwassers durch eine Meerenge in das
Verdunstungsbecken, bodennaher Ausstrom des konzentrierten Wassers, oder
ob 2. Zu- oder Abfuhr im Schwellenbereich auch durch Poren und Spalten
des Untergrunds erfolgen kann. Meerwasser, aus dem Gips ausfällt, ist
erheblich schwerer (Dichte um 1,13) als normales (Dichte um 1,03). Es kann
also beispielsweise im normalen Porenwasser absinken, dieses verdrängen.
Alle diese Vorstellungen bringen die Schwierigkeit mit, sehr empfindliche
Faktorenkombinationen zu fordern. Allein die erwähnten *Meerengen* sind
z.B. geologisch kurzlebige Gebilde: Durch die pleistozänen Meeresspiegel-
absenkungen wurde mitunter das Rote Meer vom Indischen Ozean abgeschnürt.
Die Engen liegen oft in tektonisch aktiven Zonen mit möglichen vertikalen
Schollenbewegungen, langsam und fast unmerklich bei den Ostseezugängen
im skandinavischen Hebungsgebiet, ruckartig und mit Erdbeben verbunden
in der Straße von Gibraltar, im Bosporus. Ein- und Ausstrom können zudem
die Engen durch Sedimentation oder Erosion verändern.

Das bisher Gesagte bezog sich nun zunächst auf Meeresbecken im ariden Bereich mit Wassertiefen von einigen 10-100 Metern. Viele der *fossilen Beispiele* können wohl nur damit erklärt werden. In der Gegenwart scheint es
indessen keinen einzigen Fall zu geben, bei dem alle genannten Faktoren
so zusammenspielen, daß in solchen Becken auch nur Gips ausgeschieden wird.
Sogar im Roten Meer ist der Austausch durch die Straße von Bab el Mandeb
noch zu wirksam, um die notwendig hohen Konzentrationen entstehen zu lassen. Warum also die ausgedehnten, so mächtigen und vielfach nach der Ab-
scheidungsfolge so konsequent aufgebauten Evaporite des Perm? Oder regional:
Warum die mächtigen mesozoischen Salzlager rings um den afrikanischen Kontinent, unter dem Schelf und Kontinentalhang? Bildeten die ersten Phasen
der Trennung von Kontinentalmassen besonders gute morphologische Möglichkeiten zur Ausscheidung von Evaporiten, längliche Senkungsbecken mit
behindertem Zugang zum Ozean wie im Prinzip das heutige, im Effekt das
miozäne Rote Meer? Warum reichte der Gürtel etwa am Atlantik von Marokko
bis Südafrika, also auch über humide, tropische Bereiche hinweg? Lag der
Äquator anders? War das Gesamtklima dieser Bereiche arider, da ja die
Wasserfläche des Atlantik noch geringer war? Viele 100 m reinen, also von
terrigenem Material nicht beeinflußten Steinsalzes bedeuten auch *rasche*
Ablagerung, damit rasche Auffüllung dieser Senken. Dies käme wenigstens
dem kurzlebigen Charakter der Meerengen entgegen.

Noch ein Wort zum kleineren Modell von marinen Evaporitbecken, den *Küsten-
lagunen* der ariden oder semiariden Bereiche. Auch sie sind kurzlebige und
empfindlich ausgewogene Gebilde, gelegentlich landwärts in Folgen angeordnet, die zu immer wirksamerer Abschnürung führen, jedoch meist nur im
Bereich von Kilometern oder Zehnern von Kilometern. Je nach dem Grad der

Abschnürung und Höhenlage dieser Becken werden sie durch die Gezeiten
dauernd oder nur bei Springtide oder schließlich nur bei einer Kombination
mit langdauernden Winden überflutet. Landwärts werden gelegentlich Abfolgen von Aragonitnädelchen – mit Hilfe von Algenmatten und deren Assimila-
tionstätigkeit, bei pH-Werten über 9 ausgefällt – über Gips bis zum Steinsalz beobachtet. Letzteres kann im Jahrtausend in Baja California bis
1–2 m mächtig werden, füllt also derartig flache Lagunen rasch auf. Mangels heutiger Modelle für große Evaporitbecken ist in den Lagunen noch ein
weites Feld zur Bearbeitung offen, das sich freilich nur mit Vorsicht bei
den vielen lokalen Besonderheiten für Generalisierungen eignet. Trotzdem
ist nicht auszuschließen, daß viele Evaporite der Vorzeit, auch bei grös-
seren Mächtigkeiten, derartigen Lagunen entstammen. Zu den genannten Faktoren müßte allerdings ein mit der Sedimentationsrate synchroner Anstieg
des Meeresspiegels bzw. eine Absenkung des Landes kommen.

3.2.4 Phosphate

Auch die Phosphatknollen auf dem Meeresboden werfen eine Fülle von Problemen auf. Zunächst aber die Beobachtungen: 1. Die Knollen können von
Silt- bis über Kopfgröße reichen, sind meist länglich, haben eine glänzen-
de, glatte oder blumenkohlartige Oberfläche, die schwarz oder braun gefärbt ist und von Organismen angebohrt oder besiedelt sein kann. Bryozoen,
Schwämme, Korallen leben mitunter auf der Oberseite, kommen abgestorben
auch auf der Unterseite vor, ein Zeichen dafür, daß die Knollen gelegentlich umgelagert werden. Manche sind auch zerbrochen. Ihr Innenbau zeigt
meist unregelmäßige, mm- bis cm-dicke Schichten. Sie sind im wesentlichen
nicht konzentrisch angelegt, sondern werden am Rand im allgemeinen abge-
schnitten. Zum Teil umschließen sie auch ältere Knollen oder sind struk-
turlos. 2. Sie bestehen neben Silikaten und Eisenmineralen vor allem aus
Kalziumphosphaten, sind daher als Grundstoff für Düngemittel auch wirtschaftlich interessant. Vor Kalifornien haben sie einen sehr einheitlichen
Chemismus: 25–30% P_2O_5 und 40–45% CaO, bei einem CaO/P_2O_5-Verhältnis um
1,6. In anderen Vorkommen schwanken diese Zahlen stärker. 3. Die Knollen
kommen im allgemeinen in einigen 100 m Wassertiefe vor. So auf dem Schelf
vor Nieder- und Südkalifornien, vor dem nördlichen New South Wales, um
die Insel Sokotra, vor dem atlantischen Marokko und den Südoststaaten der
USA. Daneben können sie untermeerisch auf Bänken und Bergen konzentriert
sein, etwa auf der Agulhas Bank vor der Südspitze Afrikas, auf der Chatham-
Schwelle östlich Neuseeland und auf verschiedenen pazifischen Guyots.

Die erste Frage ist, ob die Knollen überhaupt heute im Meer *entstehen* oder
ob es sich um aufgearbeitete Reste aus älteren Schichten handelt. Für das
erstere spricht, daß viele Vorkommen mit heutigen Auftriebsgebieten zusammenfallen. Für das letztere, daß die Knollen gehäuft dort auftreten,
wo im direkten Untergrund geeignete Schichtgesteine anstehen, die Ab-
tragungsprodukte liefern können. Außerdem sind in vielen Knollen tertiäre
Fossilien, häufig aus dem Miozän, gefunden worden. Damit wird aber das
Problem der Entstehung nur in die Erdgeschichte zurückgeschoben. Man
nimmt hierbei an, daß primär bankige Phosphate in flachem, teils ruhigem,
teils bewegtem Wasser entstanden sind. Dabei lieferte das Hinterland durch
geringes Relief oder arides Klima wenig klastisches Material, welches
die Knollen hätte verdünnen können. Danach sollen durch tektonische Heraushebung oder Meeresspiegelschwankungen diese Phosphate in flachstes Wasser

gekommen und dadurch zerbrochen und abgerundet worden sein. Warum aber
gibt es dann für die primären Bank-Phosphate keine rezenten Beispiele?
Viele heutige Auftriebsgebiete erfüllen ja alle diese Ausgangsbedingungen.
Die Miozänvorkommen in Südkalifornien und Peru weisen gleichfalls auf
Auftriebswasser hin.

Die zweite Frage: Fällt das Phosphat direkt aus dem *Meerwasser* oder erst
im *Porenwasser* mariner Sedimente aus? Im heutigen Meer zumindest konnte
eine direkte Fällung, etwa durch Erhöhung der Temperatur oder des pH-Wer-
tes noch nicht zweifelsfrei nachgewiesen werden. Da im Porenwasser 50-100
mal höhere Phosphatkonzentrationen als im bodennahen gemessen wurden,
erscheint die Fällung darin generell wahrscheinlicher zu sein. Dies würde
zumindest einen Typ des Ausgangsmaterials erklären, der chemisch sehr einheitlich zusammengesetzt ist und in einer feinstkörnigen Grundmasse mit
vielen Kotpillen feines klastisches Material enthält, etwa vor Kalifornien. Und weiter: Können die Phosphate nicht auch sekundär entstehen,
dadurch daß Kalk *verdrängt* wird? Dies scheint ein zweiter Typ zu sein,
der beispielsweise aus Foraminiferenschlammen entstehen kann. Daß Kalzit,
ja sogar Kieselschalen und Holz phosphatisiert werden können, ist bekannt.
Weitere offene Probleme: Sind Organismen als Zwischenstufe einer Phosphor-
anreicherung notwendig? Damit kämen wieder die Auftriebsgebiete, aber
auch Flußmündungen ins Spiel. Warum sind die west- und nordafrikanischen
Phosphatvorkommen aus der Wende Kreide/Tertiär so ausgedehnt? Wie entstanden die fossilen Phosphate, die nicht aus dem durchlüfteten Meer
stammen können, da sie zusammen mit pyritreichen Schwarzschiefern und
Kieselgesteinen ohne jedes Bodenleben vorkommen? Gibt es erdgeschichtliche Epochen, die besonders günstige Bedingungen für die Entstehung
mariner Phosphate boten, etwa das Miozän? Warum?

3.2.5 Kieselsäure

Eine Reihe dieser offenen Fragen ist auch für die Kieselsäure noch nicht
beantwortet. Kieselsäure-Anreicherungen sind dem Geologen zunächst aus
den *Feuersteinen* bekannt. In Nordwesteuropa kommen sie vor allem in den
Kreidegesteinen vor, oft lagenhaft angereichert, durch organische Substanz schwärzlich gefärbt. Wird die Kreide durch das Meer oder durch
Gletschertransport aufgearbeitet, so werden die Feuersteinknollen isoliert und zeigen alle Formen moderner Skulpturen. Sie können aus fast
reiner SiO_2 bestehen, d.h. aus Quarzkriställchen von der Größenordnung
von einigen tausendsteln bis hundersteln Millimetern, umschließen aber
auch Verunreinigungen und - zum Teil noch kalkige - Organismenreste. Ähnliche Bildungen gibt es in anderen Kalken vieler Formationen. Diese Knollen müssen nach manchen Hinweisen im flachen Meer mit durchlüftetem Wasser
entstanden sein.

Kieselgesteine kommen aber auch *gebankt* bis meterdick vor, zusammen mit
schwarzen Schiefern, ohne Zeichen von Bodenleben. Dies weist auf Still-
wasserbedingungen hin. Leider kennen wir auch in diesen Fällen bisher
noch keine heutigen Analoga im Meer. Daher müssen wiederum Fragen offen
bleiben, ob und wieweit anorganische Fällung oder die Mitwirkung von Organismen hereinspielen. Unter den heutigen Bedingungen scheinen die Organismen der wichtigste Faktor für die Kieselsäureanreicherung zu sein. Im
Flußwasser (Tabelle 3-2) ist 10mal so viel Kieselsäure wie im Oberflächen-

wasser des Meers gelöst. An den Flußmündungen mögen 10-20% durch Adsorption
an Mineraloberflächen entfernt werden, der Rest sicherlich durch Organismen mit Kieselschalen, vor allem durch Diatomeen. Sie bauen ihre Gehäuse
aus Opal auf, der bis 13% Wasser enthalten kann. Dies trotz der starken
Untersättigung des Meerwassers. Sterben sie aber ab, so werden die meisten
Gehäuse wieder aufgelöst, die zarten schon beim Absinken, die robusteren
auf dem Meeresboden selbst. Die meiste Kieselsäure wird deshalb wieder
dem Meerwasser direkt zugeführt. Trotzdem gibt es in allen Meerestiefen
Schlamme aus Radiolarien- oder Diatomeengehäusen sowie aus Schwammnadeln,
wo diese nicht durch Terrigenes zu stark verdünnt werden. Im Sediment
geht die Auflösung weiter, offensichtlich vor allem im kalkigen. Eine
sekundäre Konzentration führt dann zur Bildung der Feuersteine. Doch,
wie gesagt, noch niemand hat dies bisher direkt beobachten können. Und
außerdem übersteigt es fast das Vorstellungsvermögen, welche Unzahl von
Organismen allein für einen faustgroßen Feuerstein benötigt werden.
Nimmt man grob an, daß eine Diatomeenschale um 10^{-9} cm^3 festes SiO$_2$ liefert, so wäre dies schon die Masse von der über 100 Milliarden Gehäusen.
Die ausgedehnten Feuersteinhorizonte, die in Sedimenten der Oberkreide
und des Alttertiärs im Atlantik und in der karibischen See bei den Tiefseebohrungen angetroffen wurden und damit meist durch zu große Abnutzung
der Krone die Bohrungen beendeten, würden eine dort 10-100mal größere
Plankton-Produktion von Kieselschalern als heute verlangen. Vielleicht
gibt oder gab es doch anorganische Vorgänge, die bei diesen Anreicherungen beteiligt sind. Vulkanische Zufuhr in der Tiefsee, Schwankungen des
ph-Werts im Flachwasser, wie sie neuerdings in Seen in Australien oder
Ostafrika beobachtet wurden. Dort kommt es heute tatsächlich zur anorganischen Fällung, allerdings in einem um ganze Größenordnungen kleineren Ausmaß.

3.2.6 Eisenverbindungen

Schließlich sei noch auf die Eisenverbindungen kurz eingegangen. Es ist
eine nach allen Seiten noch offene Frage, wie überhaupt marine Eisenerze
entstehen können. Das Meerwasser enthält zunächst nämlich so wenig ge-
löstes Eisen, daß es in dieser Hinsicht praktisch "chemisch rein" ist
(s. Tabelle 3-2). Weiterhin fehlen nach unserer bisherigen Kenntnis im
heutigen Meer Beispiele für die Entstehung fast aller wichtigen Typen
dieser Erze. Ausgedehntere Anreicherungen in Erzschlämmen, wie sie in
Kapitel 7 besprochen werden, sind erst seit 10 Jahren bekannt.

In heutigen marinen Sedimenten wurde allerdings die Bildung einzelner
eisenhaltiger Minerale durchaus schon beobachtet. *Pyrit*, das "Katzengold"
mancher Sammler, ist ein Eisensulfid (FeS$_2$). Es bildet sich in Schlammen
über Zwischenstufen, die diese Sedimente schwarz färben. Voraussetzung
ist, daß organische Substanz vorhanden ist. Diese wird von Bakterien als
Energiequelle benutzt, um das Sulfat im Porenwasser zu reduzieren. Damit
werden Schwefelionen zur Verfügung gestellt, die sich mit den gleichfalls
in reduzierter Form vorhandenen Eisenionen verbinden. Da nach Tabelle 3-2
im Meerwasser und damit auch im Porenwasser über 200mal mehr Sulfationen
vorhanden sind als im Süßwasser, ist zu erwarten, daß marine Sedimente
mehr Pyrit enthalten als festländische. *Chamosit*, ein Eisensilikat, kann
in Flachwassersedimenten vor dem Orinoco oder Niger örtlich bis zu 60%
enthalten sein. Die Bildung von *Glaukonit*, einem komplizierten Kalium-

eisensilikat, ist auf noch flacheres Wasser beschränkt. Dieses grüne Mineral, das dem Grünsandstein Westfalens die Farbe gibt, ist übrigens ein Hinweis auf dessen marine Entstehung, da es sich praktisch nur im Meer bildet. *Siderit*, ein Eisenkarbonat, wurde in Knollen konzentriert unter Sümpfen des Mississippideltas gefunden. Sideritknollen und -lagen sind auch fossil oft mit Kohleflözen vergesellschaftet.

Wir haben aber noch kein Modell aus dem heutigen Meer für die Anreicherung all dieser Minerale zu bauwürdigen *Lagerstätten*. Wir wissen noch weniger über die Vorgänge, die zu den jurassischen Minette-Flözen Süddeutschlands, Ostfrankreichs und Englands führten. Sie bestehen aus lagenhaft aufgebauten Ooiden aus Eisenoxiden, -silikaten und -karbonat. Wurde das Eisen durch besonders wirksame tropische Verwitterung vom Festland angeliefert oder von unten her durch das reduzierte Porenwasser aus den marinen Sedimenten selbst mobilisiert? Auf noch weitere Erstreckung liegen um den Oberen See, in Westaustralien und Südafrika die Dutzende Meter mächtigen gebänderten Kieselerze des Präkambriums, wieder mit Eisenoxiden und -silikaten. War wiederum die Landverwitterung in besonderer Weise beteiligt? Spielte Vulkanismus mit? Waren gar Organismen beteiligt? Auch diese Probleme sind noch ungelöst, obwohl die Erze wegen ihrer großen wirtschaftlichen Bedeutung gut und großräumig aufgeschlossen und nach vielen Seiten hin gründlich untersucht sind.

Auf hydrogene *Manganverbindungen* wird bei den Manganknollen in Kapitel 7 eingegangen.

3.3 Biogene Bestandteile

3.3.1 Hartteile

Dem Sediment werden von Pflanzen und Tieren am sichtbarsten deren Hartteile zugeführt. Die Schalen- und Skelettreste bestehen aus vielerlei Stoffen, wobei deren Vorkommen in den verschiedensten Organismengruppen noch viele Rätsel aufgeben. Einzellige Tiere, die Protozoen, verwenden im wesentlichen 1. Kalk und 2. Kieselsäure (Opal), aber auch gelegentlich 3. Strontiumsulfat, Mangan-, Eisen-, Aluminium- und organische Verbindungen. Offensichtlich fehlen aber dabei die Phosphate, ganz im Gegensatz zu den Vielzellern, den Metazoen, bei denen die 3. Gruppe fehlt, Kalziumphosphat aber wichtig werden kann, so vor allem bei den Wirbeltieren. Beherrschend ist aber der *Kalk*, das Kalziumkarbonat. Eine genauere Erforschung der Mineralogie und Chemie der Kalkschalen hat schon jetzt eine Fülle von Hinweisen auf den Lebensraum erbracht: Die Bestimmung des O^{16}/O^{18}-Verhältnisses erlaubt Hinweise auf die Temperaturen des Meerwassers, in denen die Tiere gelebt, zumindest, bei denen sie ihre Schalen gebaut haben. Kalziumkarbonat kann in zwei mineralogischen Formen auftreten, als Kalzit und Aragonit. Aragonit wird unter geologischen Bedingungen leichter gelöst. Bleibt er erhalten, so kann auch er Temperaturhinweise liefern. Allgemein scheinen die Organismen ihn in wärmerem Wasser zu bevorzugen. Es gibt aber Gruppen, die prinzipiell Aragonit bevorzugen, so die Grünalgen, die Hydrozoen, Pteropoden, Scaphopoden, früher die Belemniten. Bei den Kalzitschalern kann deren Magnesiumgehalt herangezogen werden. Er scheint gleichfalls mit steigender Wassertemperatur zuzunehmen.

Plankton. Die Hälfte der heutigen Ozeanböden ist nach Abb. 3-5 von biogenen Kalkschlammen, 1/7 von biogenen Kieselschlammen bedeckt. Sie enthalten hohe Prozentsätze von Schalen und Gehäusen von Organismen, die fast alle weniger als 1 mm groß werden. Sie *leben planktonisch*, schweben also passiv im Meer. Viele von ihnen können sich allerdings aktiv wenigstens vertikal bewegen, einem Freiballon vergleichbar. Die für uns wichtigsten Vertreter sind der Tabelle 3-3 zu entnehmen. Was zeichnet sie aus? Zunächst ist ihr Lebensraum ganz an das durchlichtete Oberflächenwasser gebunden, wenn sie den Pflanzen angehören. Doch auch die Tiere werden versuchen, sich räumlich an dies Nahrungsangebot zu halten, was bedeutet, daß beide Vorsorge gegen ein Absinken treffen müssen. Das kann geschehen, indem sie ihr spezifisches Gewicht verringern, durch leichten Bau, d.h. dünne und durchbrochene Schalen oder durch Öltropfen und Gasblasen. Die Organismen können aber durch den Bau ihrer Schalen auch den Reibungswiderstand vergrößern. Sie sind daher klein, weshalb ihre relative Oberfläche groß wird. Ein Würfel von 1 cm^3 hat eine Oberfläche von 6 cm^2. Zerteilen wir ihn in Würfel mit Kantenlängen von 1 mm, so steigt die Oberfläche auf 60 cm^2 an, bei 0,1 mm schon auf 600 cm^2. Ein zusätzliches Prinzip ist die Ausbildung von Stacheln und sonstigen Ornamenten. Das Plankton gehört daher zu den schönsten Schmuckformen, die die Natur hervorgebracht hat (Abb. 3-6). Diese zarten Schalen werden aber auch leicht zerstört, wenn sie gefressen werden oder nach dem Tod absinken. Zunächst scheint sie dabei eine Haut aus organischem Schleim zu schützen. Wird dieser durch Bakterien entfernt, so werden sie rasch aufgelöst. Die meisten zarten Diatomeen erreichen zum Beispiel noch nicht einmal in der flachen Ostsee den Boden, es sei denn, sie sind in Kotpillen eingebettet.

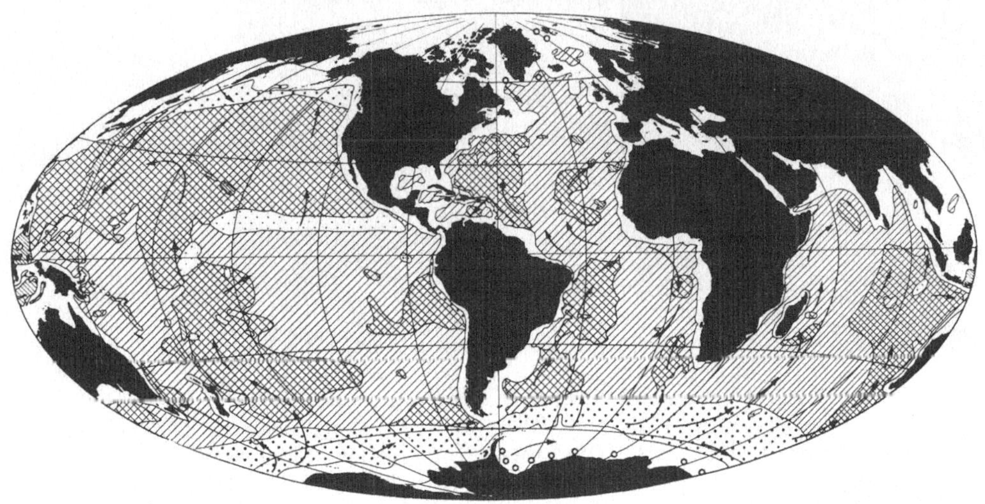

Abb. 3-5. Heutige Sedimentverteilung im Weltmeer. Kreuzschraffiert = Tiefseetone, rechtsschraffiert = Globigerinenschlamm, linksschraffiert = vulkanische Schlamme, schwach punktiert = Radiolarienschlamm, stark = Diatomeenschlamm, weiß = litorale und hemipelagische Sedimente. Entstehungsgebiete des arktischen und antarktischen Bodenwasser (o) und dessen Ausbreitung in den Tiefseebecken (Pfeile)

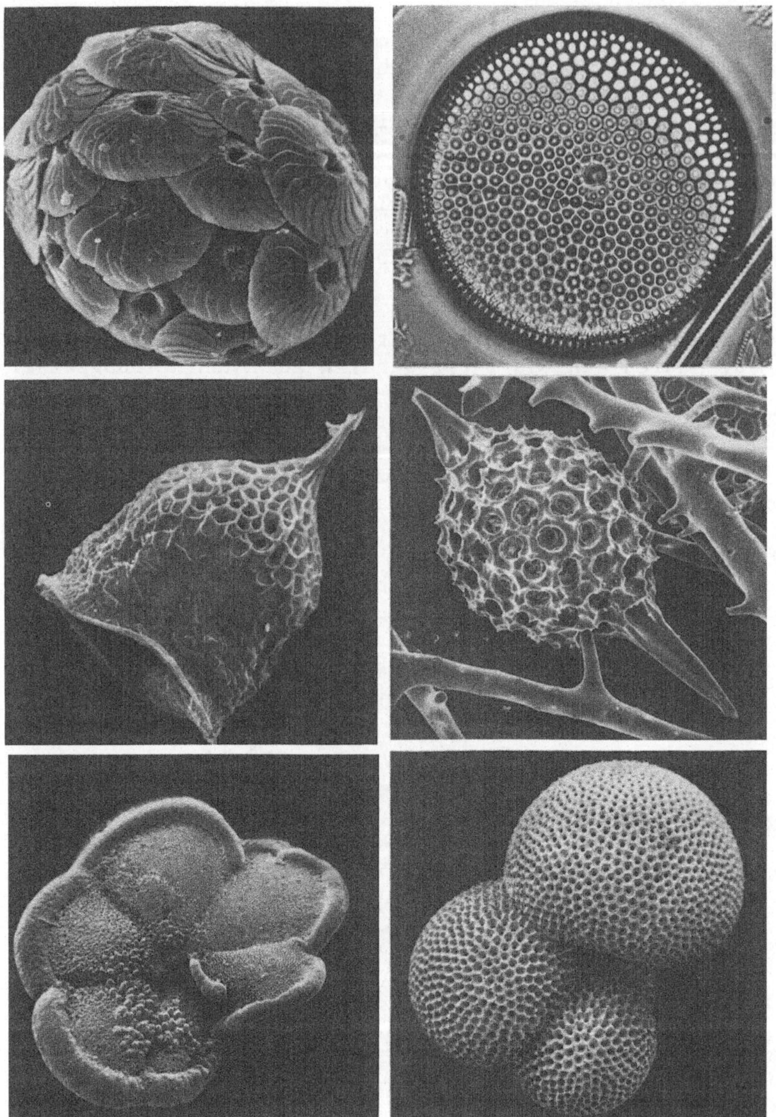

Abb. 3-6. Schalentragende planktonische Organismen. Oben: Kokkolitho-
phoride, links (Vergrößerung x 2.600). Die Kalzitplättchen (Kokkolithen)
sind kugelförmig angeordnet. Diatomee, rechts (x 750), zentrische Form
aus warmtemperierten Meeresgebieten. Mitte: Tintinne (x 600), links. Das
Gehäuse besteht bei rezenten Formen dieser Protozoen aus organischer Substanz. Radiolarie (x 230), rechts. Unten: Foraminiferen. *Globorotalia*
(x 35, links). *Globigerinoides* (x 65, rechts)

Das Plankton hat im Meer den Vorteil, daß die Dichte des Wassers durch
den Salzgehalt höher als in Flüssen und Seen ist (Werte um 1,03). Kaltes
Wasser ist dabei zäher, viskoser, als warmes. Deshalb müssen sich *Warm-*

wasserformen besser vor dem Absinken schützen, sind also oft dünnwandiger und stacheliger, reicher ornamentiert. Dies konnte schon bei Diatomeen und Globigerinen zur Unterscheidung von Formen des Wassers niedriger und hoher Breiten herangezogen werden. Globigerinen ziehen sich teilweise in tieferes, kälteres Wasser zurück, wenn sie älter werden. Ihre Schalen werden dabei dicker, die letzte Kammer massig. Tiefwasser-Radiolarien "können es sich leisten", massivere Gehäuse mit weniger Stacheln und kleineren Poren auszubilden. Diese Zusammenhänge sind im Auge zu behalten, wenn aus solchen Resten auf dem Meeresboden die Wassertemperaturen rekonstruiert werden sollen (s. Kapitel 6), denn auf ihn wird ja der *gesamte* Inhalt der Wassersäule hinunterprojiziert. Alle diese Bemühungen leiden noch viel mehr darunter, daß nur ein Bruchteil des Planktons überhaupt erhaltungsfähige Gehäuse erwarten läßt. Die Dinoflagellaten können beispielsweise in Auftriebsgebieten im Wasser bis zu 6 Millionen Zellen im Liter auftreten, färben es dann rot. Ihr Gehäuse aber besteht aus Zellulose, die zersetzt wird. Bisher konnten geologisch die von den Meereszoologen so intensiv erforschten Copepoden (Ruderfußkrebse) noch nie ausgewertet werden, obwohl sie 1-5 mm groß werden, in allen Planktonfängen reich vertreten sind und etwa in der Nordsee bis zu 2/3 des Zooplanktons stellen! Die *Lückenhaftigkeit der Überlieferung* beginnt also schon im Wasser.

Gerade deshalb ist es so erstaunlich, welch große Rolle das verbleibende Plankton als *Sedimentbildner* spielt (vgl. Tabelle 3-3). Ein Blick auf die Karte der Sedimentverteilung in den Ozeanen (Abb. 3-5) zeigt dies direkt.

Und ein weiteres Plus für die Bedeutung des Planktons in der Geologie: Es sinkt auf Schwellen und Becken, auf Sand und Schlamm, auf sauerstoffreiches und -armes Bodenwasser hinab, ist also primär vom Boden unabhängig. Es wird durch Meeresströmungen weit verdriftet, kommt in riesigen Massen und durch die winzigen Schalen in den kleinsten Bodenproben vor. Es liefert deshalb hervorragende Hinweise auf das Wasserklima. Obwohl sich relativ wenige Arten im Lauf der Erdgeschichte herausgebildet haben, sind diese gute Leitfossilien auch für die Stratigraphie, d.h. die Aufeinanderfolge von Schichten aus verschiedenen Erdperioden, das "Gedächtnis der Erde". Ohne ihre Hilfe könnte man zum Beispiel die Tiefseekerne nicht datieren.

Benthos. Hartteile *bodenlebender*, also benthonischer Pflanzen und Tiere, die Aussicht auf Erhaltung im Sediment haben, bestehen im wesentlichen gleichfalls aus *Kalk*. Die Fülle des Lebens vorzeitlicher Meere wird am anschaulichsten in den Muschel- und Schneckenkalken aus der Tertiärzeit, in den Riffkalken der Kreide ums Mittelmeer, des Jura in Süddeutschland, des Paläozoikums in Belgien, in der Eifel, auf Gotland ausgedrückt. Kurz zu einigen wichtigeren Organismengruppen:

Die ältesten Vertreter, die solche Hartteile überliefert haben, sind *Algen*, die Kalkpartikel einfangen oder in ihr Gewebe einbauen. Auf den vom Eis abgeschliffenen präkambrischen Gesteinen Kanadas und Schwedens kann man bei günstigen Erhaltungsbedingungen ihre Strukturen noch gut erkennen. Man bewegt sich dabei stellenweise auf über 2 Milliarden Jahre altem Meeresboden. Es war zudem ein Flachmeer, da er Licht erhalten haben muß. Echte Kalkalgen sind sedimentologisch deshalb wichtig, weil sie mit ihren Krusten Schutt überziehen und festzementieren. Algenreste, die

Tabelle 3-3. Geologisch wichtige Rest planktonischer Organismen

	Gehäuse-material	Größe (mm)	Formen (Beispiele)	Sedimente			
				Bezeichnung	Heutige Verbreitung	Fossile Beispiele	Vgl. Abb.
Algen							
1. Kokko-lithophoriden	Kalzit	Zellen 0,004 -0,05 mit Einzelplättchen (0,001-0,03)	Plättchen korb-, stern-, bootsförmig, gestachelt, ungestachelt	Kokkolithen-Schlamm	Vollmarin. Zwischen rund 45°N u. 45°S I.a. nur in Wassertiefen bis 4-5 km erhaltungsfähig	Schreibkrei-de bis zu 70% daraus bestehend	3-6 oben links
2. Diatomeen	Kiesel-säure	0,02-0,2 mm (bis 2 mm)	kugelig, zylindrisch, spindel-, keil-, stab-förmig	Diatomeen-Schlamm	Süß-, Brack- u. Meerwasser, (auch sessile). Besonders reich in hohen Breiten u. Auftriebs-gebieten	Diatomite im Miozän Kaliforniens. Kieselgur aus Süßwasser	3-6 oben rechts
Protozoen							
3. Radiolarien	Kiesel-säure (auch Strontium-sulfat)	0,05-0,4 (bis einige mm)	kugelig, glocken-, kegel-, scheiben-förmig, stachelig	Radiolarien-Schlamm	Vollmarin. Besonders reich in nie-deren Breiten	Radiolarite der alpinen Tiefsee-gesteine	3-6 Mitte rechts

4. Globigerinen (zu den Foraminiferen gehörend)	Kalzit	0,0X–0,X		Flachspirale oder kugelige Gehäuse, mit kugeligen Einzelkammern	GlobigerinenSchlamm	Vollmarin. Besonders reich in niederen Breiten. I.a. nur in Wassertiefen bis 4–5 km erhaltungsfähig	–	3–6 unten
Metazoen								
5. Pteropoden (zu den Schnecken gehörend)	Aragonit	0,3–10	.	Kegelförmig, flach- oder hochspiralig	PteropodenSchlamm	Vollmarin. Meist in niederen Breiten. (I.a. nur in Wassertiefen bis 2–3 km erhaltungsfähig.	–	

allerdings durch Umkristallisation schwer zu erkennen sind, bauen zu
wesentlichen Teilen manchen stolzen Gipfel der Dolomiten auf.

Auf die erstaunlichen Leistungen der *Riffkorallen* wird im Kapitel 6 S.127ff.
eingegangen. Lokale Anhäufungen von sessilen Organismen, die sich über
den Meeresboden erheben oder erhoben haben und die gleichfalls als Riffe
bezeichnet werden, können jedoch auch andere Hauptkomponenten haben,
Schwämme, selbst Würmer, die in Kalkröhren hausen, die Serpuliden. Die
erwähnten mediterranen Rudistenrasen der Kreide haben ihren Namen von
sessilen Muscheln, die "Lacunosenstotzen" aus dem süddeutschen Oberen
Jura von Lochmuscheln (Brachiopoden). Selbst Seelilien nehmen gelegentlich - im Karbon - diese Rolle ein. Es ist bezeichnend, daß sich alle
diese Riffbildner von im Wasser suspendierten organischen Partikeln
ernähren. Werden diese zu sehr durch Mineralpartikel verdünnt, so stört
dies die Suspensionsfresser. Das Ergebnis ist, daß die Riffe mit die
reinsten Kalke liefern, die man kennt.

Es ist im allgemeinen nicht schwierig, ganz Muschelschalen von ganzen
Schneckengehäusen zu unterscheiden, obwohl auf den ersten Blick die auf
der Innenseite so prächtig irisierende Schnecke *Haliotis* Zweifel auf-
kommen lassen mag, der großen Schale, die ja auf keinem Vertiko gutbürger-
licher Vorfahren fehlte. Wie aber sind die im Sediment viel verbreiteteren
Bruchstücke den einzelnen Gruppen zuzuordnen? Oft gelingt dies nur, wenn
man sie anschleift oder gar Dünnschliffe anfertigt. Dann verraten sich
zum Beispiel die Bryozoen (Moostierchen) meist durch ihre Netze mit rund-
lichen, um 0,1 - 0,4 mm großen Maschen. Die Brachiopoden (Lochmuscheln)
haben eine Außenlage aus Kalzitfasern, die senkrecht auf der Oberfläche
stehen. Darunter liegen sie schräg und sind oft von Kanälchen durchzogen.
Die Muschelschalen bieten ein buntes Bild. Im allgemeinen besteht die
Außenlage aus Kalzit. Innen schließt sich die Perlmutterschicht aus Aragonit an. Sie ist aus rund 0,001 mm dicken Blättern parallel zur Schalen-
oberfläche aufgebaut. Eine ähnliche Vielfalt zeigen die Schnecken, die
vorwiegend Aragonit verwenden. Oft sind 2 Lagen vorhanden, die äußere
feinkörnig, die innere wieder Perlmutt. Oft aber sind es auch 3 oder 4,
meist aus gekreuzten Lamellen aufgebaut. Nicht immer gelingt die Unterscheidung Muschel-/Schneckenreste. Eindeutig aber sind die Reste der
Echinodermen (Stachelhäuter) zu erkennen. Ihre Skelette bestehen aus
Kalzit-Einkristallen, die von einer Unzahl von Kanälen durchzogen sind.
Schlägt man ein Gestein an, so fällt ein solcher Kristall sofort durch
sein Aufblitzen im Sonnenlicht auf. Er verhält sich unter dem polarisier-
ten Licht im Dünnschliff zudem einheitlich. Ein einziger solcher Rest,
bei dem man Umlagerung ausschließen kann, beweist daher, daß dieses Gestein im Meer entstanden ist!

Bei der Behandlung der planktonischen Reste wurde darauf hingewiesen,
wie sehr sie sich durch ihre Lebensweise für zeitliche Leitformen im
ozeanischen Bereich eignen. Nähert man sich dem Schelf, so fallen die
benthonischen Reste immer mehr ins Gewicht. Bestimmt man beispielsweise
das Verhältnis *Plankton/Benthos*foraminiferen in einem bestimmten Sedi-
mentvolumen, so liegt es in der Tiefsee bei oft weit über 90:10. Am
Schelfrand beträgt es weltweit um 50:50. Küstenwärts, aber auch in Richtung auf die Nebenmeere nimmt es rasch ab. Am Eingang des Persischen
Golfs etwa auf 30:70, in seiner Mitte auf 5-10:95-90. Schließlich können
in seinem Westteil auf dem Boden nur noch weniger als 0,5% planktonische
Foraminiferen aus der gesamten Foraminiferenfauna ausgelesen werden.

Das Bodenleben ist, wie schon der Name sagt und wie in Kapitel 5 gezeigt
werden wird, an das Substrat gebunden, hängt mit ihm von Wassertiefe,
-charakter und -bewegung ab. Viele dieser Parameter drücken sich direkt
oder indirekt im Sediment *und* seinen Organismen, in der "Fazies" aus.
Benthonische Reste sind daher hervorragende *Fazies-Leitformen*. Dies wird
an Beispielen wie der Mangrove (S. 90), den Muscheln (S. 106), den Koral-
lenriffen (S. 127) erläutert werden.

Welche Probleme des Meeresbodens geben aber dem Geologen die Weichteile
auf?

3.3.2 Weichteile

Die Weichteile der Organismen bestehen im wesentlichen aus organischen
Verbindungen des Kohlenstoffs, Stickstoffs und Phosphors. Hierfür hat
sich die recht verschwommene Bezeichnung "organische Substanz" eingebür-
gert. Ihr Gehalt wird meist als *"organisch gebundener Kohlenstoff"*, C_{org},
angegeben. Dies, obwohl ja auch der Kalk der Schalen und Skelette und der
darin gebundere Kohlenstoff von Organismen erzeugt wird. Im Meerwasser ist
organische Substanz gelöst. Obwohl diese Menge mit einigen mg/l relativ
gesehen verschwindend klein erscheint, sind es bei der Wassermasse der
Ozeane riesige Größen. Zudem kann sich das Gelöste an Kornoberflächen des
suspendierten Materials anlagern und konzentrieren. Selbst Kalzitkriställ-
chen sollen so bis 5 Gewichtsprozent anlagern können, wenn sie kleiner als
0,002 mm sind. Sinken sie ab, so kommen auch auf diese Weise beträchtliche
Mengen organischer Substanz ins Sediment. Direkt treten Reste der Organismen selbst hinzu, der "organische Detritus", also Abgestorbenes und Ausge-
schiedenes. Mitunter werden auch lebende Organismen überdeckt und sterben
im Sediment ab.

Den Geologen interessiert es, welche Mengen ins Sediment kommen, wo viel,
wo wenig, und auch, welche Zusammensetzung diese organische Substanz hat.

Welche *Mengen* sind im Sediment zu erwarten? Sie hängen zunächst von den
Mengen organischer Substanz ab, die in den obersten paar hundert Metern
erzeugt werden, dann von den Mengen, die auf dem Weg zum Boden und auf
ihm selbst verloren gehen. Der Gehalt an organischer Substanz im Sediment wird schließlich auch vom Grad der Verdünnung durch andere biogene
wie terrigene Partikel bestimmt. Gebiete hoher *organischer Produktion* liegen in der Nähe der Kontinente und um den Äquator, da in beiden Fällen
gesteigerte vertikale Wasserbewegungen auftreten. Näher wird darauf auf
S. 118 eingegangen. Deshalb enthalten selbst die Tiefsee-Sedimente nach
der Abb. 3-7 in diesen Regionen über 0,25%, stellenweise bis 1,5% C_{org}
(Gewichtsprozent der Trockensubstanz). Im Inneren der Ozeane fällt der
Gehalt unter 0,25% C_{org}. Der Abfall ist an sich viel schärfer, da ja dort
viel weniger verdünnendes sonstiges Material abgelagert wird. Nach neueren
russischen Schätzungen für den Pazifik kann man annehmen, daß nur 0,06%
der jährlichen Produktion im Oberflächenwasser der höheren Breiten ins
Sediment gelangt, sogar weniger als 0,01% in den Tropen. Alles andere
wird durch anorganische oder organische Oxydation (Atmung, bakterielle
Zersetzung) vorher zerstört. Andere Schätzungen kommen unter optimalen
Bedingungen auf 98% Verluste. Im Flachmeer hängt der C_{org}-Gehalt entscheidend vom *Sedimentcharakter* ab. Sande bedeuten ja im allgemeinen Um-

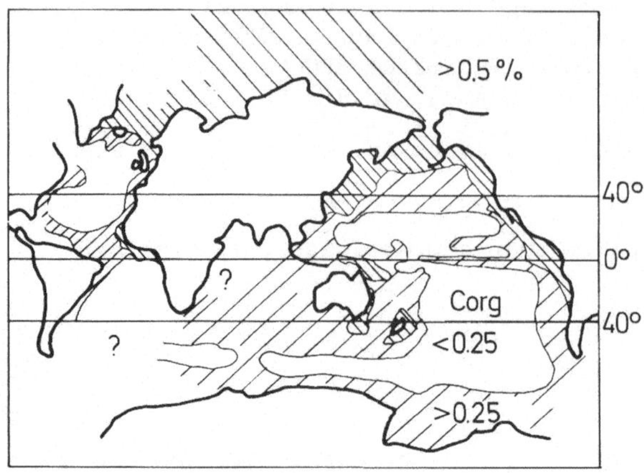

Abb. 3-7. Gehalte an organisch gebundenem Kohlenstoff
in marinen Sedimenten

lagerung, Tone Stillwasser. Organische Substanz ist aber leicht, sinkt
– wie Tone – langsam zu Boden und bleibt – wie diese – nur liegen, wenn
die Wasserbewegung schwach bleibt. Tone können schon im Wasser selbst mehr
anlagern, gleichgültig, ob sie aus Silikaten oder Karbonaten bestehen.
Sande enthalten daher meist weniger als 0,5% C_{org}, Tone über 1%, ja über
10%. Wo über diesen das bodennahe Wasser zudem sauerstoffrei ist, also
viele Bakterienstämme für die Zersetzung organischer Substanz ausfallen
oder dabei weniger aktiv sind, können noch höhere Werte erreicht werden.
So am Boden norwegischer Fjorde (bis 13% C_{org}) oder am Grund des Schwarzen
Meers.

Insgesamt sollen dem Sediment unter den Meeren jährlich 4 x 10^{13}g C_{org}
einverleibt werden, also rund 0,1 g/m^2. Es ist nun sehr merkwürdig, daß
nach anderen Schätzungen der Gesamtinhalt von C_{org} in allen Sedimenten
der Erde auf 8 x 10^{21}g (nach anderen Quellen auf 12,5 x 10^{21}g) geschätzt
wird. Da für die Anlieferung rund 600 Millionen Jahre anzusetzen sind,
würde sich daraus eine jährliche Anlieferung von 1-2 x 10^{13}g C_{org} ergeben.
Das ist bei allen Unsicherheiten des Verfahrens eine gute Übereinstimmung
und könnte bedeuten, daß sich das verwickelte System Erzeugung organischer
Substanz durch Photosynthese/Verluste/Verdünnung im Lauf dieser langen Zeit-
räume nicht *wesentlich* verändert hat.

Natürlich wird hier mit grobem Pinsel und auch nur mit *einer* Farbe, dem
"C_{org}" gearbeitet. Die organische Substanz erleidet nicht nur Verluste,
sondern *verändert* auch ihren chemischen Charakter auf dem Weg ins Sediment. Dabei werden beispielsweise nach geochemischen Untersuchungen vor
Westafrika zuerst organische Stickstoff- und Phosphorverbindungen angegriffen. Sie sind offensichtlich leichter zersetzlich. Das Ergebnis ist
eine relative Anreicherung der biochemisch stabileren, chemisch trägeren
Verbindungen. Im Inneren der Ozeane, wo eine noch höhere Wassersäule
durchsunken wird und wo durch geringere Sedimentationsraten die abgesunkene organische Substanz noch länger an der Oberfläche liegen bleibt, damit
der bakteriellen Zersetzung noch stärker ausgesetzt ist, ist der Anteil
an diesen inerten Bestandteilen möglicherweise noch höher. Sie werden deshalb beispielsweise im Sediment, in dem sie zudem einen geringeren Gehalt
als in Kontinentnähe ausmachen, auch weniger Sauerstoff verbrauchen. Des-

halb wird es auch nicht so stark reduziert, bleibt rotbraun gefärbt durch
Eisenoxide und -hydroxide. Die Sedimente der Kontinentalränder, die "hemi-
pelagischen" Schlamme aber sind meist gründlich-grau gefärbt. In ihrem
Porenwasser herrschen reduzierende Verhältnisse, von einer dünnen Haut
an der Oberfläche abgesehen.

Dies alles hat Konsequenzen für die Umwandlung des nassen, weichen Sediments in ein festes Sedimentgestein, für die *Diagenese*, etwa für die erwähnte Bildung von Eisensulfiden, das Anreichern schwer löslicher Manganverbindungen nahe der Sedimentoberfläche von unten her, die Zementation
durch Karbonate.

Derartige Vorgänge aber spielen eine ausschlaggebende Rolle bei der Entstehung des *Erdöls* und anderer Kohlenwasserstoffe. Nur ganz geringe Mengen derselben wurden bisher schon im Oberflächensediment selbst entdeckt.
Die wesentlichen Umwandlungen spielen sich im Porenwasser darunter ab.
Wie alle chemischen Vorgänge verlaufen auch diese unter höheren Temperaturen schneller, und man glaubt neuerdings, daß ab rund 60° die Umbildung
besonders effektiv wird. Solche Temperaturen werden bei rund 2 km Überdeckung erreicht. Wo sind also nach dem Gesagten am ehesten "*Mutterge-
steine*" für Kohlenwasserstoffe zu erwarten?

1. In Landnähe, da dort allgemein mehr organische Substanz produziert
wird.

2. In Gebieten, in denen feinkörniges Material abgelagert wird und bleibt,
da dieses mehr organisches Material enthält. Kalkschlamme sind so wichtig
wie andere. Aus ihnen soll letztlich die Hälfte aller Kohlenwasserstoffe
der Welt stammen.

3. In Gebieten hohen Sedimentzuwachses, da durch rasche Überdeckung die
organische Substanz vor Zerstörung geschützt wird.

4. In Gebieten mit einer sauerstoffreien, bodennahen Wasserschicht, die
die organische Substanz gleichfalls schützt.

5. In Gebieten, in denen durch rasche Absenkung des Untergrunds das Ange-
lieferte gesammelt wird und durch die Überdeckung in Bereiche höherer
Temperaturen gelangt.

Ideale Voraussetzungen bieten daher heutige und fossile Deltas. Das ak-
tuellste Beispiel liegt vor dem Niger.

Doch das Muttergestein und die teilweise Umwandlung der organischen Substanz in Kohlenwasserstoffe ist nur der erste Schritt zu einer *Lagerstätte*. Sie müssen wandern und sich in geeigneten Speichergesteinen anreichern können. Sie dürfen dabei nicht zu hohen Temperaturen ausgesetzt
werden, da sie sich dann umbilden. Sie dürfen aber auch nicht auf dem
Land oder unter dem Wasser als natürliche Quelle austreten, da dann
dasselbe geschieht. Das Aufklären des Wie, Warum, Wo und·Wann all dieser
Vorgänge ist in unserer Zeit die größte Herausforderung für den Meeresgeologen, wenn er an die wirtschaftliche Anwendung seiner Forschung
denkt.

In den meisten Abschnitten dieses Kapitels spielte die Wasserbewegung,
spielten Meeresströmungen und Wellen eine Rolle. Direkt und indirekt,
wie zuletzt bei der Frage nach dem Sedimentzuwachs, denn in ihn geht

nicht nur die Zufuhr von Material, sondern auch dessen Wegfuhr mit ein.
Deshalb soll der Meeresboden und die Wasserbewegung das Thema des nächsten
Kapitels sein.

4. Meeresboden und Wasserbewegung

4.1 Allgemeines

Die Großformen der Erde, die Kontinente und Ozeane, die Gebirge und Bek-
ken, wurden durch endogene, innenbürtige Kräfte geschaffen. Diese sind
der Motor auch für die Erhaltung des Reliefs. Ohne sie würde es ja bei
der dauernden Abtragung der Höhen und Auffüllung der Senken schließlich
einnivelliert. Umgekehrt kerben exogene, außenbürtige Kräfte durch das
Wasser in diesen Rohbau Täler ein, schärfen Gletscher Grate zu und lagern
Moränenhügel ab, setzt der Wind den Wüstenflächen Dünen auf. Die exogenen
Kräfte nivellieren, sie ziselieren aber auch die Landschaft.

Die untermeerischen feineren Landschaftsformen werden im wesentlichen durch
die Bewegung des Wassers herausgearbeitet. In hohen Breiten kann auch das
Eis mitwirken (S. 125). In niedrigen bauen Organismen in den Korallenrif-
fen untermeerische Landschaften. Hänge können durch Rutschungen geprägt
werden (S. 15). Da aber der Meeresboden fast überall mit Sedimenten bedeckt ist, geht ein Großteil der Kleinformen am Meeresboden auf die Umlagerung dieser Sedimente durch Wellen und Strömungen zurück. Die Zusammenhänge zwischen der Wasserbewegung und dem Sediment sind aber in mehrfacher
Hinsicht sehr komplex. Zunächst weiß man von der bodennächsten Wasserbewegung, die ja für die Umlagerung der Sedimentkörner entscheidend ist, in
quantitativer Hinsicht noch wenig, vor allem da sie meist turbulent ist.
Sodann geht in verschiedener Weise der Sedimentcharakter mit ein.

Dafür ein Beispiel mit der Frage, wie stark eine *Strömung* sein muß, bis
sich *Sediment* bewegt. Zunächst ist einleuchtend, daß gröberes Korn eines
stärkeren Anstoßes bedarf als feineres. 1 cm große Gerölle geraten erst
bei "mittleren" Geschwindigkeiten um 2 m/sec in Bewegung, 1 mm große
schon bei 0,5 m/sec. Eine erste geologische Konsequenz sei eingeschaltet:
Da hohe Geschwindigkeiten seltener als niedrigere auftreten, wird bei
gleichsinniger Strömung der feinere Sand öfter bewegt als der gröbere
oder gar die Gerölle. In Transportrichtung nimmt also - normalerweise -
der *mittlere Durchmesser* der Sandkörner ab. Dies kann - bei einiger Vorsicht - dem Ingenieur die Herkunft und den Weg küstennaher Sande verraten,
dem Geologen bei Tiefseesanden die Richtung zu deren Liefergebiet.

Diese einleuchtende Beziehung Wasserbewegung/Korngröße stimmt aber nur
bis zu Korngrößen um 0,1 - 0,2 mm herunter. Wird das Sediment noch feiner,
so muß die Strömungsgeschwindigkeit überraschenderweise wieder *anwachsen,*
um es erodieren zu können! Warum? Der "rollige" Sand geht mit Feinerwerden
in "bindiges" Sediment über, das zusammenklebt und außerdem eine glattere
Oberfläche hat. Deshalb leistet es der Erosion größeren Widerstand. Eine
zweite geologische Konsequenz: Körner zwischen rund 0,1 und 0,2 mm Durchmesser sind die "Zigeuner" des Sandes. Sie geraten besonders leicht in Bewegung, schon dann, wenn die Geschwindigkeit einer Strömung in Bodennähe
rund 0,3 m/sec übersteigt. Sie kommen als Sande auch zuletzt zur Ruhe,
weitverbreitet als Wattsande - mit genau diesen Korngrößen.

Die Frage, wie und wo sich die Körner im Wasser bewegen, blieb bisher offen.
Ein einzelnes Korn ragt vom Boden, an dem die Strömungsgeschwindigkeit auf
Null absinkt, in Wasserschichten mit höheren *durchschnittlichen* Geschwindigkeiten hinein. Wie gesagt, ist aber die Strömung, die hier für uns interessant ist, turbulent. Strömungsgeschwindigkeit und -richtung schwanken also
fortwährend und auch stoßweise. Nimmt daher die durchschnittliche Strömungsgeschwindigkeit und mit ihr die Stärke dieser Stöße zu, so werden einzelne
Körner gerollt. Gleichzeitig beginnen noch mehr Körner in unregelmäßiger
Weise zu hüpfen. Dies zunächst nur kurzzeitig, so daß man die rollenden
und hüpfenden Körner auch als "*Grundfracht*" zusammenfassen kann. Früher
hat man sogar angenommen, daß die Körner der Grundfracht in einer ge-
schlossenen Decke geschoben würden und sprach von "Geschieben" in Flüssen.
Diese Annahme hat sich jedoch als falsch herausgestellt. Man sollte deshalb die Bezeichnung "Geschiebe" auf Material beschränken, das durch
Gletschereis transportiert wird oder wurde.

Nimmt mit der Geschwindigkeit die Turbulenz weiter zu, so werden die
Sprünge höher und auch mehr Körner betroffen. Immer seltener werden sie
den Boden berühren und immer mehr Körner werden damit "in Suspension",
als "*Schwebfracht*" transportiert. Da feinere Körner langsamer absinken
als gröbere, wird natürlich zudem z.B. Feinsand eher in Schwebe gehen
als Grobsand, Sand eher als Kies. Grundfracht und Schwebfracht können
daher nie streng getrennt werden. Jedes Korn wird im Lauf des Transports
der einen wie auch der anderen Gruppe angehören, nur verschieden lange
Zeit. Trotzdem ist diese Klassifizierung dem praktischen Gebrauch dien-
lich.

Eine geologische Konsequenz sei auch hieraus gezogen: Die Körner der
Grundfracht berühren sich häufiger als die der Schwebfracht. Sie reiben
also aneinander, schlagen aufeinander, nützen sich ab, vor allem an den
Kanten. Mit der Dauer dieser Vorgänge nimmt deshalb der *Rundungsgrad* der
Körner zu. Gerölle verraten dadurch ihre Transportrichtung. Auch Sande
kann man zu solchen Untersuchungen heranziehen, wenn auch an ihnen der
Abrieb 300-400mal langsamer gehen soll. Werden sie jedoch kleiner als
etwa 0,25 mm, so treten praktisch keine derartigen Effekte mehr auf.
Warum? Diese Körner und noch kleinere werden im wesentlichen in Suspension transportiert, reiben sich also kaum mehr aneinander. Daher eine
zunächst paradoxe Nebenerscheinung: Der Rundungsgrad von Sanden nimmt
im Gegensatz zu den Geröllen in Transportrichtung *ab*: Die Sande werden
feiner, enthalten damit zunehmend eckigere Komponenten. Diese wiederum
erleichtern den Suspensionstransport dadurch, daß sich an den Kanten
zusätzliche Wirbel entwickeln können.

Zurück zur Ausgangsfrage, zu den Beziehungen zwischen Wasserbewegung und
Sedimentcharakter! Sie wurden für die Erosion kurz gezeigt und für den
Transport eben nur angedeutet. Nimmt die Strömungsgeschwindigkeit ab,
so kommen zunächst die groben Körner zur Ruhe. Dies allerdings nicht bei
Werten, wie sie für die Erosion genannt wurden. Es ist ja viel mühsamer,
etwas in Bewegung zu bringen, etwa ein Auto anzuschieben, als es in Bewegung zu halten. Die Bewegung hört daher bei Werten auf, die bei rund
70% der genannten "Erosions"-Geschwindigkeiten liegen. Auch hierfür eine
geologische Konsequenz: Wirbelt im Meer ein kurzzeitiger Stoß durch eine
Welle Material auf, so genügt schon ein schwacher Strom, der für sich
allein nichts auf dem Sediment ausrichten könnte, dieses Suspendierte
weiterzuführen.

Erosion, Transport und Sedimentation sind also Vorgänge, die eng miteinander verflochten sind. Sie hängen vom Charakter und der Stärke der Wasserbewegung ab, beeinflussen diese aber auch wieder, etwa durch Korngrößen und Gehalte des Suspendierten, durch Ausbildung typischer Bodenformen in Sanden und Gröberem, etwa durch Rippeln, auf die noch einzugehen sein wird.

Aus all diesen komplexen Gründen sind die genannten Zahlen nur Anhaltspunkte. Wir sind heute noch weit davon entfernt, die Probleme dieses Kapitels quantitativ zu verstehen, trotz aller mathematischer Bemühungen, Tank- und Strömungs-Kanal-Versuche, Strömungs- und Wellenmessungen im Meer, geologischer Beobachtungen in Gesteinsserien und am Meeresboden. Die verschiedene Sehweise der Bearbeiter befruchtete die Forschung bisher wenig. Der *Ingenieur* sieht notgedrungen auf sein relativ kleinräumiges Projekt und dies im allgemeinen allenfalls für einige Jahrhunderte zurück und einige Jahrzehnte voraus. Der *Meeresgeologe* denkt in Jahrtausenden, der klassische Geologe sogar in Jahrmillionen. Sein Raum sind ganze Meeresgebiete und nur in Ausnahmefällen ein Strandabschnitt, eine Flußmündung. Bekanntlich führt aber sowohl Kurzsichtigkeit wie Weitsichtigkeit zu unscharfen Bildern, weshald eine gemeinsame Brille gefunden werden sollte, so schwer dies optisch zu erreichen sein mag. Dann wird es einmal möglich sein, Wind und Wellen und Strömung zu messen und daraus zu berechnen, wieviel Sand in welche Richtung kurzfristig, etwa durch einen Sturm, und langfristig, etwa pro Jahr, vor unseren Küsten verfrachtet wird.

4.2 Wirkung der Wellen

Winderzeugte Wellen wirken sich für den Meeresgeologen nicht nur im Rollen und Stampfen des Schiffs, sondern auch auf dem Meeresboden aus. Wellen erzeugen kreisförmige Bewegungen der Wasserteilchen, wobei die obere Hälfte im allgemeinen landwärts, die untere seewärts schwingt. Mit Annäherung an den Boden werden die Kreisbahnen zu Ellipsen und schließlich zu einem Hin und Her verformt. Mit der Tiefe im Wasser nimmt allerdings die Bewegung an Intensität rasch ab. Je größer die Länge der Wellen, desto tiefer reicht ihre Wirkung. Sie wird für den Geologen in einer Wassertiefe, die der halben Wellenlänge entspricht, uninteressant. Immerhin wurden aber kürzlich symmetrische Rippeln in feinen Sanden des Außenschelfs vor Oregon (USA) bis in 200 m Wassertiefe entdeckt, mit Abständen um 10-20 cm und Kämmen, die parallel zur Küste laufen. Diese *Seegangs (=Oszillations-)rippeln* gehen auf die Winterstürme auf dem extrem exponierten Schelf zurück. Im Sommer wird der Sand dort nur bis in Wassertiefen von 50-100 m gerippelt, d.h. durch Wellen bewegt. Rippelbilder zeigen die Abb. 4-1 bis 4-3. Vor geschützteren Küsten, die also nicht einen ganzen freien Ozean vor sich haben, reicht dieser geologisch wirksam werdende Wellentiefgang einige Dekameter tief. Er drückt sich nicht nur in der Verbreitung der Seegangsrippeln, sondern auch im *Sedimentcharakter* aus, denn darunter beginnt meist der Schlick. Zusammensetzung, Häufigkeiten, Produktionsraten der benthonischen Organismen weisen gleichfalls auf diese Grenze hin. Je flacher das Wasser, desto heftiger - und öfter - wird das Bodensediment vom Seegang bewegt, wird also feineres Material ausgespült, bis es auf tieferem Boden zur Ruhe kommt. Diese Regel "Grobsediment im Flachwasser, Feinsediment im Tief-

wasser" ist in der westlichen Ostsee (Abb. 4-4) besonders gut erfüllt.
Eine Ausnahme bilden dort nur die tiefen Rinnen, die Zustrom aus den Belten
aufnehmen.

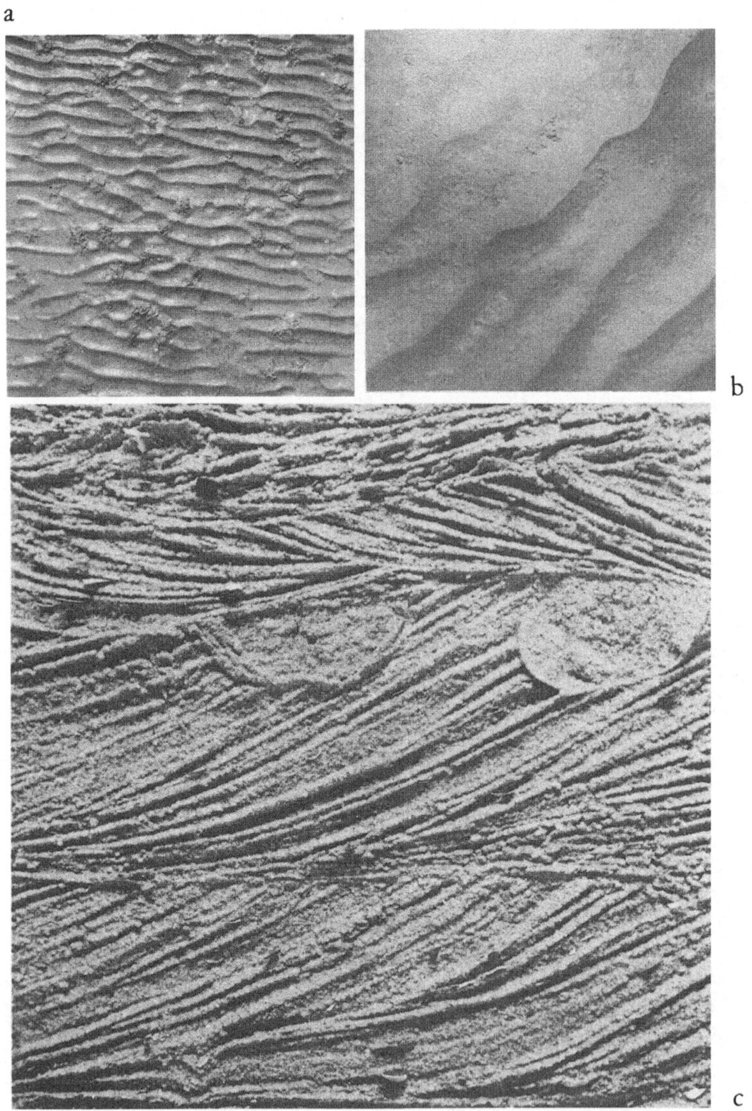

Abb. 4-1 a-c. Rippeln. (a) Oszillationsrippeln, Wellenlänge um 5 cm,
mit eingestreuten Kothaufen von Arenicola. Watt hinter Langeoog. (b) Oszillationsrippeln, Wellenlänge um 30 cm. Spitze des Sylvania-Tiefseebergs
in der Nähe des Bikini-Atolls, 1.500 m tief, Globigerinenschlamm. (c) In-
terngefüge von Strömungsrippeln von Unterwasserplaten der Außenjade. Unterrand 22 cm breit. Die Leeblätter fallen nach links *und* rechts ein, was auf
Ebb- und Flutstrom zurückzuführen ist. Oberes Drittel mit Lebensspuren des
Seeigels *Echinocardium*. (Vgl. Abb. 5-10b)

Abb. 4-2. Strömungsrippeln auf dem nördlichen Knechtsand (Innere Deutsche
Bucht ndl. Wesermündung). Die steilere Leeseite der Groß- wie der Kleinformen fallen nach links, d.h. seewärts ein. Sie gehen daher hier auf
den Ebbstrom zurück

Es ist wenig bekannt, daß zwar im Mittelmeer schon seit dem Anfang des
14. Jahrhunderts genuesische und venezianische Werkstätten Seekarten
herstellten, so daß der Schiffskurs zwischen zwei Häfen mit Entfernung
und Kompaßpeilung bestimmt werden konnte, daß aber die Navigation in den
seichten Nordmeeren bis ins 16. Jahrhundert hinein ohne Seekarte und Kom-
paß erfolgte. FRA MAUROS trug z.B. in seine Weltkarte von 1457 für die
Ostsee ein, daß man dort sein Schiff mit dem Lot zu steuern habe. *Meerestiefen und Bodenbeschaffenheit* mußten daher dem Fachmann schon damals recht
genau bekannt gewesen sein!

Zurück zur sich deformierenden Kreisbewegung der Wasserteilchen! Die
obere, landwärtige Komponente wird in Nähe des Meeresbodens weniger ge-
bremst als die untere, seewärtige. Daraus resultiert ein fast unmerklicher
Transport von Wasser auf das Land zu - und ein noch unscheinbarerer von
Sedimentkörnern. Trotzdem wird vor Florida mit der Möglichkeit gerechnet,
daß hauptsächlich dadurch Kalkooide vom Schelf bis 20 km weit zum Strand
hin transportiert werden. Vor Nord-Carolina sind es Phosphoritkörner.
Kann die Wirksamkeit dieses Transportmechanismus allgemein nachgewiesen
werden, so könnte man die merkwürdige Tatsache verstehen, daß die Küsten
ihren Sand "festzuhalten" versuchen, den sie von Flüssen oder durch den
Küstenabbruch erhalten. Freilich gibt es dabei auch Rückschläge, durch
die seltenen heftigen Stürme, bei denen etwa in der Deutschen Bucht Sande
von Küstennähe bis 40 km landab und 40 m Wassertiefe als dünne Decke aus-
gebreitet werden.

Abb. 4-3 a und b.   (a) Rippelmeßgerät nach R. NEWTON. Die vertikal beweg-
lichen Stifte tasten das Relief ab. Die Parameter der Rippeln können auf
der Meßtafel abgelesen werden. (b) Taucher beim Messen des Einfallswin-
kels des Leehangs einer Riesenrippel im Fehmarnbelt

Die Deformation der Wellen hat eine weitere wichtige Folge: Kommen sie
vom Tiefwasser ins Flachwasser, so werden ihre Kämme steiler und höher,
bis sie brechen. Die *Brecher* verraten vor Sandstränden oft Untiefen,
Sandriffe, von denen dann besonders viel Material aufgewirbelt wird.
Bis 17 g Sand/l Wasser wurde dort schon gemessen. Landwärts der Brecher-
zone verändert sich der Charakter der Wasserbewegung völlig. Sie wird im
wesentlichen eine echte, flächenhafte Hin- und Her-Strömung und wird als
Schwall (landwärtsgerichtet) und Sog (seewärtsgerichtet) bezeichnet. Was
dieses ewige Spiel geologisch zu wirken vermag, wird bei der Besprechung
der Mineralseifen (S. 139) geschildert. Laufen sie Wellen an einer derartigen Flachküste schräg an, so resultiert daraus ein sogenannter *Bran-*

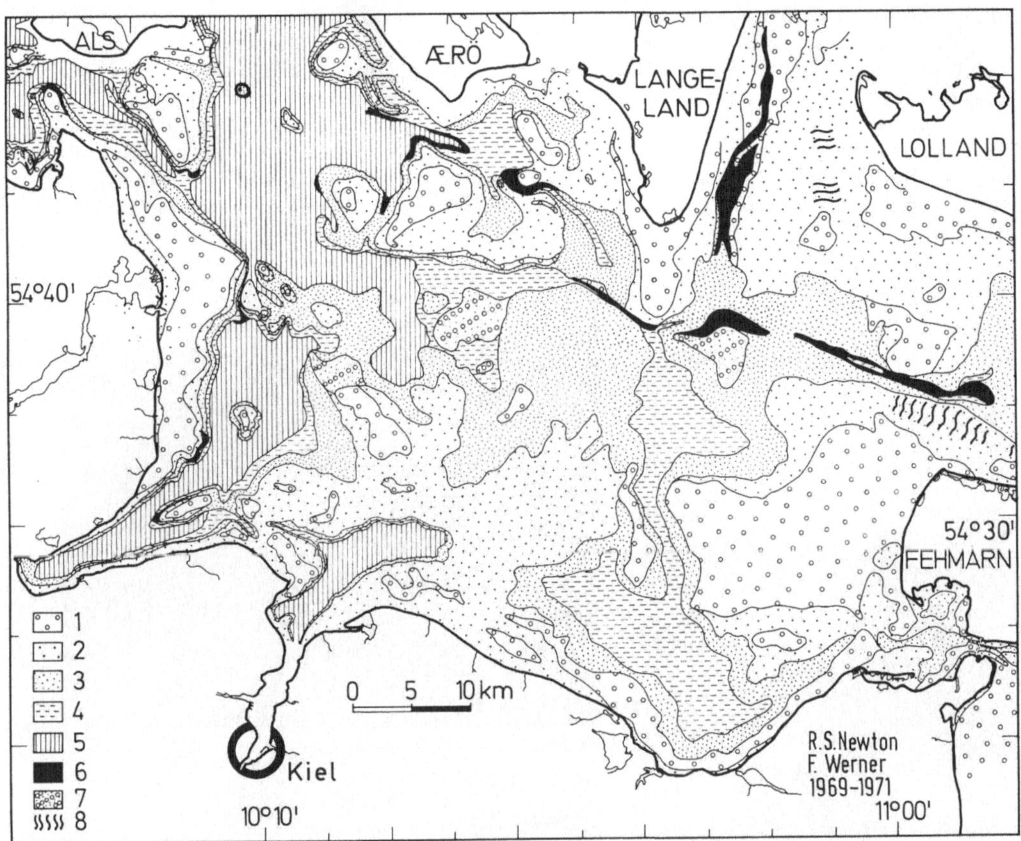

Abb. 4-4. Sedimentverteilung in der Kieler Bucht. 1 = Grobes Restsediment auf Geschiebemergel, auf den flachsten Stellen durch Wellen aufgearbeitet. 2 = Sand, 3 = schlammiger Sand, 4 = sandiger Schlamm, 5 =
Schlamm. Außer küstennächster Sandstreifen folgen die Sedimente 2 bis 5
mit zunehmender Wassertiefe aufeinander. Die Mischsedimente (6 und 7)
sind komplexer Entstehung und gehen in den Rinnen auf Strömung zurück,
wie auch die Riesenrippeln (8)

dungs-Längsstrom. Er kann Geschwindigkeiten bis über 1 m/sec erreichen.
In der Kombination Brecher (d.h. Aufwirbeln von Sand) und Strömung bringt
er es zu Transportleistungen, die im Meer sonst nur in Ausnahmefällen,
etwa den Suspensionsströmen, erreicht werden.

Noch eindrucksvoller sind die Leistungen der Brandung an Steilküsten.
Bei der "*Klippenbrandung*" entlädt sich die Energie auf einen Schlag. Enthält das Wasser Gerölle und Sand, so kann im Niveau des Wasserspiegels
auch aus hartem Fels eine Hohlkehle herausgeschliffen werden. Durch Nach-
bruch weicht die Steilküste, das Kliff, zurück - je nach Exposition und
Material verschieden schnell, in Moränen und Sanden aber bis einige Meter
pro Jahr. Schutzmaßnahmen wollen dies bei dichter Besiedlung an der Kliff-
kante auf der ganzen Welt verhindern. Noch vor wenigen Generationen be-
wehrte man die Küste mit Mauern. Die Folge war ein konzentrierter Brandungs-

angriff auf den Fuß dieser Bauwerke. Er wird unterspült, wenn das Vorfeld
nicht mit Steinen o.ä. abgedeckt wird (Abb. 4-5 a-c). Deshalb ging man
dazu über, den Schutz Deckwerken anzuvertrauen, deren Böschungen mit zunehmender Erfahrung immer flacher wurden, um die Wellen auslaufen zu lassen. Zudem wird die Reibung durch die Konstruktion rauher Oberflächen erhöht, alles, um die Energie allmählich und nicht plötzlich auszulöschen:
"Wer der Natur befehlen will, muß ihr zuerst gehorchen." Dieses Wort von
FRANCIS BACON (1561-1626) hat die geschilderte Entwicklung von Anfang an
begleitet.

a

b

c

Abb. 4-5 a-c. Brandungswirkung an der Westküste von Sylt. (a) Nach der
Sturmflut vom 18.2.1962 wurde die Strandmauer beschädigt und einige Tetra-
poden Dutzende Meter weit längs des Fußes der Mauer transportiert. (b)
Sturmflut Herbst 1961. Vom Übergang der Steilmauer zum geböschten Ufer-
schutz durch Deckwerk. (c) Tetrapoden schützen die Strandmauer vor
Westerland und ihr Vorfeld

Doch wieder zum Geologischen. Die Brandung fräst nicht nur eine Hohlkehle im Niveau des Wasserspiegels. Sie wirkt auch nach unten und entfernt Material bis 5-10 m Wassertiefe. Sie hobelt damit aus dem Untergrund eine sanft seewärts abfallende *Brandungsplatte* heraus, die mehrere
hundert Meter breit werden kann. Dieser morphologische Zug ist ein hervor-

ragender Anzeiger für das heutige, aber auch für fossile Meeresspiegel-
Niveaus (Abb. 4-6).

Abb. 4-6. Brandungsplatte vor dem Kliff von Enoshima, Mitteljapan. Es
ist dem offenen Pazifik ausgesetzt

Soviel man von der geologischen Wirkung der Oberflächenwellen weiß, so
wenig ist bisher über die der *internen Wellen* bekannt geworden. Diese
bilden sich nicht an der Grenzschicht Luft/Wasser, sondern an Temperatur-,
Salzgehalt-, Dichte-Sprungschichten im Wasser selbst und sind daher sehr
viel schwieriger zu beobachten. Da derartige Sprungschichten in den obersten paar 100 Metern Wassertiefe vielerorts nachgewiesen werden konnten,
ist mit Sicherheit damit zu rechnen, daß auch interne Wellen an der Umlagerung der Schelfsedimente beteiligt sind.

4.3 Wirkung der Strömungen

4.3.1 Oberflächenströmungen

Wer als Anrainer des Nordatlantiks an Meeresströmungen denkt, sieht sicher
zunächst auf der Karte den Golfstrom vor sich. Er gehört bekanntlich einem
der großen *Stromringe* an, die in den Ozeanen um 30°N bzw. S ihre Mittel-
punkte haben. Diese Ringe bilden in erster Näherung das planetarische
Windsystem ab: Die Passate verursachen den E-W-Transport der Äquatorial-
strömungen in rund 10°N bzw. S, die Westwinde den W-E-Transport in rund

40° N bzw. S. Diese Strömungen des offenen Ozeans sind nur bis 100-200 m
Wassertiefe spürbar und legen in einem Tag allenfalls 3-6 km zurück. Der
Golfstrom verbindet als "West-Grenzstrom" die beiden Querströmungen. Seine
Richtung wird nicht mehr in erster Linie vom Wind, sondern vom Rand des
Kontinents bestimmt. Durch die Erdrotation wird er schmal gebündelt, weshalb er bis über 1.000 m tief nachweisbar ist und Geschwindigkeiten um
40-120 km/Tag erreicht. Der durch die Morphologie eingeengte Floridastrom
legt sogar bis 260 km/Tag zurück, d.h. 3 m/sec. Der Kanarenstrom schließt
als Ost-Grenzstrom den Ring. Er ist breiter und schwächer, erreicht Geschwindigkeiten wie die des offenen Ozeans. Wir nehmen diese Fakten schon
als selbstverständlich hin, fragen uns nach Einzelheiten wie dem Mäandrie-
ren des Golfstroms, das z.B. heute aus Satellitenbeobachtungen der Wassertemperaturen zu erschließen ist, oder nach der Verwirbelung mit dem polaren Nebenstromring, die auf Satellitenbildern durch die Verteilung von
Eisbergen verraten wird. Wir sollten uns aber daran erinnern, daß erst
die mühselige Auswertung von zahllosen Schiffsbeobachtungen vor wenig
mehr als 100 Jahren zu diesem Gesamtbild führten: "Der Golfstrom erscheint
nun dem denkenden Forscher nicht mehr als eine ungeheure Strömung warmen
Wassers, sondern als ein Teil jenes großen Mechanismus, durch welchen
Luft und Wasser miteinander in Harmonie gebracht, und diese Erde selbst
dem Wohlergehen ihrer Bewohner angepaßt wird ..." (M.F. MAURY, 1855).

Die geologischen Wirkungen dieser *Wind-Triftströmungen* sind vielfacher
Art. Das *Wasserklima* der obersten paar hundert Meter, also des Lebens-
raums der meisten planktonischen Organismen, wird dadurch beeinflußt, im
wesentlichen über die Wassertemperatur. Wie im Kapitel 6 gezeigt wird,
kann man über diese Beziehungen aus auf den Meeresboden abgesunkenen
Schalenresten auf die Temperaturen des Oberflächenwassers auch früherer
Perioden schließen. Die letzten Phasen des Pleistozäns werden in unseren
Jahren dadurch immer besser bekannt (Abb. 6-4). Mit dem Tiefseebohr-
Material der "Glomar Challenger" beginnt aber auch für diesen Teil der
Paläoklimatologie ein neues Kapitel, so daß an Fragen gedacht werden
kann wie: Seit wann gibt es einen Golfstrom, seit wann eine durchgehen-
de antarktische Westwind-Triftströmung? Da die großen Stromringe vom
Rand der Kontinente beeinflußt werden, führen diese Fragen auch weiter
zur Beurteilung der Veränderungen von Lage und Größe der Kontinente wie
der Ozeane im Lauf der Erdgeschichte.

Die Temperatur steuert aber auch das Vorkommen der Korallenriffe. Auf
ihre asymmetrische Verbreitung wird in Abb. 6-5 hingewiesen. In der gleichen Abbildung ist eine weitere geologische Wirkung dieser Oberflächenströmungen angedeutet, die *Vertriftung* schwimmenden Materials, in diesem
Fall der Eisberge. Eine Fülle tiergeographischer Probleme der Gegenwart
und der Erdgeschichte sind aber damit gleichfalls zu lösen - oder nie
zu lösen. Da sind die Organismen, die auf und mit Baumstämmen vertriftet
werden. Wann aber kann man diesen deus ex machina nachweisen? Da sind
die schwimm- oder schwebfähigen *Larven* von Bodentieren, die durch diese
Verfrachtung riesige Entfernungen überwinden können, bis sie sich wieder
festsetzen. Wie lange aber können sie als Larven leben? Nach unseren bisherigen Kenntnissen meist nur wenige Wochen. Reichen diese Zeiten aus,
damit ganz Ozeanbecken überwunden werden konnten? Nach den obigen Zahlen
würde selbst ein Transport über 10 Wochen kaum mehr als 400 km bringen!
Ozeanbecken messen aber Tausende von Kilometern. Muß auch hier ein deus
ex machina weiterhelfen, etwa Zwischenstationen auf Inseln oder Seebergen,

die bis ins Flachwasser hinaufragten und auf denen sich die Larven festsetzen, die sich daraus entwickelnden Bodentiere wieder neue Larven entlassen konnten?

Schließlich können diese Strömungen den Boden berühren. Vor Ostflorida,
auf dem Blake Plateau, bleibt zum Beispiel bis über 1.000 m hinab nur
grobes Material lieg_n, wird feineres ausgespült. Es stört deshalb dort
das Wachsen von Mangan- und Phosphoritknollen nicht.

Als generelle Einschaltung die Frage: *Wie verrät sich eine Strömung am
Meeresboden?* Das Ausspülen von feinem, das Zurücklassen von gröberem Material, also die *Sortierung* desselben, wurde schon auf S. 59 diskutiert.
Dies wird im allgemeinen nur durch die Untersuchung der Korngrößen im
Laboratorium zu erkennen sein. Doch gibt es Ausnahmen: Aus Bodenfotografien gehen Pflaster aus Geröllen, Knollen, groben Organismenresten, also
die sogenannten "Lesedecken" der *Restsedimente*, oder auch Kolkmarken hinter Geröllen (Abb. 4-7) und sonstigen Hindernissen hervor, aus Aufzeichnungen von Flächen-Echografen Grobsedimentstreifen und "Kometenmarken"
(Abb. 2-5). Manche fossilen Flachseerinnen mögen auf derartige Erscheinungen zurückzuführen sein. Die Richtung der Strömung ist aus vielen dieser Beobachtungen gut zu ermitteln, die Stärke bisher erst abzuschätzen.
Erosion durch Strömungen ist aber auch gelegentlich im Watt direkt zu
beobachten (Abb. 4-8).

Zu diesen Längsformen treten Querformen, die *Strömungsrippeln*. Die Strömung drückt sich in einer äußeren und inneren Asymmetrie aus: Flacher
Luv-, steiler Leehang (Abb. 4-2) sowie Einfallen der internen Schicht-
blätter in Strömungsrichtung. Sie kann also auch in fossilen Beispielen
daraus abgeleitet werden (Abb. 4-1c). In Dimensionen des cm- bis dm-Be-
reichs beginnt die Rippelbildung bei Strömungsgeschwindigkeiten von etwa
25-100 cm/sec. Komplizierter sind Entstehung und Innenbau größerer Querformen, die meterhoch werden können und Abstände von zehn, ja hunderten
von Metern haben. Dabei treten auch barchan- oder parabel-dünenartige
Formen auf (Abb. 4-9). Auch hier ist praktisch noch nicht bekannt, welche
Formen welchen Strömungsgeschwindigkeiten zuzuordnen sind. Zudem kann
offenbar dieselbe Stromgeschwindigkeit in verschiedenen Wassertiefen zu
völlig verschiedenen Effekten führen.

In Nähe der Küsten, an denen Gezeiten mit einem spürbaren Tidenhub, d.h.
dem Unterschied zwischen Hoch- und Niedrigwasser, auftreten, wird dieses
meist täglich zweimalige Auf und Ab in horizontale Wasserbewegungen, in
die *Gezeitenströme* umgesetzt. Wieder ist deren Wirkung am spektakulärsten,
wenn sie durch die Form des Meeresbodens konzentriert wird, etwa in Meerengen oder zwischen Inseln. Um die Lofoten kommen deshalb Strömungsgeschwindigkeiten bis 8 m/sec vor. J. RASMUS hat schon 1753 den Charakter
der Strömung erkannt: "Wenn es Flut ist, und das Wasser wächst, so läuft
der Strom zwischen Lofoten und Mosköe gegen das Land zu, und wenn das Wasser fällt oder ebbet, so läuft der Strom an selbigem Orte ebenso stürmisch
wieder zurück in die See, als kaum der erschrecklichste und am stärksten
brausende Wasserfall zwischen den Klippen thun kann. Dieses Brausen kann
man etliche Meilen weit hören und die Wirbel oder Löcher des Stromes sind
so tief und groß, daß, wenn ein Schiff hineingeriethe, solches sinken und
untergehen müßte." Er war freilich so sehr von diesem Schauspiel beein-
druckt, daß er Scylla und Charybdis nach den Lofoten verlegte und damit
die Irrfahrten des Odysseus erheblich verlängerte.

Abb. 4-7. (Legende siehe gegenüberliegende Seite)

Abb. 4-8. (Legende siehe gegenüberliegende Seite)

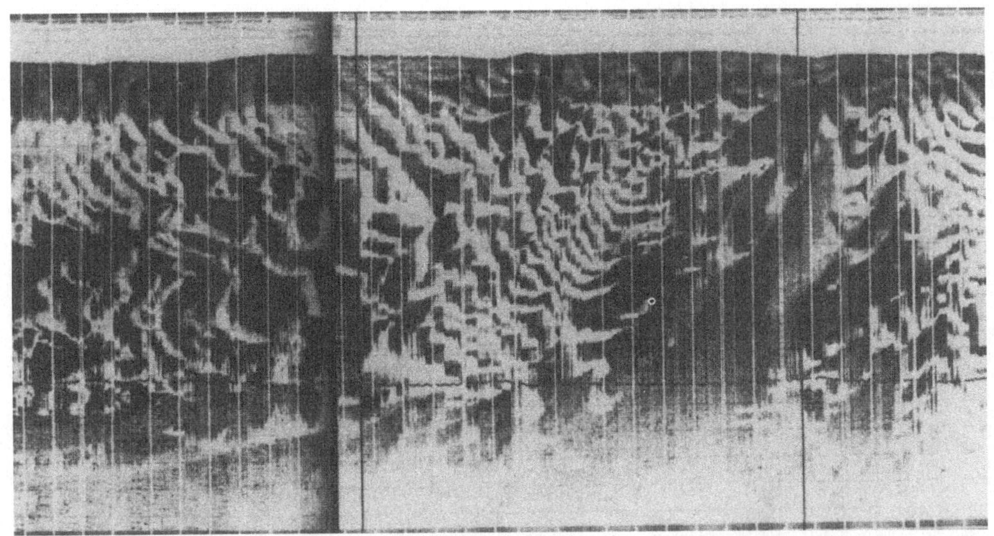

Abb. 4-9. Side-Scan-Sonar-Aufnahme aus der Passage des Carnegie Ridge (Ost-Pazifik) in 2.400 m Wassertiefe. Dünenartige Körper aus biogenen Kalk-Sanden. Ausschnitt 450 x 1.600 m

Bei solchen Geschwindigkeiten und den transportierten Wassermassen nimmt es nicht wunder, daß an derartigen Engstellen stark erodiert wird, wenn nicht heiler Fels ansteht. In der Hafenzufahrt von Wilhelmshaven werden bei jeder Tide fast 30.000 m^3/sec Wasser in den Jadebusen hineingepumpt, die rund 40fache Menge, die die Elbe im Unterlauf führt. Dabei erreicht die Strömung 1,3 m/sec, was Sedimentation verhindert oder gar stellenweise zur Erosion führt und was zusammen mit geeigneten Baumaßnahmen das Anlegen der tiefgehenden Öltanker ermöglicht. Zwischen den Inseln der Deutschen Bucht tiefen sich durch die Gezeitenströmungen die *Seegate* Zehner von Metern ein, weit tiefer als der Nordseeboden der Umgebung. Vor und hinter den Verengungen durch die Inseln kann sich Ebb- und Flutstrom wieder verbreitern. Die Strömungsgeschwindigkeit sinkt, mitgerissene Sande lagern sich in "Gezeitendeltas" ab. Gezeitenbeeinflußt sind auch die Kalkooid-Bänke der Bahamas (Abb. 4-10).

◀ Abb. 4-7. Restsediment in der Kieler Bucht. Der anstehende Geschiebemergel wird durch wellenbedingte Wasserbewegung ausgewaschen. Grobes Material bleibt als Rest in einer einige Dezimeter dicken Decke zurück. Ein mit Algen bewachsener Findlingsblock gibt zu lokal gesteigerter Turbulenz Anlaß, wodurch das Kolkloch im Vordergrund entsteht. Wassertiefe 8 m, unterer Rand etwa 2 m breit

◀ Abb. 4-8. Erosion durch Gezeitenströme. Wenn sich eine Wattrinne verlagert, werden neue Bereiche erodiert. *Mya arenaria* (vgl. Abb. 5-10a) lebt - mit der klaffenden Hinteröffnung, die die Siphonen aufnimmt, nach oben - 20-30 cm unter der Sedimentoberfläche. Hier wurden diese Muscheln vor kurzem halb ausgespült, was einen Abtrag um diese Beträge verrät

Abb. 4-10. Bahamas, südlich Nassau. Bänke aus Kalkooiden mit Großrippeln
besetzt. Rechts Außenrand, links durch den Flutstrom gebildete Gezeitendeltas

Auch *vertikale Wasserbewegungen* können den Meeresboden beeinflussen. Vor
Küsten mit ständig ablandigen Winden, etwa dem Passat in West- und Südwestafrika, in Kalifornien, Peru, Chile wird dadurch das Oberflächenwasser seewärts transportiert. Es wird aus der Tiefe (100-200 m) durch kälteres, nährstoffreicheres Wasser ersetzt. In diesen Gebieten küstennahen
Auftriebswassers kann es deshalb zu einer explosiven Produktion pflanzlichen Planktons kommen, an das sich in der Nahrungskette bekanntlich
Zooplankton, Fische, ja Vögel anschließen. Das Sediment darunter kann
dies durch höhere Gehalte an organischer Substanz verraten, z.B. vor
der Walfischbucht Südwestafrikas bis über 20% des Trockengewichts organisch gebundener Kohlenstoff, bis rund 70% Opal aus Gehäusen der Kiesel-
algen (Diatomeen). Ferner treten vermehrt Skelettreste von Vertebraten
und offensichtlich auch Phosphoritknöllchen auf. Das kältere Wasser wird
durch Reste entsprechender planktonischer Foraminiferen, aber auch durch
Diatomeen im Bodensediment angezeigt. Es besteht die Hoffnung, derartige
Auftriebssedimente künftig besser charakterisieren zu können. Ihre heutige
Lage ist derart klar mit den Westküsten der Subtropen zu verbinden, daß
fossile Auftriebssedimente möglicherweise Schlüsse auch auf die Lage der
fossilen Klimagürtel erlauben werden.

Allerdings sind Auftriebserscheinungen nicht auf Küstennähe beschränkt.
Sie kommen überall dort vor, wo Oberflächenströme auseinanderlaufen,
divergieren. Vor allem die äquatornahen großen Stromdivergenzen sind
dabei zu nennen. Die dort gleichfalls erhöhte Produktion von Plankton
wirkt sich offenbar bis hin zum Wertmetallgehalt von Tiefsee-Manganknollen aus! (S. 142ff.).

4.3.2 Tiefenströmungen

Ein N-S-Schnitt durch den Atlantik zeigt unter der einige 100 m mächtigen
Deckschicht der "Warmwassersphäre" im wesentlichen drei Wassermassen. Am
Boden breitet sich von Süden her das *"antarktische Bodenwasser"* aus (Abb.
3-5). Es sinkt vor der Antarktis durch Abkühlung und Verdunstung ab und
hat Temperaturen um -0,4°C, Salzgehalte um 34,7°/oo. Der Motor für diese
Bewegung sind also thermohalin bedingte Dichteunterschiede. Im Gegensatz
zu dem System der Oberflächenströmungen kreuzt dieses Bodenwasser den
Äquator, erreicht im Atlantik 40° N. Es ist zudem noch stärker von der
Morphologie abhängig. So vermag es beispielsweise durch das Romanche-
Tief unter dem Äquator den mittelatlantischen Rücken nach Osten zu durchbrechen. Durch die Einengung und damit erhöhte Strömungsgeschwindigkeiten
hält es offensichtlich das Tief frei von Feinmaterial. Wo es durch Lücken
im Inselbogen östlich der Falklandinseln in das Argentinische Becken eindringt, dürften einige Kilometer Sediment abgetragen worden oder nicht zur
Ablagerung gekommen sein. Im eigentlichen Becken wird oder wurde durch
die Strömung eine submarine Dünenlandschaft angelegt. Auch kleinere Hindernisse wirken sich als Störkörper aus, die die Turbulenz dieser Tief-
see-Strömungen erhöhen. Dazu kommen noch Komponenten der Gezeiten- und
internen Wellen.

Nach S. 40 löst heute das kalte Bodenwasser in größeren Tiefen allen Kalk
aus den Tiefseesedimenten heraus. Wo geht er eigentlich in? Durch Ver-
mischungsvorgänge erreicht auch dieses Wasser wieder die Oberfläche, nach
neueren Bestimmungen in 500-2.000 Jahren. Damit wird der gelöste Kalk
hauptsächlich wieder den Organismen zum Schalenbau zur Verfügung gestellt.

Über dem antarktischen Bodenwasser folgt in rund 1.000-4.000 m das *"Tie-
fenwasser"*, das im Atlantik von der Arktis stammt und Temperaturen um
3-4° hat. Es überwindet, zum Teil in Stößen, den Grönland-Schottland-
rücken. Da er an vielen Stellen bis weniger als 200 m Wassertiefe auf-
ragt, stellt sich auch hier dem Geologen sofort die Frage, wie dieses
System in den Kaltzeiten funktionierte, als der Meeresspiegel bis 200 m
tiefer lag.

Auch hierbei werden durch die Erdrotation die Strömungsgeschwindigkeiten
am Westrand der Ozeane verstärkt. Folgen dort diese "geostrophischen"
Strömungen der Großmorphologie des Kontinentalhangs und -fußes (*"Kontu-
renströme"*), so können sie Sedimente erodieren und transportieren, wie
Bodenfotografien zeigen. Sie werden sogar teilweise für das Hochbauen
des Kontinentalfußes vor den östlichen USA verantwortlich gemacht. Dabei
muß man sich freilich fragen, wie dann diese Fußregion an der *Ost*seite
der Ozeane entsteht, wo bisher keine so hohen Geschwindigkeiten berechnet und beobachtet werden konnten.

Unter der warmen Deckschicht schiebt sich schließlich im Atlantik das
antarktische und arktische *"Zwischenwasser"* ein.

Im Kapitel 6 wird näher auf ein weiteres System von Dichteströmungen
eingegangen, das sich auf Wasserhaushalt, Wassereigenschaften, Sedimente
und Organismen der *Nebenmeere* auswirkt (Abb. 6-9). Liegen diese im ariden
Klimabereich, so sorgt das Wasserdefizit durch Verdunstung für einen
Einstrom von Oberflächenwasser, während das salzreicher gewordene Wasser

des Nebenmeers als Unterstrom ausfließt. Vor dem Roten Meer und dem Persischen Golf sinkt dieses Unterstromwasser auf die Tiefen ab, in denen es sich der Dichte nach einpaßt und breitet sich bis Vorderindien aus. Es stabilisiert dabei die Schichtung und trägt mit zum Sauerstoffminimum der obersten 1.000 m der Arabischen See bei. Der Unterstrom aus dem Mittelmeer erreicht den Atlantik durch die Straße von Gibraltar und ist in rund 1.000 m Wassertiefe bis weit in den Ozean hinaus nachzuweisen. Umgekehrt wirkt der Oberflächenstrom in das Nebenmeer hinein, wie es für den Persischen Golf auf S. 136 geschildert wird. Der Gibraltar-Einstrom soll mit dazu beigetragen haben, die Schlacht von Trafalgar zu entscheiden. Die französische und spanische Flotte mußte angeblich bei Gibraltar so lange auf günstigen Wind warten, um den Einstrom überwinden zu können, daß NELSON seine Flotte sammeln und in günstige Position bringen konnte. Die in das Mittelmeer eindringenden U-Boote hatten umgekehrt mit dem Boden-Ausstrom zu kämpfen. Der englische Admiral W.H. SMYTH beobachtete schon 1820 diesen Ein- und Ausstrom und deutete die Erscheinung richtig, woran sich freilich eine 50 Jahre lange Diskussion mit verschiedensten Einwänden anschloß.

Es ist bezeichnend, daß auch das "humide" Modell eines Nebenmeers zuerst im Mittelmeerraum, an der Verbindung zum Schwarzen Meer, begriffen wurde. Im Bosporus war Fischern schon lange bekannt, daß sich ihre Netze an der Oberfläche nach Süden, über dem Boden aber nach Norden ausbauchten. L.F. MARSILI (1681), der Vater der Meeresgeologie, bestätigte dies durch Messungen und deutete die Erscheinung als Folge von Dichteströmungen richtig. Der Wasserüberschuß fließt an der Oberfläche aus dem Schwarzen Meer heraus, das dichtere Mittelmeerwasser dringt als Unterstrom nach N. Die Auswirkungen dieser Vorgänge für die in dieser Hinsicht vergleichbare Ostsee wird auf S. 138 gezeigt.

4.3.3 Suspensionsströme

Noch 1953 kennzeichnet J. CADISCH in seiner "Geologie der Schweizer Alpen" den sogenannten Flysch als einen "für den kartierenden Geologen trostlosen tausendfältigen Wechsel von Sandsteinen, Sandkalken und Schiefern" . Doch gerade hinter einem "trostlosen tausendfältigen Wechsel" muß ja ein Gesetz stehen. Seitdem hat sich eine fast unübersehbare Fülle von Veröffentlichungen mit diesen und ähnlichen Gesteinsserien und mit den Vorgängen beschäftigt, die zu ihnen führen. Diese Diskussion wurde im wesentlichen von Ph. H. KUENEN begonnen und geprägt. Er gab damit ein Beispiel für die Verbindung von Experiment, Feldbeobachtung im Meer wie an Land, Laboruntersuchung von rezenten wie fossilen Sedimenten. Er führte diese Schichtfolge auf *einen* sich wiederholenden Vorgang zurück, der in die normale - pelagische - Sedimentation auf tieferen Meeresböden eingreift, auf die Suspensionsströme. Nach S. 19 erreichen sie so hohe Geschwindigkeiten, daß auch gröbstes Material in die Tiefsee und feineres dort viele 100, ja 1.000 km landab transportiert und auch hartes Gestein erodiert werden kann. Mit dieser Vorstellung können also grobe Reste von Flachwasserorganismen in den Tiefseegräben erklärt werden, Großformen der Ozeanböden wie die Tiefsee-Ebenen, sicher auch viele der submarinen Canyons. Die hohen Stromgeschwindigkeiten sind allerdings bis jetzt nur indirekt, durch die zeitliche Abfolge von Kabelbrüchen vor der Neufundlandbank ermittelt worden. Trotz aller Bemühungen konnte bisher noch kein einziger sub-

mariner Suspensionsstrom direkt beobachtet werden. Sie treten heute sicher
auch weniger häufig auf als in den Kaltzeiten, in denen, wie erwähnt, Wellen und Strömungen das Lockersediment auf dem trockengefallenen Außenschelf,
also näher am Kontinentalhang aufarbeiten konnten, und in denen auch die
Flußzufuhr bis hart an die Schelfkante ging.

Nehmen wir an, daß ein solcher Suspensionsstrom eine Tiefsee-Ebene erreicht. Dort sammeln sich normalerweise direkt vom Oberflächenwasser
kommende Tonteilchen und Reste planktonischer Organismen, aber wenige
benthonischer. Reicht die Geschwindigkeit des Stroms aus, so kann ein
Teil dieser pelagischen Sedimente erodiert werden, was gekappte Lebensspuren direkt bewiesen haben. Wenn sie abnimmt, bleibt zunächst das Grobkörnige, dann das Feinere liegen. Dies hat zwei Folgen für das Sediment.
Es ist - sehr allgemein gesagt - hangnah gröber als hangfern und - viel
besser in Feldbefunden zu zeigen - im endgültigen Absatz einer Lage aus
einem solchen Strom jeweils unten gröber als oben. Eine solche Lage
wird dann als *"gradiert"* bezeichnet. Eine Reihe weiterer Merkmale dieser
"Turbidit-Serien" sei hier übergangen. Auch wenn heute noch nicht alle
Zweifel an diesem dramatischen letzten Beispiel der Wirkung von Strömungen auf dem Meeresboden verstummt sind, und jetzt teilweise auch lang-
samere Fließ- und Rutschbewegungen zur Erklärung herangezogen werden,
ist es doch eines der fesselndsten Ereignisse in der Geologie der letzten
beiden Jahrzehnte, wie dieser *eine* Vorgang eine Fülle von Beobachtungen
erklären konnte, wie die Zweifel an ihm eine noch größere Fülle neuer
Beobachtungen erzwungen haben, und daß deshalb der so "langweilige" Flysch
und seine Verwandten jahrelang im Mittelpunkt der Diskussionen der Sedi-
mentologen stand.

4.4 Marine Sedimente und ihre Ablagerungsdauer

Es dürfte nicht nur den Geologen reizen, vor einem Riffklotz in den Dolomiten zu fragen, wie lange es gedauert hat, bis er hoch gebaut werden
könnte, in einem Steinbruch, welche Zeit in einer Kalk- oder Sandstein-
bank verborgen - und aufbewahrt worden ist. Schon HERODOT (484-424 v. Chr.)
sah in den dicken Ablagerungen des Nil Hinweise auf prähistorische Zeiten. Während noch bis in unser Jahrhundert hinein verschiedenartige Über-
lieferungen das Erdalter nach Jahrtausenden (Rabbichronologie: Erdbeginn
3700 v. Chr.; Bibel: 5199 v. Chr.) oder allenfalls wenigen Jahrmillionen
(Indische religiöse Philosophien, aus kosmischen Zyklen berechnet:
4.320.000 Jahre) zählten, kam READE 1893 durch Ableitungen aus Denudations-
und Akkumulationsraten schon auf 95 Millionen Jahre für den Beginn des
Kambriums. 1897 gelang J.G. GOODCHILD mit ähnlichen Methoden sogar ein
Volltreffer. Er rechnete für einen Fuß Sandstein eine Bildungsdauer von
1.500 Jahren, für Schiefer 3.000 und für Kalk 25.000, wobei die beiden
ersten Werte durchaus diskutabel sind. Daraus schloß er, daß seit dem
Kambrium 704 Millionen Jahre verflossen sein sollen. Dies vergleiche man
mit dem Radioaktivalter der Tabelle des Anhangs!

Bis auf den heutigen Tag ist es aber schwierig geblieben, Sedimentmächtigkeiten in Sedimentationsdauer zu übersetzen. Was auf den Boden kommt
(Sedimentationsrate, anzugeben etwa in g/cm^2), verändert sich selbst
ohne Wasserbewegung durch chemische Prozesse sowie durch die Auflast
durch neues Material, die das darunterliegende zusammendrückt u.ä. Diese

Vorgänge gehen teilweise schon in die folgenden Beispiele für *Sediment-zuwachsraten* (cm/1.000 Jahre) mit ein.

Sie sind am verläßlichsten bei mehr oder weniger einheitlichen Sedimenta-tionsprozessen und direkt zu bestimmen, wenn *Jahresschichtung* vorliegt, so im Schwarzen Meer (um 40 cm/1.000 Jahre), in einer Bucht der Adria-insel Mljet (25 cm/1.000 Jahre)(Abb. 4-11), in anoxischen Becken vor Kali-fornien (2-3 m/1.000 Jahre), als Ausnahme gelegentlich auch im Watt (Abb. 4-12). Solch ideale Kalenderblätter sind aber im marinen Bereich extrem selten und werden zudem bei geringem Sedimentzuwachs nur dort erhalten bleiben, wo bodenwühlende Organismen nicht leben können. In der Tiefsee liegt der Sedimentzuwachs für den Roten Ton um 1 cm/1.000 Jahre, im Pazi-fischen Ozean jedoch weithin unter o,1. Globigerinenschlamme erreichen 5 cm/1.000 Jahre, Schlamme des Kontinentalhangs bis 10, wobei bezeichnend ist, daß etwa vor Westafrika der Zuwachs in den Kaltzeiten des Pleistozäns 2-3mal höher als heute gewesen ist. Das Hochwachsen der Korallenriffe ist auf S. 127 mit 1.000 cm/1.000 Jahre angegeben.

Alle derartigen Werte werden aber immer weniger zuverlässig, wenn episo-dische oder periodische Ereignisse dazutreten, vor allem, wenn dabei ero-diert wird. Und oft werden Sedimente eines neuen Regimes von Erosionsspu-ren desselben unterlagert: Schliffflächen liegen unter Grundmoränen, Wind-kanter unter Dünen, Kolke unter Flußschottern, gekappte Meeresböden, wie soeben gezeigt, unter gradierten Turbiditlagen der Tiefsee, grobe Rest-sedimente unter Prielfüllungen im Watt. Erosion bedeutet aber für den Geologen Verlust an Information. Schichtlücken sind für ihn ausgelöschte Überlieferung, "verlorene Zeit", die zudem der Dauer nach kaum abzuschätzen ist.

Trotzdem muß der Geologe wie der Küsteningenieur wissen, wie rasch etwa eine Wattfläche aufwächst. Erst dann kann er Voraussagungen machen, z.B. darüber, welche Gefahren einem Gezeitenkraftwerk vom Suspendierten her drohen, welche Auswirkungen Küstenschutzmaßnahmen wie Dammbauten haben werden. Ein Beispiel für derartige Untersuchungen bringt Abb. 4-12.

Nimmt man alle Unsicherheiten in Kauf, so kann man auch durch *Bilanzrech-nungen* versuchen, zu geologisch wichtigen Aussagen zu kommen. Unterstellt man zum Beispiel, daß die heutige Flußzufuhr von Sedimenten ins Meer mit 12 km^3/Jahr richtig ermittelt worden ist, so kann man dieses Material als einheitliche Decke auf die gesamten 362 Millionen km^2 des Meeresbo-dens verteilen und käme dabei auf einen Zuwachs von rund 2 cm wasserhal-tigem Sediment in 1.000 Jahren. Da aber nach den obigen Zahlen der terri-gene Anteil in der Tiefsee unter 1 cm/1.000 Jahre liegt, muß entsprechend sehr viel mehr auf den kleineren Flächen der Kontinentalränder und in den Tiefsee-Ebenen davor abgefangen werden.

Bei der Übertragung der Werte aus heutigen Sedimenten auf *fossile Ge-steine* muß der Mächtigkeitsverlust durch Kompaktion abgezogen werden. Frisches Sediment ist sehr viel poröser als verfestigtes. Die Porosität (= Volumen der Hohlräume x 100/Gesamtvolumen) liegt bei Sanden um 40%, bei Silten um 70%, steigt bei Tonen bis auf 90%. Im Meer sind die Poren wassergefüllt. Die Tone können also einen Wassergehalt bis rund 350% er-

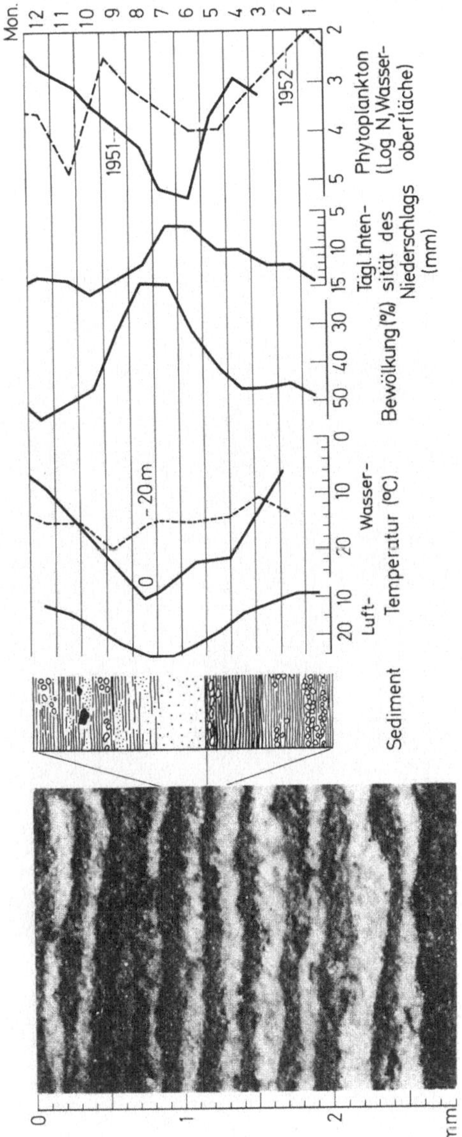

Abb. 4-11. Jahreslagen im Sediment einer Bucht in der Adria (Insel Mljet). Ein Hell/Dunkel-Paar (links außen) entspricht einem Jahr. Die Unterkanten der hellen Lagen sind im allgemeinen scharf, da sie auf Kalkfällung mit Hilfe des Phytoplanktons (rechts) zurückgeführt werden kann, die im Frühsommer - bei erhöhten Temperaturen und wolkenarmem Himmel - verstärkt einsetzt. Die Herbst- und Winterregen führen dagegen terrigenes Material zu, das zusammen mit dem organischen Detritus zur dunklen Färbung führt. Dieses Beispiel und Abb. 4-12 zeigen, wie man die Feinschichtung von Sedimenten verstehen lernt

reichen, auf das Trockengewicht bezogen. Dieses Wasser wird durch neue Auflast ausgedrückt, nach oben und zur Seite. Kompaktion ist die Folge, bei besonders schneller Überdeckung auch Deformation, etwa zu Wickelstrukturen. Ionen werden dabei transportiert, was zur Fällung und Lösung führt. Kohlenwasserstoffe können mitwandern: Das Buch über "Sedimentation und das Verhalten des Porenwassers" muß freilich noch geschrieben werden.

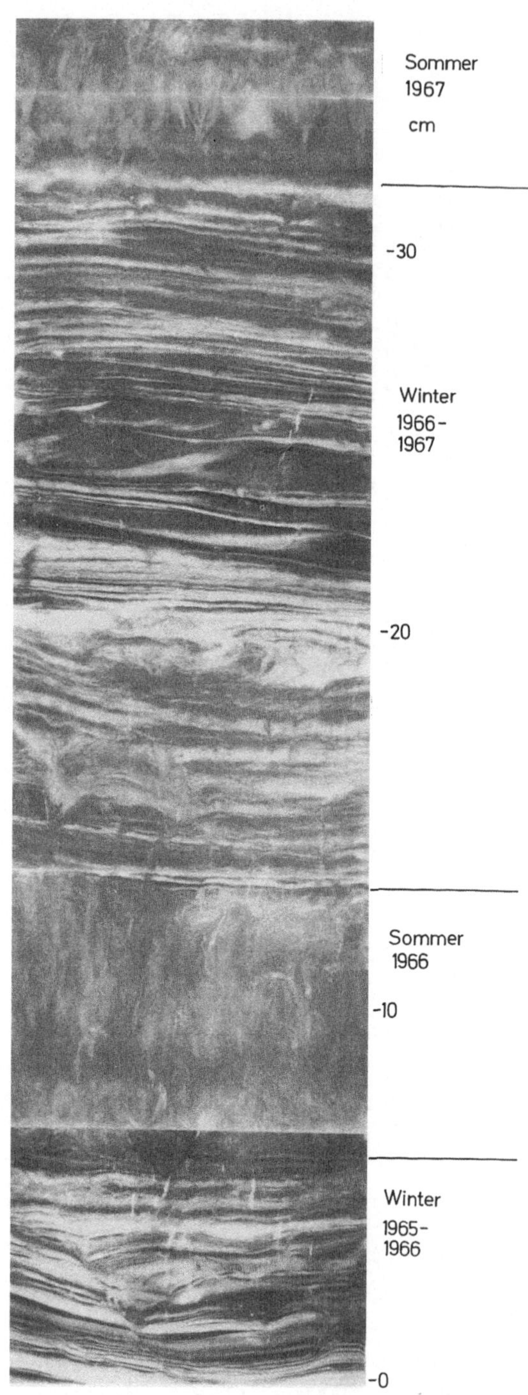

Abb. 4-12. Watt südlich Nordstrand/Deutsche Bucht. Sedimentkern aus einem zusedimentierten Baggerloch. Länge des Ausschnitts 36 cm. Radiographie, in der helle Lagen sandigere Partien darstellen, dunkle schlickigere. Sturmfluten, vor allem im Winter, führen zu raschem Sedimentzuwachs. Im Sommer wird weniger Material angeliefert, das zudem durch wühlende Bodenorganismen (Bioturbation) stärker homogenisiert wird (Die Helligkeitsunterschiede bei cm 6,6 und 34 sind technisch bedingt)

4.5 Meeresspiegel und Meeresboden

4.5.1 Allgemeines

Diese Überschrift scheint zwei voneinander unabhängige Extreme zusammen-
zubringen, die obere und die untere Grenzfläche des Meeres. Und doch bestehen zwischen beiden vielerlei Beziehungen, vor allem über die Wasserbewegung. Am Strand sieht jeder Badegast, daß sie um so enger sind, je
flacher das Wasser wird. Dies hängt damit zusammen, daß im allgemeinen
die *Energie der Wasserbewegung* nach unten abnimmt. Es gibt allerdings
viele Ausnahmen, zu denen die auf S. 74 behandelten Suspensionsströme
gehören.

Wie gezeigt, ist das eindrucksvollste Beispiel für die Energie der Wellen
das Herausfräsen der Brandungshohlkehlen und das Abhobeln der Brandungs-
platten. Beide morphologischen Formen setzen geradezu eine *Wasserstands-
marke* ins Gestein. Sie kann durch biologische Hinweise noch bekräftigt
werden. Die sessilen Seepocken (Balaniden) sind um das Niveau des Meeresspiegels angereichert. Sie reichen bis zum höchsten Hochwasser, ja bis in
die Spritzzone darüber. Im flachsten Wasser spielt sich auch die betonte
Aktivität von Bohrern in Fels und Geröllen ab. Zumindest häufen sich dort
deren größere Vertreter. Eine Fülle von Schnecken raspelt Algenüberzüge ab,
wobei auch Einzelkörner des Untergrunds abgelöst werden. Ist dieser kalkig,
so kommt an der Luft/Wasser-Grenze chemische Lösung hinzu. Auf diese Weise
kann dort Schritt für Schritt auch eine allmähliche biologisch-chemische
Verebnung einsetzen, etwa auf den Bahamas. Wie schnell sie flächenhaft
fortschreitet, weiß niemand.

Die Brandungsplatte stellt die auffälligste Untergrenze der erosiven
Wellenwirkung dar. Das Ausklingen der Seegangsrippeln illustriert das
Aufhören von Sandtransport durch Wellen in der Tiefe. Sie können aber
nach dem auf S. 61 Gesagten heute nicht mehr als Flachstwasseranzeiger
angesehen werden. Der Schelfknick und, noch tiefer, Gipfel untermeerischer
Berge sind Gegenbeispiele geworden.

Wie erwähnt, nimmt auch die Energie der Windtriftströmungen nach unten
ab. Sehr allgemein bewirkt dies zusammen mit der Energieabnahme der Wellen,
daß die marinen Sedimente *mit der Tiefe feinkörniger* werden. In geschützten
Buchten einer sonst felsigen oder geröllreichen Steilküste können sich
aber trotzdem Sandstrände bilden. In *derselben* Wassertiefe liegt vor Sylt
grober Sand, dahinter, im Schutz der Insel, feiner Wattenschlick. Gibt es
also überhaupt klare sedimentologische Hinweise auf allerflachstes Wasser?
Durchaus: Die Kalkooide verlangen spezielle Bildungsbedingungen (s.S. 41).
Diese scheinen heute nur auf wenigen Meter tiefen Meeresböden gegeben zu
sein. Dicke marine Mineralseifen können nur durch einen zweifachen Sortie-
rungsvorgang entstehen, der allein am Strand gegeben ist (s.S. 140). Extrem gut sortierte organische Reste in Form von Spülsäumen mögen gelegentlich dazukommen.

Flachstes Wasser kann durch Organismen, aber auch über die Wirkung des
Lichts angezeigt werden. Sessile Pflanzen, darunter die Kalkalgen oder
Algenmatten als die für den Geologen wichtigsten, da erhaltungsfähigeren
Vertreter, reichen im wesentlichen weniger als 100 m tief. Tiere, die
mit den lichtbedürftigen Pflanzen in Symbiose leben, weisen gleichfalls

auf flaches Wasser hin: Großforaminiferen wie *Heterostegina* (Abb. 5-3)
als Einzelformen, Korallenriffe (s.S. 130) als wohlbekanntes Beispiel für
die Ableitung fossiler Meeresspiegel.

Schwankt der Meeresspiegel gezeiten- oder windbedingt, so fallen Flach-
böden weithin trocken: Trockenrisse, Eindrücke von Regentropfen, Nach-
bildungen von würfeligen Steinsalzkristallen aus Sand, Auskristallisation
von Gips, aber auch Laufspuren von Landtieren, vor allem von Insekten,
können dies auch in fossilen Gesteinen verraten.

Mündet ein Fluß ins Meer, so verliert er sein Gefälle. Damit klingt seine
Transportkraft ab. Er lagert seine gröbere, dann die feinere Fracht ab
und baut ein Delta ins Meer vor, wo dieses das absinkende Material zur
Ruhe kommen läßt.

Der Meeresspiegel wirkt sich aber an Flachküsten oft auch weit ins Land
hinein aus. Auf ihn stellt sich letztlich der *Grundwasserspiegel* ein.
Niederungen werden dadurch lang- oder kurzfristig unter Wasser gesetzt,
verlanden, füllen sich mit anorganischen und organischen Resten. Aus
diesen Sümpfen entwickeln sich Torfe – ungefähr im Niveau des Meeresspiegels, daher mit die wichtigste Möglichkeit, es mit Hilfe von C^{14}-Be-
stimmungen zu datieren.

Nun schwankt der Meeresspiegel nicht nur durch den Wechsel von Ebbe und
Flut, von Land- und Seewinden, also täglich, in Monaten oder Jahren. Das
Meer hat einen längeren Atem, wenn etwa *Klimaschwankungen* über die Winde
hereinspielen. Man weiß noch wenig darüber. Die mittelalterlichen Land-
verluste um die Nordsee werden teilweise auf Sturmperioden zurückgeführt.
Das wären Perioden oder Episoden in Größenordnungen von einigen Jahrhunderten. Klimaschwankungen, die den Eishaushalt der Erde beeinflussen, also
das Abschmelzen oder Wachsen der Gebirgsgletscher, des Inlandeises auf
Grönland und vor allem der Antarktis, sollen für Schwankungen des Meeresspiegels in Abständen von einigen Jahrtausenden verantwortlich sein. Auch
diese werden von einigen Fachkennern noch angezweifelt (vgl. Abb. 4-13).
Unbestritten sind aber die auf dieselben Ursachen zurückzuführenden
Schwankungen in Größenordnungen von Jahrzehntausenden. Vor rund 17.000
Jahren, in der "Würm"-Kaltzeit des Pleistozäns, lag so viel Ozeanwasser
als Eis gebunden auf dem Festland, daß der Meeresspiegel um rund 100-120 m
abgesenkt war. Durch diese *"Regression"* des Meeres lagen weite Schelfflächen trocken. Die Flüsse mündeten näher am Schelfknick ins damalige
Meer, hatten also im Unterlauf mehr Gefälle, schnitten sich rückwärts ein.
Die Elbe mag so bei Hamburg um 100 m tiefer als heute geflossen sein.
Am heutigen Außenschelf wurde damals mehr Sediment als heute bewegt, kam
über den Schelfknick, löste am Hang Rutschungen und Suspensionsströme aus,
vertiefte submarine Hangfurchen und Canyons. Der Rest des Schelfs war
trockengefallen. Je nach Klimazone bildeten sich auf ihm Sanderflächen
vor dem Rand des Eises, Moränen unter ihm aus. Dünen wurden zusammenge-
weht. Talauen breiteten sich aus. Böden bildeten sich. Kalk- und Eisen-
krusten konnten Lockeres zementieren. Landtiere nahmen von den Flächen
Besitz, in der heutigen Nordsee z.B. das Mammut. Der vorgeschichtliche
Mensch machte Jagd darauf, hinterließ Kulturspuren. Da also der Mensch
diese weltweiten Vorgänge miterlebt hat, liegt es nahe, die in vielen
Kulturkreisen vorhandenen Sintflutsagen mit Schwankungen des Meeresspiegels in Zusammenhang zu bringen. Hierzu gehören aber noch viele fundierte
Untersuchungen, vor allem mit guten Datierungen.

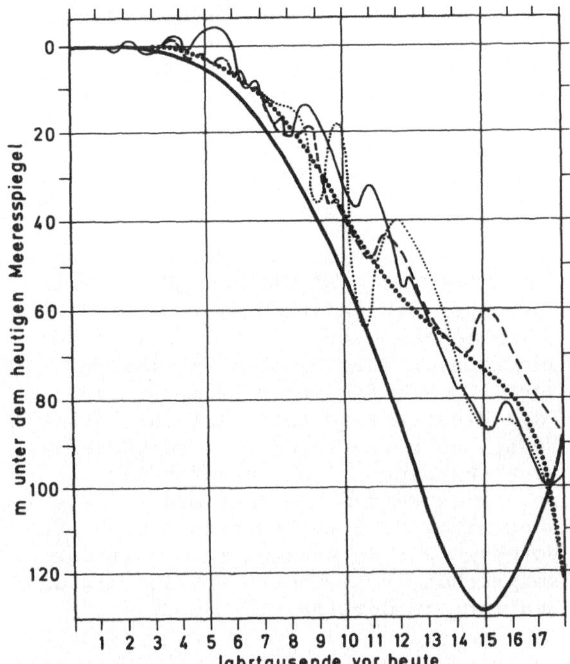

Abb. 4-13. Anstieg des Meeresspiegels nach der letzten Kaltzeit. Trotz
verschiedener Ansichten besteht Übereinstimmung, daß der Meeresspiegel
im Holozän bis rund 6.000 Jahre vor heute rasch, danach wesentlich langsamer angestiegen ist (dick punktierte Mittelwerte). Unklar sind dabei
eventuelle eingeschaltete Stillstands- oder gar Absenkungsphasen (dünn
ausgezogen = FAIRBRIDGE, 1961, dünn punktiert = CURRAY, 1965, gestrichelt =
MÖRNER, 1969). Die Mittelwerte nach MILLIMAN und EMERY (1968) führen gar
zu einem noch abweichenderen Bild. Dies alles zeigt, daß die Altersan-
gaben (meist nach der C^{14}-Methode), die Rekonstruktion des Höhenlage des
Meeresspiegels und die Ausschaltung regionaler Vertikalbewegungen des
Untergrunds noch Probleme aufwerfen

Soeben wurden einige geologische Folgen einer Regression aufgezählt.
JOHANNES SCHEUCHZER ging 1708 noch viel weiter und versuchte, sogar die
Entstehung der Gebirge darin einzureihen: "Als das Wasser der Sintflut
seine alten Behältnisse, die der allmächtige Gott geschaffen hat, wieder
zu erreichen suchte ..., wurden die Gesteinsschichten gesprengt und ver-
setzt, manche emporgetrieben und aufgerichtet, andere aber hinunterge-
drückt. Auf diese Weise entstanden die Berge."

In der vorletzten, der "Riss"-Kaltzeit, also vor rund 140-230.000 Jahren,
lag der Meeresspiegel noch tiefer, um 150 m unter dem heutigen Niveau.
Es ist daher möglich, daß der Schelfknick durch solche Tiefstände mit
Wellen und Strömungen zugeschärft worden ist.

Umgekehrt: Vor rund 30.000 Jahren, in einer Warmperiode wie der heutigen,
lag der Meeresspiegel etwa in heutiger Höhe, wahrscheinlich wenige Meter

tiefer. Mit dem Abschmelzen des Eises erfolgt daher eine *"Transgression"* des Meeres über das Festland. Wir erleben eine solche gerade mit. Die durch zunehmenden Grundwasserstau aufwachsenden Torfmoore werden schließlich durch Salzwasser überflutet und durch marine Sedimente eingedeckt. Dünen werden durch die fortschreitende Brandung eingeebnet, falls sie nicht zu sehr durch Kalk verfestigt worden waren. Zementiertes und sonst Erodiertes sammelt sich in Geröllagen an, dem "Basis-Konglomerat" vieler mariner Gesteinsserien.

Die Ursachen dieser klimabedingten Groß-Schwankungen sind weltweit: Das Volumen des Meerwassers schwankt als Antwort auf das Wachsen oder Schwinden der Eisdecken. Durch Vertikalbewegungen des Ozeanbodens (s.S. 157) kann sich aber auch das *Volumen der Ozeanbecken* verändern. Dies wird für das Tertiär und ältere Perioden angenommen. Dadurch sollen Vertikalbewegungen des Meeresspiegels um mehrere 100 m aufgetreten sein. Die Konsequenzen für die Sedimentation in den Ozeanen sind erst wenig diskutiert worden. Werden etwa dabei riesige Landflächen transgrediert, so würde das meiste terrigene Material im Flachmeer abgefangen. Dazu gehören auch klastische Karbonate. Flachwasserorganismen würden dem Meer stärker als sonst Kalk entziehen, der durch Lösung nicht voll zurückgegeben wird. Möglicherweise wurde durch all diese Vorgänge die Kalkzufuhr in die Tiefsee so stark reduziert, daß die Kalklösung schon in flacheren Niveaus als den heutigen 4-5 km nur Roten Ton als Sediment zurückließ.

All dies sind weltweite Vorgänge, zu denen lokale oder regionale Vertikalbewegungen des Festlands treten können - von Auswirkungen von Vulkanausbrüchen und Erdbeben, von der Belastung und damit Subsidenz eines großen Deltas bis zur Heraushebung oder Absenkung an den Kontinentalrändern. Schmilzt eine Eiskappe ab, so steigt zudem der entlastete Bereich auf, etwa Skandinavien in der Gegenwart - und dies stellenweise um Beträge von Zentimetern im Jahrhundert.

Sedimentserien, die in ihrer Entstehung eng mit dem Meeresspiegel verbunden, an ihm "aufgehängt" sind, müssen also sehr empfindliche Gebilde sein, geben aber umgekehrt Hinweise für Wasserstandsschwankungen. Einige Beispiele seien im folgenden behandelt.

4.5.2 Flußmündungen

Ein Blick auf die Weltkarte zeigt, daß an Flußmündungen das Land entweder vor- oder zurückspringen kann, daß sie als Deltas oder Ästuare ausgebildet sind. Die *Ästuare* hat daher JOSEPH CONRAD vor allem im Auge, wenn er schreibt: "Die Mündungen aller großen Ströme haben ihren Zauber: die Anziehungskraft eines offenen Tores." Als Seemann, der zudem seine Wahlheimat in Großbritannien gefunden hatte, sieht er die Welt, wie wir in diesem Buch, vom Meer aus. In die Ästuare dringen Gezeiten und am Boden das Salzwasser teilweise weit landein. Beides bewirkt, daß vielerorts auch marine Sedimente flußaufwärts verfrachtet werden. In der Unterelbe kann das mit Stacheln von Seeigeln, mit Foraminiferen und Ostrakoden, die in der Nordsee gelebt haben müssen, nachgewiesen werden. Warum sind aber dann die Ästuare noch nicht zugefüllt? Flußhochwässer, Besonderheiten der Gezeitenströme und vor allem der geologisch jugendliche Charakter sind daran schuld. Da der Meeresspiegel erst seit rund 6-7.000 Jahren etwa

seinen heutigen Stand erreicht hat, konnten an vielen Flußmündungen die
bei der vorangegangenen Transgression "ertrunkenen" Flußtäler noch nicht
mit Sediment angefüllt werden. Verlängert sich der frühere und heutige
Unterlauf über den Schelfknick hinaus in einen submarinen Canyon, so
wird dieses Auffüllen noch zusätzlich erschwert. So vor dem Kongo oder
dem Hudson. Das "offene Tor" gilt daher für Häfen wie New York an einem
Canyonfluß, London, Bordeaux oder Hamburg an einer Flußmündung mit starker Gezeitenwirkung in besonderer Weise.

Für den Geologen indessen ist auch hier die Form aufschlußreicher, bei
der vorwiegend sedimentiert wird, das *Delta* (Abb. 4-14). Warum sich ein
Delta und nicht ein Ästuar ausbildet, hängt wieder von vielerlei Faktoren ab: Geringe Strömungen, wie in den gezeitenschwachen Mittelmeeren
(Po, Nil, Mississippi), erhöhte Flußfracht, wie in den Monsunländern mit
gefällsreichem Hinterland (Indus, Ganges, Irrawadi) oder aber über geologisch lange Perioden stabiler Meeresspiegel, wie in Abschnitten des
Mesozoikums. Man sollte darüber hinaus nicht vergessen, daß jedes Delta
als ungemein sensibles Gebilde – mit Einflüssen aus Hinterland, Klima,
Küstenform, Vertikalbewegungen von Untergrund wie Meeresspiegel, Wellen
und Strömungen und was noch mehr – sein Eigenleben hat und Verallgemeinerungen erschwert.

Abb. 4-14. Mündungsarm des Schatt el Arab am Persischen Golf, Niedrigwasser mit Wattprielen in Funktion. Die Grenze Land/Meer verschiebt sich
in Deltas durch Ebbe und Flut, aber auch durch Fluß-Hochwässer ständig

Vom "Prinzip" eines marinen Deltas aber läßt sich ableiten, daß sich vom Land zum Meer hin folgende unscharf begrenzte *Faziesbereiche* ablösen (Abb. 4-15).

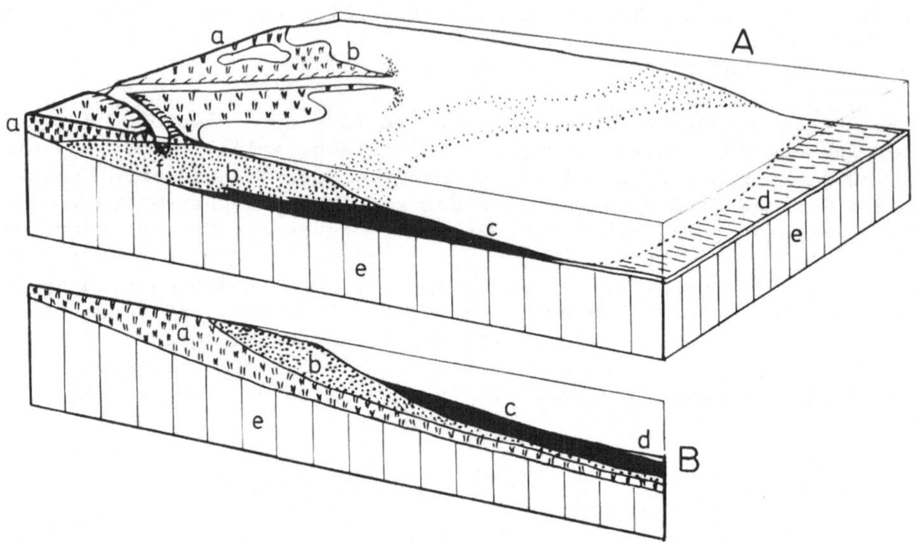

Abb. 4-15. Flußdelta. Schema, stark überhöht. (a) Interdelta, (b) Delta-stirn, (c) Prodelta, (d) freier Schelfboden, (e) älterer Untergrund, (f) sedimentgefüllter Flußarm mit Begleit-Dämmen. A: Das Delta baut sich vor und hat eine "regressive" Sedimentabfolge abgelagert, d.h. Einheit a über b über c über d. B: Durch Anstieg des Meeresspiegels oder Senkung des Landes hat sich das Delta auf seinen heutigen Stand zurückverlagert, was die "transgressive Sedimentabfolge" im Untergrund verrät: Hier also liegen Einheit a unter b unter c unter d. Die Sedimentverteilung an der Oberfläche läßt die Entscheidung für Fall A oder B nicht zu. Bohrungen klären die Geschichte eines Deltas auf

a) Das Interdelta: Flußrinnen und ihre Begleitdämme, dazwischen Sümpfe und Lagunen mit Sanden und Feinerem, mit Torfen, Land- und Süßwasser-tieren sowie seltenen marinen Zumischungen.

b) Die Deltastirn: Außenrand, der sich mit seinen glatten oder zerlappten Sandstränden und -bänken vorbaut und bis etwa 10-20 m Wassertiefe, bis zur Wellenbasis, reicht. Seitlich geht dieser Bereich meist in Flach-küsten mit ihren auf S. 85 beschriebenen Formen über. Schichtiger Sand ist deshalb das bezeichnende Sediment.

c) Das Prodelta: Hohe Zufuhr von Silt und Ton behindert das - vollmarine - Bodenleben, das deshalb verarmt. Pflanzenreste werden mit eingeschwemmt.

d) Der tiefere, freie Schelfboden: Feinkörniges Terrigenes mit normalen vollmarinen Faunen.

Bleiben nun sowohl Untergrund als auch Meeresspiegel stabil, so baut sich
das Delta ins Meer vor, verursacht daher eine sedimentär bedingte Regression. Eine Bohrung in derartigen Deltas müßte deshalb eine "regressive
Serie" durchteufen, also von oben nach unten die Vertreter der Fazieseinheiten a - b - c - d. Senkt sich gleichzeitig der Meeresspiegel ab, so
wird natürlich diese Entwicklung zusätzlich gefördert (Abb. 4-15). Umgekehrt führ ein entsprechend rasches Ansteigen des Meeresspiegels oder Ab-
senken des Untergrunds im idealen Fall zu einer "transgressiven Serie"
(Abb. 4-15). Meeresspiegel und Meeresboden sind daher im Beispiel des
Deltas räumlich wie zeitlich nicht nur lose miteinander verknüpft, sondern
aneinandergekettet.

4.5.3 Flachküsten

An die Deltas schließen sich im allgemeinen seitlich Flachküsten an, die
meist in küstenparallele Zonen gegliedert sind. Sandriffe lagern meist
dem Sandstrand vor (Abb. 4-16). Auf ihm wachsen sehr veränderliche Strand-
wälle bis zum wind- und gezeitenbedingten Wasserstand hoch. Darauf folgen oft Dünen. Dieser erste Komplex sperrt oft landwärtige Lagunen von

Abb. 4-16. Sandriffe vor der Küste der westlichen Kieler Bucht. Im
Vordergrund der flache, helle Strand, dahinter im wesentlichen küstenparallele Sandriffe. Da dort wenig Sand zur Verfügung steht, sind sie
nur einige Dezimeter dick und lassen zwischen sich das Restsediment auf
dem Geschiebemergel des Untergrunds frei. Auf den Steinen und Blöcken
wachsen Algen, worauf die dunkle Färbung hinweist

der offenen See ab ("*Barriere-Küsten*"). Er kann sich Dutzende Kilometer
lang geschlossen vor das Land legen, wie bei den Nehrungen der mittleren
Ostsee. Er kann aber auch durch Flüsse oder bei höherem Tidenhub durch
Gezeitenströmungen durchbrochen werden und so in langgestreckte Inseln
gegliedert sein, wie vor der friesischen Nordseeküste.

Wieder ist es einfach, ein Modell zu entwickeln, wie dieser Komplex auf
Schwankungen des Meeresspiegels reagieren mag. Wieder aber wissen wir
erst für wenige Beispiele, wie und vor allem wie rasch dies geschieht.
Vor der Galveston-Bucht ist etwa die Sandzufuhr bei dem in den letzten
Jahrtausenden relativ stabilen Meeresspiegel so groß gewesen, daß sich
die Barriere ins Meer hinaus verbreitern konnte (Abb. 4-17).

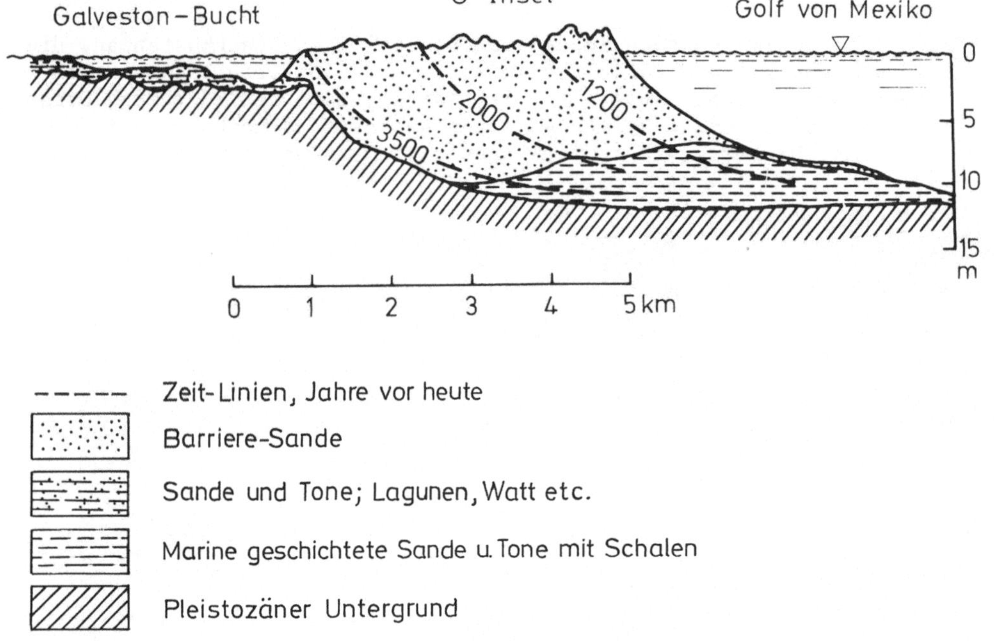

Abb. 4-17. Regressive Sedimentabfolge unter der Barriereküste bei Galveston
(Golf von Mexiko), bedingt durch a) starke Sandanlieferung, daher Vorbau
und b) durch den sich wenig ändernden Meeresspiegel. Die Datierung wurde
mit dem jeweils jüngsten Schalenmaterial aus Bohrproben mit der C^{14}-Me-
thode versucht

Der Barriere-Typ macht von den rund 244.000 km langen Küsten der Welt
etwa 32.000 km, d.h. 13% aus. Es ist interessant, daß dabei Nordamerika
und Afrika auf rund 18% kommen, Europa auf nur 5%. Warum? Offensichtlich
spielt die unterschiedliche tektonische Aktivität samt dem Relief mit
herein. Doch auch hier müssen vor Verallgemeinerungen noch viel mehr
Einzelfälle genauer bekannt sein.

Nach dem Lob der Ästuare und der Sicht des Seemanns das Gegenteil für die Flachküsten: "So ist denn die seemännische Bevölkerung durch viele Tugenden ausgezeichnet, denen freilich große Fehler, wie unbändiger Individualismus, Spielwut, Leichtsinn, Trunksucht, wirtschaftliche Unfähigkeit, gegenüber zu stehen pflegen. Der Einfluß des Küstenstriches ist nicht unwichtig. Einförmige Flachküsten wirken sicherlich nicht annähernd so anregend auf die Einbildungskraft wie die zerrissenen Gebirgsküsten Norwegens." Dies wenigstens meint S. PASSARGE in "Die Erde und ihr Wirtschaftsleben".

Wie erwähnt, herrscht an Flachküsten der *Sand* als Material vor. Die dauernde Aufbereitung durch Wellen und Strömung läßt schließlich nur das widerstandfähigste Mineral, den Quarz, zurück und verfrachtet das Feinere seewärts oder in die Lagunen. An Karbonatküsten werden die Quarzkörner durch Körner aus klastischem oder biogenem Kalk oder durch Ooide ersetzt. Da nun Sand in großem Ausmaß im wesentlichen nur in Wassertiefen mit stärkerer Wellenwirkung, also von weniger als 10-20 m bewegt wird, liegt bei diesen Werten auch die normale Mächtigkeit der Barriere-Sand-Komplexe bei stabilem Untergrund und Meeresspiegel.

So eindrucksvoll das seitliche Anhängen von Nehrungen und Sandhaken an Küstenvorsprüngen und so einleuchtend der dadurch angezeigte Sandtransport *längs* der Küste ist, so sehr muß daran gedacht werden, daß aus den genannten Wassertiefen auch *frontal* Sand angeliefert wird. Die Flachküste "hält ihren Sand fest" - wie die Kontinente im großen auch.

Wie erwähnt, durchbrechen bei genügend hohem Tidenhub Gezeitenströme die Sandbarrieren und füllen die Lagunen mit *Watt-Sedimenten*. Diese kommen also direkt vom Meer, nur indirekt vom Land. Dabei nimmt die Strömungsgeschwindigkeit von diesen Durchbrüchen her, den "Seegaten" der Deutschen Bucht, landwärts ab. Die Folge ist die zunächst paradoxe Erscheinung, daß das Sediment landwärts *feiner* wird. Wer je versucht, vom Deich oder der ungeschützten Marsch aus ins Watt vorzustoßen, macht diese Erfahrung, wenn er zunächst knietief in den schwarzen Schlick einsinkt und erst weiter draußen festeren Grund des Mischwatts oder dann des Sandwatts unter die Füße bekommt. Wie aber der Aufbau eines solchen Watts eingeleitet wird, wie und wie rasch es im Schutz der Sandbarriere - oder, noch schwieriger, ohne eine solche - entsteht, warum sich gegenwärtig Wattrinnen stellenweise drastisch vertiefen, ob und warum die Sedimentbilanz des Watts in der Deutschen Bucht gegenwärtig ausgeglichen ist, sind alles wenig verstandene Probleme.

Doch zurück zum eigentlichen Problem dieses Abschnitts. Wie drückt sich der Meeresspiegel im Watt aus? Zunächst ist ja eine Bedingung für die Entstehung des Watts, daß er ständig wechselt - zwischen Hoch- und Niedrigwasser. Ferner kann, wie in höheren Breiten, vorwiegend Quarz- und Silikatmaterial, können aber in den ariden Subtropen vorwiegend Karbonate und Evaporite (vgl. Abb. 3-4) am Aufbau beteiligt sein. Tabelle 4-1 gibt einen Überblick über beide Bereiche und die Abfolge der auf den Meeresspiegel bezogenen Fazieseinheiten.

Diese ideale Abfolge schließt unten mit einem Erosionskontakt ab und ist - wie der oben geschilderte Flachküstenkomplex - meist 10-20 m mächtig.

Abb. 4-18. Lagune an der Pazifikküste von Niederkalifornien ndl. S.
Quintin. Von der Stranddüne überblickt man im Vordergrund den Gürtel mit
Marschvegetation, die bei der starken Verdunstung durch hohen Salzgehalt
verkümmert. Dahinter schließen sich Algenmatten als Übergang zum offenen
Wasser an. Das untere Bild, etwa 2 m breit, zeigt davon einen Ausschnitt.
Die Matten können beim Trockenfallen zerreißen, die Ränder sich aufbiegen
und mit Evaporiten verkrusten

Tabelle 4-1. (In Anlehnung an EVANS, 1970 nach SEIBOLD, 1973)

	Nordseewatt	Watt am Südrand des Persischen Golfs
Über dem Gezeiten- bereich (Supratidal)	Torfe Marsch mit Sturmflutschichtung und starker Durchwurzelung. Übergangsbereich mit Bestän- den des Andelgrases und, etwas tiefer, Queller	Sebkha mit Evaporiten in feinem Karbonat- sand und -schlamm mit vorwiegend windver- frachteten Quarzen. Übergangsbereich mit Algenmatten (vgl. Abb. 4-18 aus einer Lagune in Niederkalifornien).
Gezeitenbereich (Intertidal)	Schlickwatt, stark zerwühlt. Mischwatt Sandwatt, weniger stark zer- wühlt. Hierbei halten sich viele Boden- organismen an diese Wassertiefen- abfolge.	Zerwühlte Wattsedimente aus biogenen quarzhaltigen Karbonatsanden und -schlammen.
Unter dem Gezeiten- bereich (Subtidal)	Wattrinnenfüllung: Schräg geschichtete Sande, Schlick und Schlick- gerölle in Linsen	Wattrinnenfüllung: Schräg geschichtete biogene quarzhaltige Karbonatsande mit Ooiden, Schill, Kalkgeröllen

An den Meeresspiegel ist auch die *Mangrove-Fazies* gebunden. Sie wird etwas
ausführlicher behandelt, da das deutsche Schrifttum sehr zerstreut und oft
nicht auf neuestem Stand ist. Die Mangrove ist ein tropisches Watt. Dies
bedeutet, daß die Wassertemperaturen im allgemeinen über 20°C betragen
müssen und damit nur die Küsten zwischen etwa 30°N und 30°S von ihr eingenommen werden. Es bedeutet aber auch, daß wie im Watt Salzgehalt und
Temperaturen mit den Gezeiten stark schwanken. Trockenlegung kann auch
hier volle Sonneneinstrahlung, damit erhöhte Temperaturen und Verdunstung,
also erhöhten Salzgehalt bedeuten, aber auch, daß das Sediment dem tropischen Platzregen ausgesetzt wird, mit gegenteiliger Wirkung. Die dichte
Vegetation dämpft allerdings diese Schwankungen durch Beschattung.

Im *äquatorialen Gebiet* mit dauernder Regenzeit, etwa in Kamerun oder
Guyana, legt sich diese Vegetation gürtelförmig vor die Küsten. Ein
schematisiertes Bild der Lebensgemeinschaft zeigt Abb. 4-19. Ab dem Bereich des Mittelwassers und höher beginnen die Bestände der Roten Mangrove (*Avicennia*). Die Büsche wachsen bis zu meterhohen Bäumen heran
und stehen auf Stelzwurzeln (Abb. 4-20a), bei dichtem Bestand ein fast

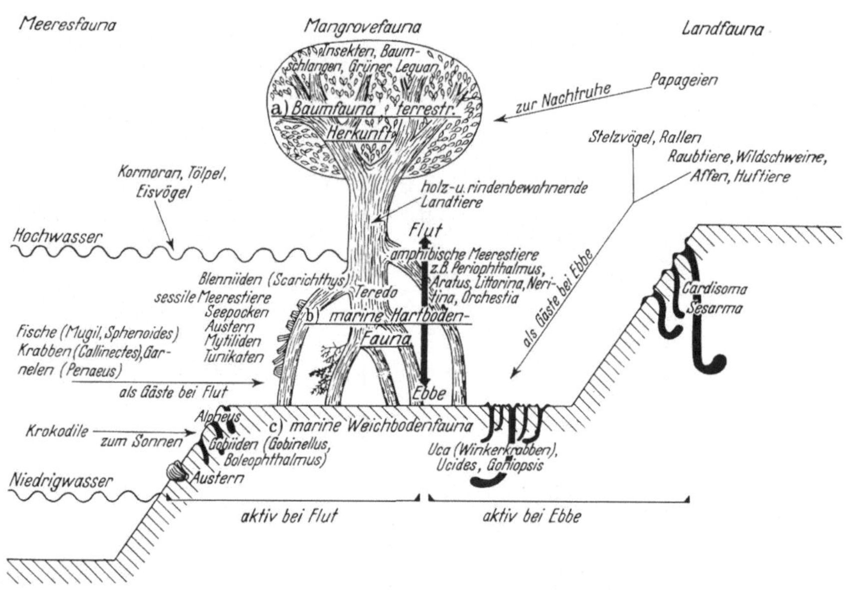

Abb. 4-19. Schematische Übersicht über die Makrofauna im tropischen
Mangrovegebiet und ihre ökologische Beziehungen. Geologisch wichtig sind
vor allem die Tiere, die Hartteile (z.B. Austern, Mytiliden, Seepocken)
und Bauten im Sediment hinterlassen (z.B. Krustazeen)

Abb. 4-20 a-c. Mangrove-Vegetation auf Bimini/Bahamas. (a) *Rhizophora* ▶
bei Niedrigwasser. Bei Hochwasser sind die Stelzwurzeln bedeckt. Unterrand rund 3 m breit. (b) *Avicennia* mit Luftwurzeln. Unterrand rund 3 m
breit. (c) *Rhizophora*-Mangrove-Dickicht der Everglades, Südflorida

Abb. 4-20 a-c. (Legende siehe gegenüberliegende Seite)

undurchdringliches Geflecht. Die Höhe der Stelzwurzeln gibt ein Maß für
den Tidenhub, denn sie tauchen bei Tidehochwasser unter. Deshalb halten
sich auf ihnen Miesmuscheln, wachsen Balaniden und Austern fest. Da sich
die breiten Basisschalen der letzteren an die Wurzeln anschmiegen, verrät die Wuchsform Mangrove, auch wenn die Schalen später verschwemmt werden. Im flacheren Wasser schließt sich mit unscharfen Grenzen die schwar-
ze Mangrove (*Avicennia*) an. Sie ist leicht an ihren wie Bleistifte aus
dem Boden sprießenden Luftwurzeln zu erkennen (Abb. 4-20b). Die Schichtung des Sediments wird natürlich durch all diese dicht stehenden Wurzeln stark gestört. Dazu treten viele wühlende Würmer und vor allem eine
Unzahl verschiedenster Krabben, die ihre Behausung in Grabgängen finden.
Die Gänge können über 1 m lang werden (Abb. 4-19). Bei diesem äquatorialen Typ geht die Mangrovevegetation über dem mittleren Tidehoch-Wasser-
spiegel nahtlos in den tropischen Regenwald über. Die Beschattung durch
die Büsche und Bäume bringt Vorteile. Umgekehrt sind bekanntlich auch
die Tropen kein reines Paradies. Die gefürchteten tropischen Stürme mähen
ganze Bahnen in den Baumbestand und richten auf Jahrzehnte hin Verwüstun-
gen an.

Die Mangrove bevorzugt ruhiges Wasser. Deshalb wird im allgemeinen der
Boden feinkörnig sein. Gezeitenkanäle, Flußmündungen, exponierte Küsten-
abschnitte können aber auch Sandboden liefern, wenn Sand verfügbar ist.
Der weitaus verbreitetere Schlick ist chemisch außerordentlich aktiv,
enthält er doch oft 4mal soviel Wasser wie Trockensubstanz und viel organisches Material. Die hohen Temperaturen fördern Umsetzungen. So bildet sich Pyrit, aber auch freie Schwefelsäure und andere Säuren, die die
kalkigen Organismenreste angreifen. Verkieselungen sind vielerorts beobachtet worden.

An die äquatorialen Tropen schließen sich Gebiete mit eingeschalteten
Trockenzeiten und damit einem anderen Mangrovetyp an, wie in Guinea oder
auf Neukaledonien. In den ariden Subtropen gar, in Südwest-Madagaskar
oder um das Rote Meer, wird dieser Typ noch schärfer ausgeprägt, tritt
aber die Mangrove selbst immer stärker zurück. Das Wesentliche ist, daß
an die Stelle des tropischen Regenwalds weite Flächen mit grasigen Salz-
marsch-Pflanzen oder gar ohne höhere Vegetation treten. Matten aus primi-
tiven Algen vermögen die erhöhten Salzgehalte am ehesten zu überstehen.
Gips und Karbonate scheiden sich aus. Kalkkrusten bilden sich um die
Wurzeln.

Damit nähern wir uns der Fazies des obengeschilderten Karbonatwatts. Ab-
schließend noch einen Rück- und Ausblick zum Problem Meeresspiegel -
Meeresboden.

4.5.4 Rückblick

Wenn wir in der Erdgeschichte Perioden mit starken und raschen Schwankungen des Meeresspiegels hatten, müssen wir erwarten, daß die behandelten
Sedimentkörper - Delta, Barriereküste, Watt - nur geringe Mächtigkeiten
(um 5-20 m) und relativ geringe Breiten erreichen konnten. Ein weltweites
Beispiel müßten Abschnitte mit stark schwankender Vereisung der Polkappen
gewesen sein: Das Pleistozän, in dem wir auch heute noch leben. Das Ober-
karbon, das durch die sorgfältigen Untersuchungen der Geologen bekannt geworden ist, die sich mit der Steinkohle beschäftigen.

Verhältnismäßig stabiler Meeresspiegel und Untergrund bedingen gleichfalls geringe Mächtigkeiten. Es müßten aber sehr breite Einheiten erwartet werden. Das Paläozoikum der zentralen USA, die Trias nördlich der
Alpen liefern Beispiele.

Bleibt der Meeresspiegel einigermaßen stabil, senkt sich aber der Untergrund kontinuierlich ab, so müssen unsere Komplexe große Mächtigkeiten
erreichen, wenn nur die Anlieferung von Sediment Schritt hält, und der
"Anschluß an den Meeresspiegel" nicht verloren geht. Tertiäre Sandstrand-
Einheiten können im nordwestlichen Golf von Mexiko beispielsweise bis
1.500 m Mächtigkeiten erreichen, dazu Breiten bis 40 km und Längen von
einigen 100 km.

Dies alles hat nicht nur akademisches Interesse. Alle besprochenen Einheiten stellen Sandhorizonte zur Verfügung. Sand ist primär porös und
hoch permeabel, ist daher ein nutzbarer Speicher für Wasser, Erdöl, Erdgas. Eigenschaften und Dimensionen dieser Sandkörper haben also direkte
wirtschaftliche Bedeutung.

4.5.5 Ausblick

Meeresspiegel und Meeresboden sind im Küstenbereich aber auch für das
Leben des Menschen heute von unmittelbarer Bedeutung. Der Meeresgeologe
muß daher dort zum Umweltgeologen werden, der sich zudem nicht damit be-
gnügen kann, Schäden der Vergangenheit zu reparieren, sondern bemüht sein
muß, das Kommende zu planen. Wie schwierig ein solcher Ausblick sein kann,
soll das *Beispiel Venedig* zeigen. Daten und Vorlagen für die Abbildungen
stammen aus den Veröffentlichungen des "Laboratorio per lo studio della
dinamica delle grandi masse" des Consiglio Nazionale delle Ricerche. Die
Stadt und ihre Umgebung müssen mit dem Meeresspiegel leben. Sie liegt
am Rande des Po-Deltas in einer Lagune im Schutz einer Nehrung, des Lido,
der durch Gezeiteneinlässe durchbrochen wird (Abb. 4-21). Jeder kurze
Besuch der Stadt zeigt, daß sie absinkt (Abb. 4-23). Anlegestellen müssen
erhöht werden, tieferliegende Haustüren werden vermauert. Das Ausmaß dieser
Absenkung wurde durch Feinnivellements von einem Festpunkt in Treviso aus
bestimmt. Sie hat in den letzten 20 Jahren dramatisch zugenommen. Zwischen
1908 und 1925 sank Mestre (Abb. 4-21) im Jahr durchschnittlich um 0,15 mm
ab, zwischen 1925 und 1952 um 0,7 mm, zwischen 1952 und 1968 aber um
3,8 mm/Jahr. Nach der Abb. 4-21 kamen aber im Gebiet um Venedig zwischen
1952 und 1968 maximale Absenkungen bis 120 mm, d.h. bis 7,5 mm/Jahr vor.

Was steht dahinter? 1. Zunächst die regionale Absenkung des Untergrunds
des *Po-Deltas*, unter dessen Achse über 3 km Schichten des Quartärs erbohrt worden sind, was bei kontinuierlicher Absenkung einen jährlichen
Betrag in der Größenordnung von 3 mm bedeuten würde. Venedig liegt rand-
licher, über etwa 1 km Quartär, wird daher etwas weniger rasch abgesunken sein. Diese Zahlen sind aber ganz grobe Mittelwerte über sehr lange
Zeiten. Die regionale Komponente kann gegenwärtig durchaus stärker sein,
werden doch auch eingeschaltete Phasen tektonischer Heraushebung angenommen, um Venedig z.B. zwischen 6.000 und 18.000 Jahren vor heute. Diese
Phasen müßten durch zeitweilig kräftigere Absenkung kompensiert worden
sein. 2. Diese Sedimente sind teilweise marine, teilweise kontinentale
Serien, was auf vertikale Bewegung des Untergrunds wie des Meeresspiegels

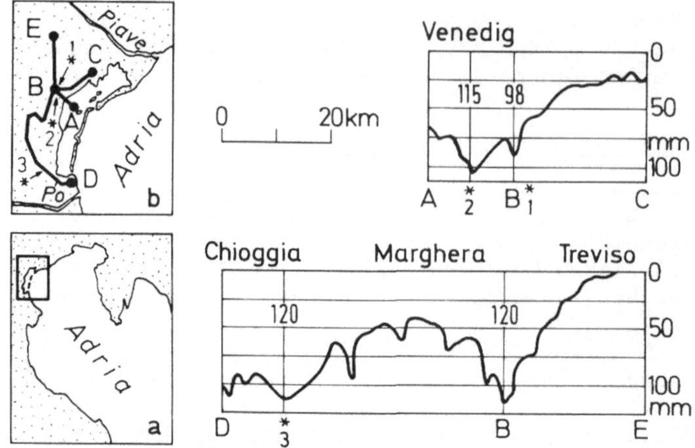

Abb. 4-21 a und b.   Lage der Lagune von Venedig (a) mit Feinnivellements
1952 und 1968 (b). Festpunkt ist Treviso (E). Die Absenkung des Untergrunds erreicht mit 120 mm in den 16 dazwischenliegenden Jahren, d.h. mit
rund 7,5 mm/Jahr Maxima in der Industriezone von Marghera (um B) und im
Po-Delta bei Chioggia (um D). Das Zentrum der Stadt Venedig senkte sich
bis rund 80 mm, d.h. 5 mm/Jahr ab

sowie auf das Ausmaß der Vorschüttung des Deltas zurückgeht. Nach der
Versuchsbohrung Ve 1-CNR (Abb. 4-22) bestehen die obersten 300 m zu rund
2/3 aus Sand, zu rund 1/3 aus Silt. Nur 2% sind reine Tone. Die Komponenten sind dabei im wesentlichen schichtig verteilt. Die feinkörnigen Horizonte setzen sich durch die natürliche Überdeckung. Kommt durch künstliche
Auffüllung – etwa zur Landgewinnung in der Lagune – oder durch Baumaßnahmen zusätzliche Auflast hinzu, so wird diese Absenkung durch Kompaktion
verstärkt. Abb. 4-22 bringt hierfür Hinweise für die Stadt. Es geht aus
der Abbildung hervor, daß im Mittel zwischen 1961 und 1969 um 40 mm Absenkung festgestellt wurden, d.h. um 5 mm/Jahr. Auch hier eine Steigerung
seit dem Beginn unseres Jahrhunderts, denn die entsprechenden runden Werte
für 1908 bis 1961 sind 150 mm, d.h. 3 mm/Jahr. 3. Die Sandhorizonte sind
gute *Grundwasserspeicher*. Wird dieses schneller herausgepumpt, als es ersetzt werden kann, so kommt dadurch eine lokale Sackungskomponente hinzu,

Abb. 4-22.   Absenkung von Venedig zwischen 1961 und 1969 in mm. Gerastert ▶
= Inseln, ungerastert = Lagune und Adria. Maximale Werte am Lido (L: zu-
sätzliche Belastung durch Baumaßnahmen, Entnahme von Grundwasser), um den
Bahnhof (B) und Hafen (H: Auffüllung, Baumaßnahmen). Im Bereich des Canale
Grande (C) mögen lokale Senkungen von Gebäuden durch Auswaschung des Unter-
grunds infolge erhöhter Wasserbewegung durch den Verkehr von Einfluß sein.
Ve 1 = Versuchsbohrung CNR

Abb. 4-23.   Eingang eines Palazzo am Canale Grande, Venedig. Algenbewuchs ▶
und Verfärbung der Wand zeigen an, daß der mittlere Meeresspiegel heute
etwas höher als das Niveau der obersten Treppenstufe liegt. Wellen, die
sich an der Treppe brechen, bewirken, daß die Verfärbung hoch höher hinauf-
reicht

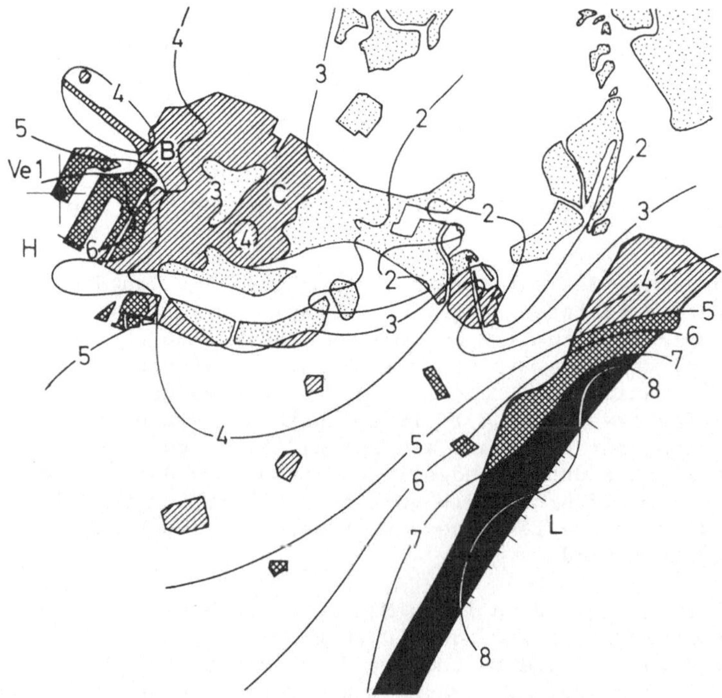

Abb. 4-22. (Legende siehe gegenüberliegende Seite)

Abb. 4-23. (Legende siehe gegenüberliegende Seite)

die sich allerdings seitlich kilometerweit auswirken kann, wenn die Bohrung einige 100 m tief reicht. In den letzten 20 Jahren wurde dadurch im Weichbild Venedigs der Grundwasserspiegel bis 5 m, in der Industriezone von Marghera (Abb. 4-21) bis 20 m abgesenkt. Gerade in diesen Zeitraum aber fällt die dramatische Zunahme der Bodensenkung. Ein englischer Bodenmechaniker (ROWE, 1973) glaubt deshalb, daß dieser Faktor allein rund 5 mm jährliche Absenkung erklären kann. Ob die Entnahme von Erdgas im Bereich des Po-Deltas auf Venedig einen Einfluß haben kann, ist zweifelhaft.

Bisher wurde nur die Absenkung des Untergrunds betrachtet. Für Venedig kommen aber weitere negative Faktoren hinzu. 4. Weltweit steigt seit rund 100 Jahren der *Meeresspiegel* um 1-2 mm/Jahr an, bedingt durch das Abschmelzen von Eismassen, vor allem in der Antarktis. 5. Der normale *Tidenhub* liegt um Venedig maximal bei rund 1 m. *Stürme* können das Hochwasser noch höher auflaufen lassen. Am 4.11.1966 führte dies zu einem Hochwasser bis +1,9 m, also über 1 m höher als normal. Nun wurden für die Industriezone weite Flächen durch Landgewinnungsmaßnahmen der Lagune entzogen. Außerdem wurden Schiffahrtskanäle vertieft. Die Furcht ist nicht unbegründet, daß dadurch stellenweise der Tidenhub und auch der Einfluß der Stürme vergrößert wird.

Was ist zu tun? Sicherlich muß ein Bündel von Maßnahmen nach einer Reihe von weiteren Untersuchungen ergriffen werden. Dazu gehört die sorgfältige Überwachung der Grundwasserentnahme und die Untersuchung des Einflusses der durchgeführten und geplanten Maßnahmen der Landgewinnung sowie der Anlage von Kanälen und deren Vertiefung auf Strömungen und Wasserstände in der Lagune. Dabei darf natürlich auch das heikle Problem der Wasserverschmutzung und deren wirtschaftliche Beseitigung nicht vergessen werden. Gegen weltweite oder regionale Faktoren hilft leider nichts. Wir können sie nicht befehlen. Wir müssen ihnen gehorchen.

5. Meeresboden und Organismen

5.1 Allgemeines

Der Lebensraum der Pflanzen und Tiere reicht an Land im wesentlichen von
wenigen Metern unter dem Boden bis zu den Baumkronen. Schließt man die
kalten und heißen Wüsten aus, so kommt man daher auf nur wenige Millionen
km^3. Im Meer ist aber die gesamte Wassersäule dauernd belebt. Nach der
in Kapitel 2 gegebenen Fläche von 362 Millionen km^2 und der mittleren
Wassertiefe von 3,729 km mißt dieser Lebensraum also rund 1.350 Millionen
km^3.

In ihm leben, wie schon in Kapitel 3 erwähnt, aktive Schwimmer (Nekton)
und passive Drifter (Plankton). Das Bodenleben (Benthos) ist in mannigfacher Weise mit diesen frei lebenden "pelagischen" Formen verbunden.
Viele Larven und Eier der benthonischen Organismen werden ins freie Wasser entlassen (Meroplankton), bis sie sich festsetzen. Zahlreiche benthonische Tiere leben von pelagischen Pflanzen und Tieren oder von deren
Resten. Der Lebensraum im Meer bietet gleichförmigere Bedingungen als der
auf dem Festland. Deshalb bildeten sich im Meer auch weniger *Arten* heraus.
Dies muß der Geologe zunächst bezweifeln, wenn er an die paläontologischen
Museen denkt, in denen reihenweise Korallen, Cephalopoden, Trilobiten,
Echinodermen ausgestellt sind, alles Meerestiere. In der Gegenwart gibt
es indessen schätzungsweise 1 Million Tierarten, wovon nur 16% im Meer
leben. Freilich ist dabei zu bedenken, daß von der Million nur 225.000
Arten bleiben, wenn die Insekten außer acht gelassen werden. Bezieht man
die 160.000 marinen Arten auf diese Zahl, so stellt das Meer 71%. Plankton und Nekton steuern nach heutigen Kenntnissen nur 3.000 Arten bei,
das Benthos daher 157.000, also 98%.

Diese Zahlen sind sicher nicht endgültig, denn vor allem in der Tiefsee
wird noch manche Überraschung verborgen sein, trotz der abschließenden
Feststellung PLINIUS DES ÄLTEREN (23-79 n. Chr.): "Niemand kann leugnen,
daß es unmöglich ist, alle Tiere der Welt in einer Übersicht zusammen-
zufassen ... Und doch – beim Herkules – im ganzen Ozean, so groß er ist,
gibt es nichts, was uns unbekannt wäre. Es ist eine in Wahrheit höchst
wundersame Tatsache, daß gerade die Dinge, die die Natur am allertiefsten
verborgen hat, uns am besten bekannt sind."

5.1.1 Umweltfaktoren

Die Nahrungskette für die Organismen beginnt bekanntlich ganz allgemein
mit den Pflanzen. Sie bauen sich aus Wasser und anorganischen Nährstoffen
auf und verwenden bei dieser Photosynthese das *Sonnenlicht* als Energiequelle. Sie sind daher auf lange Sicht "intelligenter" als die derzeitige
Menschheit, die hinsichtlich der Energie hauptsächlich vom letztlich be-
grenzten Kapital lebt, das die Natur als Kohle, Erdöl, Erdgas, aber auch

als Rohstoffe für die Kernreaktoren im Laufe von Jahrmillionen zur Verfügung gestellt hat.

Die durchlichtete, "photische", Zone reicht im Meer im allgemeinen nur wenige 100 m tief. Sonnenstand, Bewölkung, Trübungsstoffe im Wasser beeinflussen die Dicke dieser Schicht. Nehmen wir 200 m als Mittelwert, so geht aus Tabelle 2-1 hervor, daß bodenlebende Pflanzen nur auf etwa 27 Millionen km^2 der 362 Millionen km^2 der Fläche des Meeres, also auf nur 7% derselben vorkommen können. Deshalb fallen die planktonischen Pflanzen (Phytoplankton) viel mehr ins Gewicht.

Die hauptsächlichen Salze stehen nach Tabelle 3-2 im Meer reichlich und überall recht einheitlich zur Verfügung. Dies gilt nicht für einige Stoffe, die generell stark verdünnt vorkommen und für alle Pflanzen oder einzelne Gruppen unerläßlich sind, die *mineralischen Nährstoffe*. Zu diesen gehören Stickstoff- und Phosphorverbindungen, aber auch solche des Eisens, der Kieselsäure und einiger Spurenelemente. Werden diese laufend durch das Phytoplankton entzogen, so verarmt das Oberflächenwasser daran, was das weitere Wachstum begrenzt (Minimumstoffe). Sinken die pflanzlichen Reste in lichtlose Tiefen ab, so wird ein Teil davon durch Bakterien wieder zersetzt, wird remineralisiert. Da diese Salze dort durch Pflanzen nicht verbraucht werden, reichern sie sich an. Kommt durch Meeresströmungen dieses nährstoffreichere Wasser wieder an die Oberfläche, in die photische Zone, zurück, so wirkt sich diese "Düngung durch Umpflügen" durch vermehrte, ja teilweise explosive pflanzliche - und in der Folge auch tierische - Planktonproduktion aus. Ein besonders auffälliges Beispiel wird bei den Auftriebsgebieten (S. 72) behandelt.

Das Leben im Meer hängt darüber hinaus von vielen weiteren Faktoren ab. Ganze Tiergruppen vertragen nur Schwankungen des *Salzgehalts* zwischen 30 und 40°/oo (stenohaline Formen). Zu ihnen gehören die planktonischen Radiolarien, die benthonischen Korallen, Cephalopoden, Brachiopoden und Echinodermen. Sind deren Reste nicht umgelagert, so verraten sie den vollmarinen Charakter fossiler Sedimente. Steigt der Salzgehalt, etwa in Lagunen des ariden Bereichs, so fallen Gruppe um Gruppe, Art um Art aus, bis nur noch wenige Vertreter, eine artenarme Fauna zurückbleibt. Einige Ostracoden (Schalenkrebse im mm-Bereich) halten Salzgehalte von über 100°/oo aus. Da diese Formen wenig Konkurrenz haben, können die Faunen trotzdem sehr individuenreich sein. Ganz allgemein kennzeichnen ja artenarme, aber individuenreiche Faunen eingeengte Lebensbedingungen. Einengung wird daher nicht räumlich verstanden, sondern kann sich auf Temperatur, Sauerstoffgehalt und ähnliche Faktoren beziehen. Ein Beispiel in dieser Hinsicht für herabgesetzte Salzgehalte bietet die Ostsee (S. 133).

Ähnliche Auswirkungen hat die *Wassertemperatur* (Abb. 5-1). Sie kann in Polargebieten auf -1,5°C fallen, in Nebenmeeren auf weit über 30°C ansteigen, etwa am Südrand des Persischen Golfs. Sie kann in den obersten 200 m im Lauf des Jahres stark schwanken, bleibt im Wasser darunter mehr oder weniger konstant, liegt etwa in polaren Wässern unter 4°C. Damit sei auf die Rolle der Schwankungen hingewiesen. Nicht nur Einengung durch extreme Dauerwerte, sondern auch Instabilität führt zur Artenverarmung. Instabilität setzt vor allem Eiern, Larven und Jungtieren zu. Welche Schlüsse auf die Temperaturen früherer Meere aus planktonischen Resten gezogen werden können, wird in Kapitel 6 gezeigt. Im freien Ozean sind sie eher

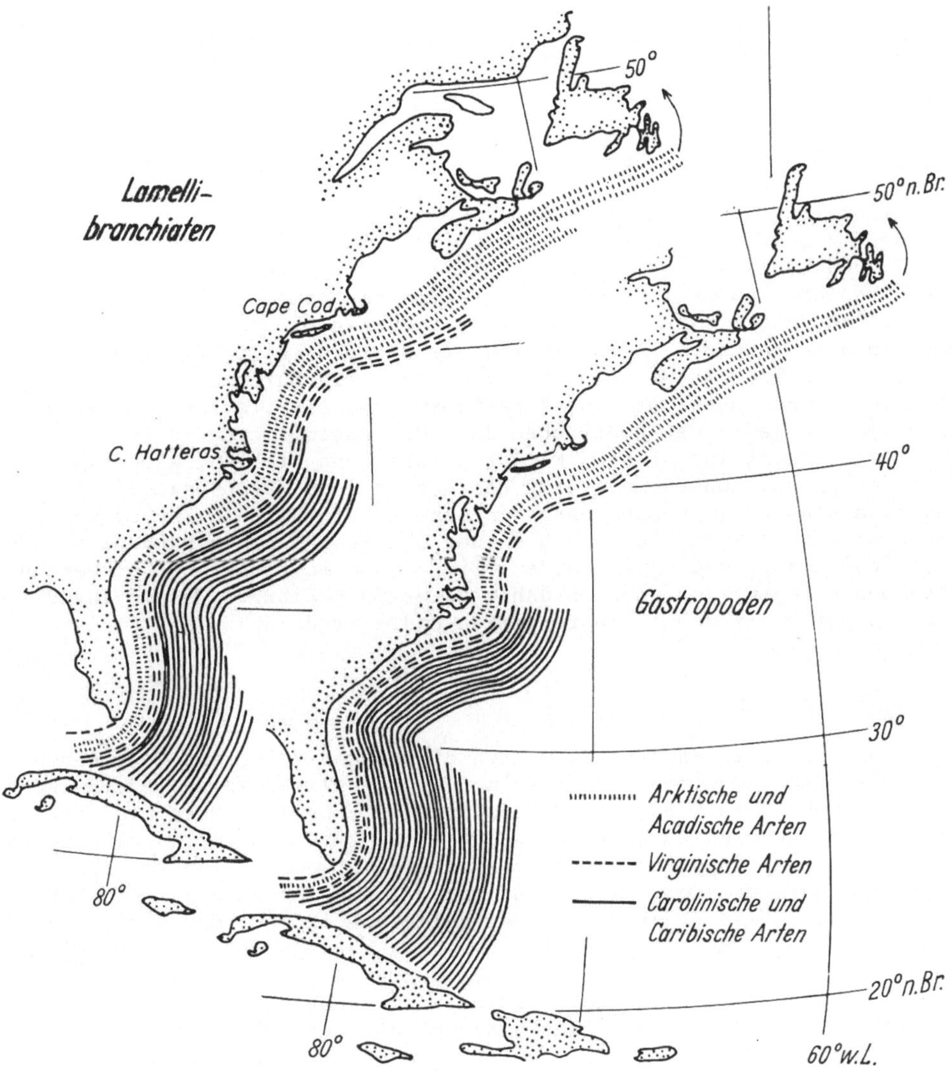

Abb. 5-1. Benthos und Temperatur. Auf dem Schelf vor den östlichen USA leben Molluskenarten, die teilweise typisch für einzelne Abschnitte sind. (Arktische bis caribische Arten. Jede Linie entspricht 10 Arten.) Dazu-hin nimmt die Artenzahl nach Norden stark ab. Dieser Temperatureffekt wird hier dadurch verschärft, daß tropisches Wasser auf dem Schelf durch den Golfstrom bis C. Hatteras transportiert wird. Arktisches kommt in Gegenrichtung bis C. Cod. Bezeichnenderweise reduziert sich die Artenzahl der Gastropoden stärker als die der Lamellibranchiaten. Die Muscheln le-ben vorzugsweise im Sediment, sind also vor schnellen Änderungen der Wasserqualitäten besser geschützt als die meist auf dem Sediment lebenden Schnecken

möglich als in Nebenmeeren, da in diesen mit der Temperatur auch der Salzgehalt erheblich schwankt. Offensichtlich aber können manche Organismen
Negativwirkungen durch extreme Temperaturen oder durch Schwankungen bei
optimalen Verhältnissen des Salzgehalts kompensieren und umgekehrt. Dies
erschwert die Rekonstruktion von Meerestemperaturen und Salzgehalten aus
fossilen Flachwassergesteinen.

Für die Tiere ist schließlich noch der Gehalt an gelöstem *Sauerstoff* von
Bedeutung. In Sonderfällen kann er auch im freien Wasser so niedrig werden, daß zunächst anspruchsvolle Organismen, offensichtlich vor allem
Schalen tragende, ausfallen, und schließlich nur noch die "anaeroben",
d.h. ohne Sauerstoff auskommenden Bakterien übrig bleiben. Dies etwa in
den Tiefen des Schwarzen Meers, in dem die Überschichtung durch das reichlich zugeführte Flußwasser so stabil ist, daß eine Durchmischung, daher
ein Nachschub von Sauerstoff aus der Atmosphäre, sehr verlangsamt wird.
Zudem entlassen ja in der photischen Zone die assimilierenden Pflanzen
tagsüber Sauerstoff ins Wasser. Nachts verbrauchen sie ihn, wie es die
Tiere ständig tun. Außerdem verarmt das Wasser auch durch bakterielle
und anorganische Oxydationsvorgänge an Sauerstoff. Deshalb ist er im
Porenwasser der Sedimente nur noch in der obersten Haut vorhanden, mm-
dick in Schlammen, cm-dick in Sanden. Tiere, die in tieferen Stockwerken
des Sediments leben, müssen sich daher sauerstoffhaltiges Wasser für die
Atmung von der Oberfläche herunterpumpen und -strudeln.

5.2 Bodenleben

Damit kommt unsere Betrachtung zum Kern dieses Kapitels, zum Bodenleben.
Das Benthos kann beweglich, *vagil* sein. Wie beweglich, zeigt jede aufge-
schreckte Krabbe. Die Seeigel und Seesterne, die meisten Muscheln, Schnek-
ken und Würmer gehören dazu. Es kann ortsfest, *sessil* sein, so alle Schwämme, Korallen, Brachiopoden und Bryozoen. Beide Gruppen haben Vertreter,
die auf dem Sediment oder auf Bodenpflanzen leben (*Epifauna*) oder aber
im Gestein und Sediment (*Infauna*). Der Fülle von 125.000 marinen Arten
der Epifauna stehen nur 30.000 Arten der Infauna gegenüber. Warum? Die
Infauna lebt in einem Milieu, in dem Schwankungen von Temperatur und
Salzgehalt durch die Überdeckung mit Sediment herabgesetzt werden, also
unter stabileren Bedingungen. Dies bedeutet nach dem oben Gesagten wiederum weniger Arten. Zudem leben die meisten Vertreter der Epifauna im
flachen Wasser, obwohl neuerdings auch auf Manganknollen der Tiefsee
Aufwuchs beobachtet werden konnte. Flaches Wasser bietet aber bei leb-
haftem Relief und unterschiedlichster Wasserbewegung eine Unzahl von Kom-
binationsmöglichkeiten der erwähnten und zusätzlicher Faktoren, eine Unzahl von ökologischen Nischen, die das Herausbilden von Arten fördern.

Bodentiere leben, außer den Räubern, primär von dem, was auf sie herunterfällt. Im Wasser schwebt lebendes Plankton und toter "Detritus". Beides
zusammen wird als *Seston* bezeichnet. Der Detritus wieder enthält totes
organisches Material und mineralische Partikel. Eine Konsequenz der Abhängigkeit von diesem "Regen" drückt sich darin aus, daß die Benthosbe-
siedlung nach Arten- und Individuenzahl mit der Wassertiefe abnimmt. Ein
Beispiel für die Produktion benthonischer Foraminiferen zeigt Abb. 5-2.
In Fällen, bei denen sich die Natur ideal haushälterisch verhält, sollte
fast nichts Ausnutzbares auf den Tiefseeboden gelangen, alles im Kreis-

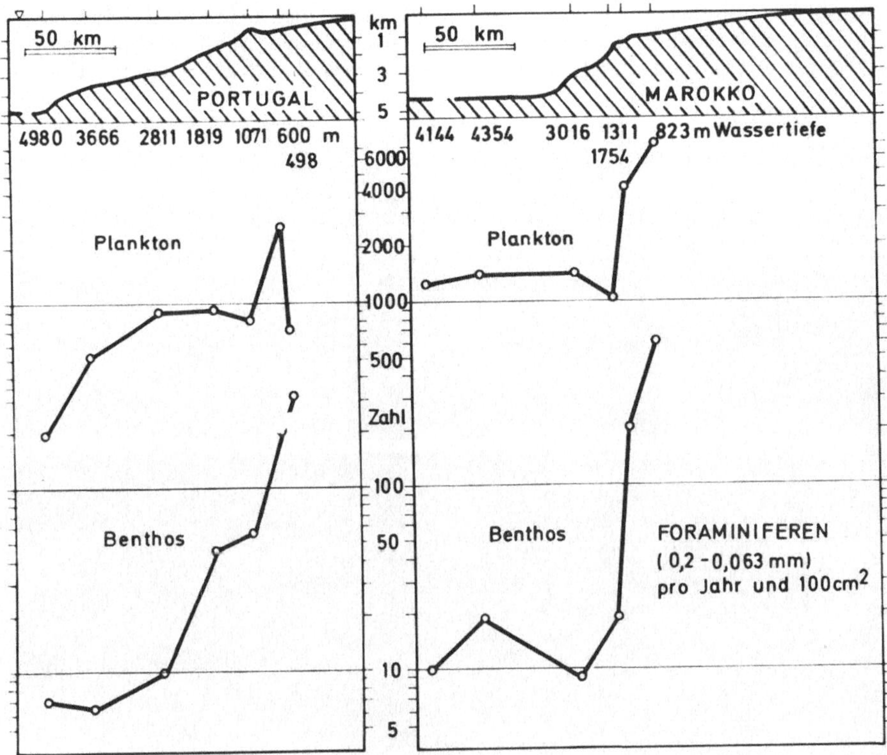

Abb. 5-2. Sedimentationsraten von Foraminiferen am ibero-marokkanischen Kontinentalrand. Die Produktion der Schalen von Benthos-Foraminiferen nimmt von der Tiefsee landwärts zu. Dasselbe gilt für die Plankton-Foraminiferen, was vor Marokko durch Auftriebserscheinungen am Schelfrand verstärkt wird

lauf der Nahrungsketten in der Wassersäule selbst aufgehen. Dies wird aber nie erreicht, so daß sogar in den Tiefseegesenken bisher etwa 370 Arten gefunden wurden. Wir begreifen es aber auch heute noch nicht, wie es diese schaffen, nicht mehr Energie zur Suche der spärlichen Nahrung aufzuwenden, als sie aus ihr gewinnen.

Russische Forschungen haben gezeigt, daß dieser Transport organischen Materials in die Tiefsee im wesentlichen nach dem Prinzip des Staffettenlaufs erfolgt. Es wird aktiv durch die Nahrungsketten nach unten weitergereicht. In den hohen Breiten des Pazifiks erreichen, wie erwähnt, insgesamt nur 10% der in den obersten 200 m produzierten organischen Substanz den Boden in über 3.000 m Wassertiefe, in den niedrigen gar nur 5%.

Doch zu Problemen zurück, zu denen der Geologe etwas sagen kann! Das Bodenleben wird natürlich auch durch den *Charakter des Bodens* selbst beeinflußt. Das Reizvolle dieser Beziehungen ist dabei, daß dieser Charakter gleichfalls von den obigen Parametern abhängen kann, von Temperatur,

Salz- und Sauerstoffgehalt, von Wasserströmungen, vom Relief. Einige der
vielen Aussagen, die hierzu benthonische Foraminiferen machen können,
sind Abb. 5-3 zu entnehmen. Und mehr noch an Verwandtschaft: Fast alle

Abb. 5-3. Beispiele für bodenlebende Foraminiferen. Man unterscheidet
nach dem Schalenaufbau Sandschaler, die terrigene oder biogene Partikel
agglutinieren (*Reophax*, x 50, links) und Kalkschaler (*Trimosina*, x 250,
Mitte, *Spiroloculina*, x 90, rechts). Die abgebildete Art der Gattung
Trimosina lebt in über 20-30 m tiefem Wasser und ist regional auf den
Indischen Ozean beschränkt, *Spiroloculina* dagegen bevorzugt flacheres
Wasser mit grobem Substrat. Unten: *Heterostegina depressa* (Gehäusedurch-
messer 0,84 mm) lebt als Groß-Foraminifere im warmen Flachwasser in
Symbiose mit - lichtbedürftigen - Algen. Die vom Gehäuse ausstrahlenden,
teilweise gebündelten Pseudopodien dienen bei *H.d.* zur Anheftung am Unter-
grund und zur Fortbewegung

komplizierten Vorgänge der Biologie wie der Sedimentologie spielen sich
bei niedrigen Temperaturen und Drucken sowie in nicht aggressiven Medien
ab. Hinweise auf fossile Bedingungen werden aber in den Sedimentgesteinen
häufig durch spätere Veränderungen, durch Sackung, Umkristallisation, Auflösung verwischt, stärker als bei den Schalen- und Skelettresten der Organismen. Diese sind auch meist sensiblere Anzeiger für die Umweltbedin-
gungen. Daher die großen - und mühevollen - Anstrengungen, aus beiden die
Paläökologie, die Umwelt früherer Perioden der Erdgeschichte, zu rekonstruieren.

5.3 Substrat

5.3.1 Felsböden

Der Fels im Meer ist ein uraltes Bild. Er trotzt der Gewalt von Sturm
und Wellen. In der Tat sind Felsböden im Meer nur dort zu finden, wo die
Wasserbewegung eine Bedeckung mit Sediment verhindert oder diese gar durch
Erosion entfernt. An und vor Kliffküsten, etwa um Helgoland, besorgen dies
Wellen und Brandung, in der Straße von Gibraltar oder auf dem Blake Plateau vor Florida Meeresströmungen. In diesem Zusammenhang geht jedoch
auch die Sedimentzuwachsrate mit ein. Ist sie gering, wie in den Weiten
der Ozeane, so hält sich der Basalt auf den Gipfeln der Seeberge frei
von Überdeckung. Tritt die Zufuhr von Land zurück, so können unter günstigen Umständen auch Flachmeerböden weithin Felscharakter annehmen und
behalten, etwa infolge der Zementation durch Kalk auf der arabischen Seite des Persischen Golfs. Gelangte ein eistransportierter Felsblock oder
ein Betonbrocken erst vor kurzem auf den Meeresboden, so bietet auch er
zunächst für die Organismen felsiges Substrat. Dasselbe gilt für junge
submarine Lava-Ergüsse, aber auch für abgestorbene Korallenstöcke.

Fels wird im flachen Bereich rasch von Algen besiedelt, die sich auf ihm
festheften. Vergängliche Algen mit weichem Gewebe können meterlang werden,
ein Erlebnis für den Taucher, ein Versteck und Jagdgrund für Fische. Fisch-
Schwärme als dunkle Flecken im Echogramm verraten aber auch ohne diese
Wälder Felsböden auf dem Schelf vor Westafrika. Krustenalgen überziehen
dauerhaft Ausbisse von Felsen. Je nach Wassertemperatur und -tiefe gesellt
sich die *Epifauna* mit Schwämmen, Korallen, Würmern in Kalkröhren, Austern,
Seepocken, Bryozoen, krustenbildenden Foraminiferen dazu (Abb. 5-4). Aktiv *bohrt* sich die Infauna in dieses Substrat hinein. Diese erstaunliche
Fähigkeit ist in vielen Tiergruppen erworben worden, etwa bei den Schwämmen, Würmern, Muscheln. Manche Seeigel mit unangenehm langen und splittri-
gen Stacheln hausen in maßgerechten Höhlungen. Äußerlich sieht der Fels
vielfach wenig geschädigt aus, da die Außenöffnung dieser Bauten viel
kleiner als das Innere zu sein pflegt. Vielfach werden dadurch die äußeren Zentimeter des Substrats so stark durchlöchert und geschwächt, daß
sie starker Brandung zum Opfer fallen. Kalk ist hierbei ein besonders
anfälliges Gestein. Abfallprodukte beim Bohren von Schwämmen in Kalk-
material können auch im ruhigen Milieu pazifischer Lagunen bis zu 30% in
deren Gesamt-Sediment, bis 50% in der Grobsilt-Fraktion, ausmachen. Alle
diese Vertreter des sessilen Benthos können nicht auf Nahrungssuche gehen.
Die Voraussetzung dieses Milieus, stärkere Wasserbewegung, kommt ihnen
jedoch in dieser Hinsicht entgegen. Sie beliefert die ortsfesten Tiere
mit Nahrung aus suspendiertem Material. Es kann durch diese *"Suspensions-*

Abb. 5-4. Epifauna auf einer Erhebung im Ross-Meer (Antarktis, 76°59'S/
167°36'E). In 110 m Wassertiefe entfallen dort Pflanzen, so daß die über-
aus dichte Besiedlung ganz auf sessile Tiere zurückgeht: Große, finger-
förmige Schwämme, kleinere starre Bryozoen, feinverästelte Hornkorallen,
Seelilie im linken oberen Bildteil

fresser" passiv abgesiebt oder aktiv eingestrudelt werden. Besonders be-
quem haben es dabei etwa die Foraminiferen, die in Schwämmen leben, da
diese Schutz vor Feinden und heftiger Wasserbewegung bieten, gleichzeitig
aber auch die Nahrungspartikel in ihre Poren hineintransportieren. Natürlich lebt auch *vagiles Benthos* auf Felsböden, Seesterne, Seeigel, Schnek-
ken, Ostrakoden. Es muß sich nur vor Stürmen schützen können, durch Ver-
kriechen in Ritzen und Höhlen, durch kräftige Schalen, durch zeitweiliges
Festheften mit einem stark muskulösen Fuß wie bei den Chithonen und Patel-
len.

Wie erwähnt, muß der Fels von Sediment frei gehalten werden. Die Reste
dieser Organismen werden daher weggeführt, sammeln sich in Vertiefungen
oder am Hang. Die "Überguß-Schichtung" der Riffe in den Dolomiten aus der
Triaszeit sind ein großartiges fossiles Beispiel dafür. Das meist grobkörnige Material der submarinen Schutthalden hat primär große Poren,
stellt also ein Gestein dar, das auch den Erdölgeologen interessiert.
Umgekehrt liefern auch an Ort gebliebene Reste der sessilen Felsbewohner
wichtige geologische Hinweise. Viele Guyots im Pazifik tragen auf ihren
Gipfelflächen in 1-2 km Wassertiefe abgestorbene Flachwasserkorallen.
Sie stammen aus dem Alttertiär oder der Oberkreide und beweisen damit,
daß die Guyots und damit auch der Meeresboden der Umgebung seitdem so
stark abgesunken sind.

5.3.2 Hartböden

Hartböden können stabil oder in zeitweiliger Bewegung sein. Sind sie es
dauernd, wie an exponierten Geröllstränden, so sind sie außerordentlich
lebensfeindlich. Gerölle beweisen dort eine kräftige Wasserbewegung, die
Sand nicht zur Ruhe kommen läßt. Wird sie schwächer, so kann sich *Sandboden* als verbreitetster Vertreter der Hartböden halten, wird aber normalerweise immer wieder umgelagert. Oft genug sieht man dies schon an der
Oberfläche, an den Sandrippeln im cm- bis dm-Bereich und an größeren Formen. Sand gehört für den Bauingenieur zu den "*rolligen*" Böden, was für
sich selbst spricht. Er kann leicht umgelagert werden – zu unserem Scha-
den vor Hafeneinfahrten, zu unserem Nutzen, wenn er in Rohren gespült
wird. Er erleichtert deshalb auch den Organismen das Eindringen. Dies
gilt schon für die Pflanzenwurzeln der Seegräser, in Nord- und Ostsee
z.B. *Zostera*, im Mittelmeer vor allem *Posidonia*. Die Bestände können
so dicht werden, daß man von einer grünen Landschaft sprechen kann. Sie
verfärbt sich allerdings im Herbst. An der Riviera beginnen die Bestände schon in 1-2 m Wassertiefe in geschützten Buchten, sonst in 4-5 m.
Sie reichen bis 30-40 m tief und überziehen den Meeresboden mit einem
dichten Teppich, schützen ihn deshalb und fangen zudem zusätzlich Sediment in ihrem Dickicht. Diese "Matten" können bei Nizza bis 8 m dick
werden und im Jahrhundert um dm-Beträge hochwachsen. Außerdem bieten
sie Aufwuchsflächen für Diatomeen, Foraminiferen, Bryozoen usw.

Dieses Bild ist allerdings eine große Ausnahme für Sandböden. Sie sind
auf den ersten Blick im allgemeinen fast unbelebt, was jeder Wattwanderer
von den Außensänden der Nordseeküste kennt. Warum? Der oben gezeigte "grüne" Sandboden ist durch die Vegetation festgelegt. Die Außensände sind
aber mit den Gezeitenströmen und Wellen in Bewegung. Boden, der dauernd
umgelagert wird, läßt natürlich nichts Sessiles zu. An der Oberfläche
trifft man deshalb allenfalls *vagiles Benthos*, Krabben, Schnecken und
im trockenfallenden Watt eine Fülle von Vögeln. Wovon leben sie? Von
der reichen Fauna, die sich eingräbt und damit vor den Unbilden der sich
umlagernden Oberfläche – und vor diesen Vögeln und anderen Feinden Schutz
sucht. Umlagerung bedeutet aber nicht nur gelegentliche Überdeckung, die
bei zu großen Beträgen für die *Infauna* gefährlich werden kann, sondern
auch gelegentliche Erosion, also Freilegen. Sehr instabile Bereiche, im
Außenwatt, an Sandstränden, auf Ooidbänken, verlangen daher rasches Aus-
und Eingraben. Die Krabben demonstrieren dies am anschaulichsten. Aber
auch viele Muscheln können es. Sie müssen allerdings geeignet gebaut sein:

Dicke Schale gegen mechanische Verletzung, glatte Außenseite und Keilform
zum leichteren Eingraben, verlängertes Vorderteil, um einen großen muskulösen Fuß unterzubringen, der die Grabarbeit besorgt (Abb. 5-5 a und b).

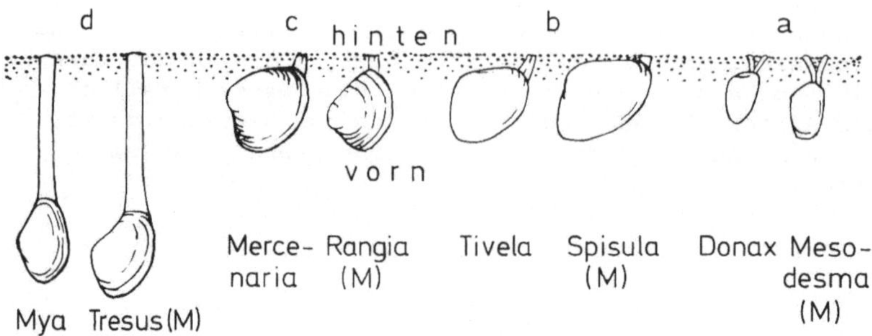

Abb. 5-5. Anpassungsformen der Muschel-Familie *Mactracea* und Konvergenz
nach Form und Lebensweise bei nichtverwandten Gruppen der Muscheln. Er-
läuterung s.S. 106

In solchen Fällen verrät daher der Schalentyp, ob der Sandboden instabil
ist und, für den Geologen, ob es ein fossiler einmal *war*. Ein Meister
der Anpassung an dieses unfreundliche Milieu ist die 3 cm lange Muschel
Donax (Abb. 5-5a). Sie schafft es, sich in wenigen Sekunden völlig ein-
zugraben und auch wieder herauszukommen, um sich mit auflaufendem Wasser
strandwärts, mit ablaufendem seewärts tragen zu lassen. So legt sie
während einer Ebbe oder einer Flut oft mehr als ein Dutzend Meter zurück.
Kein Wunder, daß sie wenig Konkurrenz hat und am Sandstrand Südkaliforniens
deshalb teilweise in 20.000 Exemplaren/m^2 vorkommt. Ähnlich dominierend
ist *Tivela* auf den extrem instabilen Ooidbänken der Bahamas, auf denen
man sich bei auflaufendem Wasser nicht mehr halten kann, wenn es Gürtel-
höhe erreicht. Sie ist dort der einzige Vertreter der Infauna (Abb. 5-5b).
Sterben diese Muscheln ab, so werden ihre - ja dicken - Schalen aus dem
Sand letztlich heraussortiert, in *Schill-Lagen* angereichert (Abb. 5-6).

Abb. 5-6 a-d. Muschelschillbank auf dem Hohen Watt des Knechtsands nörd- ▶
lich der Wesermündung. (a) Grundriß, (b) Statistik, (c) Foto, (d) Stechkastenpräparat. Wellen, wind- und gezeitenbedingte Strömungen reichern
Muschelschalen zu flachen Bänken an (a). Auf der Luvseite derselben (F-C)
regelt vor allem der Schwall der Wellen die Schalen ein. Die Schalen von
Cardium zeigen danach mit dem Wirbel bevorzugt in Stromrichtung und legen sich gelegentlich in Dachziegellagerung aufeinander. Auf dem Foto (c,
Maßstab = 20 cm) kommt der Strom z.B. von links. Auf dem steileren Leehang (B) werden dagegen die Schalen durch das ablaufende Wasser bei Ebbe
eingeregelt (b). In Wattrinnen (hier nur 15 m Wassertiefe, von der Außenjade) häufen sich die Schalen in einem Großrippelgefüge schlecht geordnet
an (d). (Das Stechkastenpräparat (d) ist 22 cm breit)

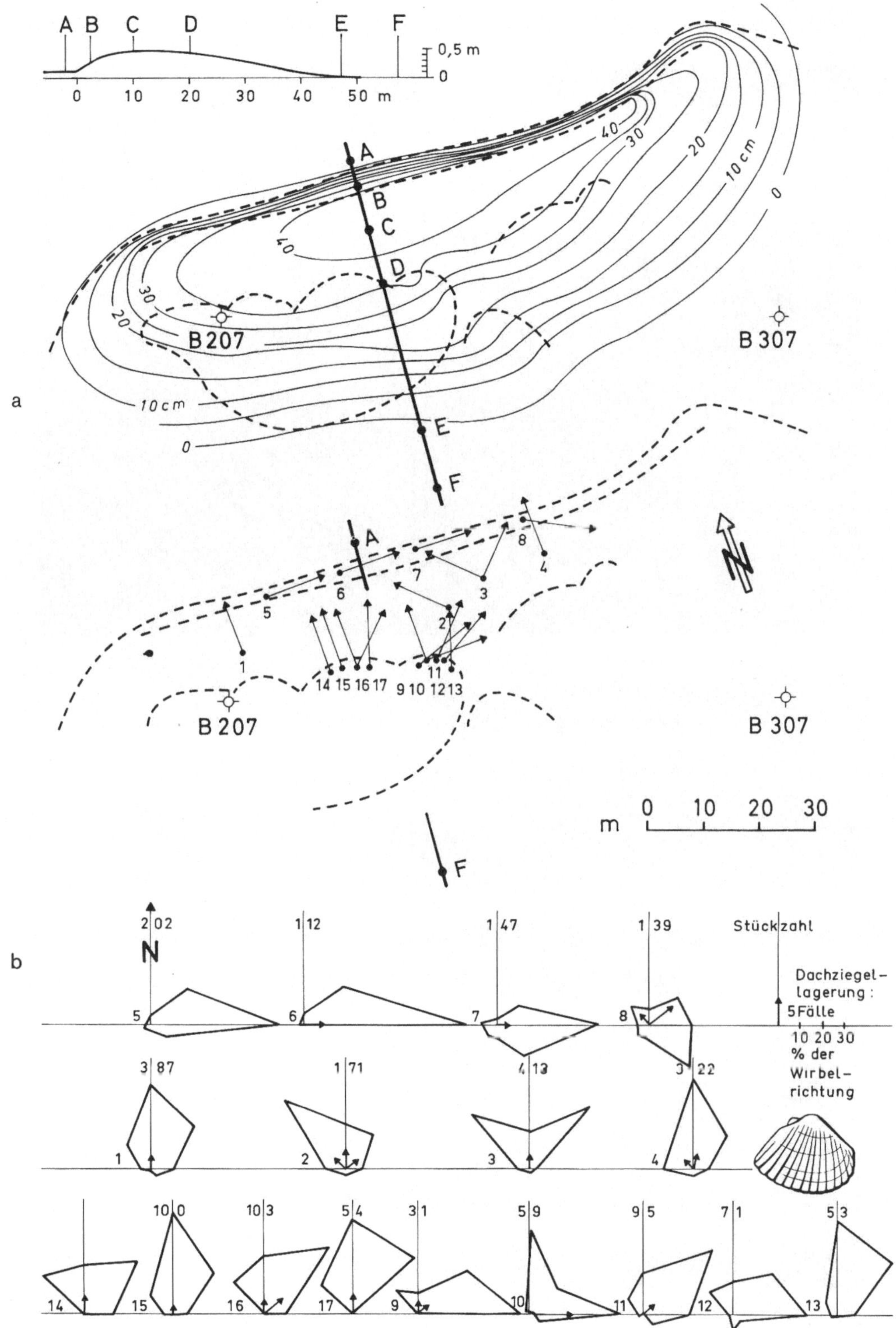

Abb. 5-6 a u. b. (Legende siehe gegenüberliegende Seite)

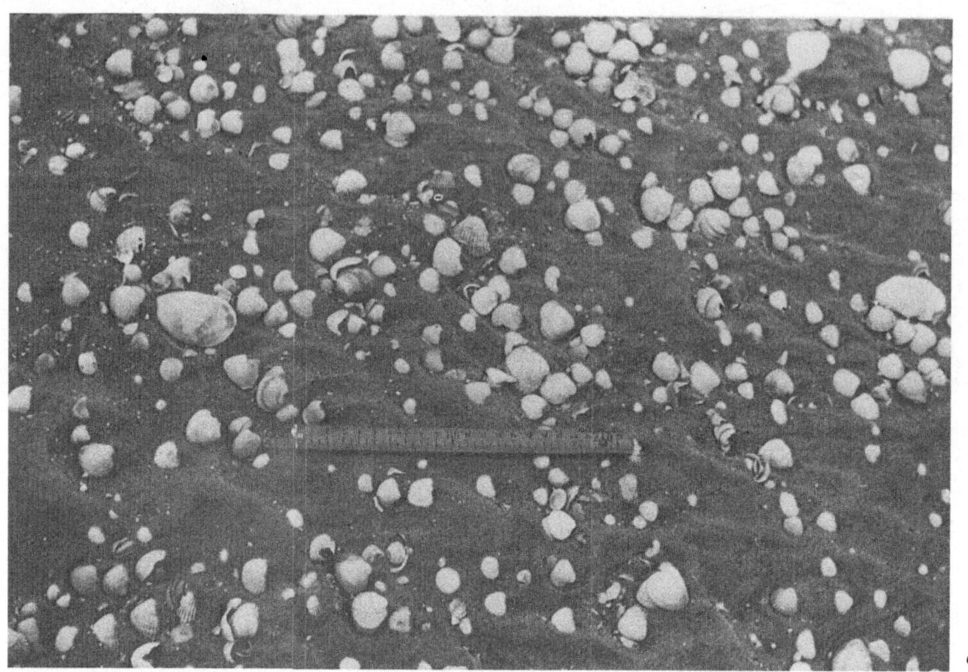

Abb. 5-6 c u. d. (Legende siehe S. 106)

So können sekundäre Hartböden entstehen, wieder mit grobem Porenraum,
wieder für den Erdölgeologen als potentielles Speichergestein von Interesse. Diese Muscheln strudeln die Nahrungspartikel wieder im wesentlichen
mit dem Wasser durch schlauchartige Siphonen (Abb. 5-5 a und b) ein.
3/4 der benthonischen Invertebraten auf diesen Sandböden gehören deshalb
den *Suspensionsfressern* an. Wieder ist die starke Wasserbewegung Feind
und Freund zugleich.

Der Sand ist natürlich nur an ganz wenigen Stellen im Meer in nahezu
dauernder Bewegung. Selbst auf den Ooidbänken der Bahamas ruht er während
des Stauwassers. Von dieser extremen Situation gibt es alle Übergänge zu
stabileren Hartböden. Auf dem Außenschelf liegt vielfach Sand, der bei
dem raschen postglazialen Meeresspiegelanstieg heute noch nicht von Feinmaterial überdeckt worden ist, was diesen Wassertiefen von rund 60-100 m
eigentlich zukommt. Nur noch selten wird dieser Sand umgelagert. Solche
und ähnliche Biotope haben einen Muscheltyp mit gleichfalls dicken Schalen,
aber mit verlängertem Hinterteil, wohl, damit die Länge des Siphons kurz
gehalten werden kann (Abb. 5-5c). Gelegentlich ausgespülte Schalen liegen
dann lange frei, bieten ein felsiges Substrat im Kleinen. Es verrät sich
durch Epifauna, sessile Foraminiferen, Bryozoen, etwa in den tieferen
Teilen des Persischen Golfs. Die Manganknollen der Tiefsee wären auch in
dieser Hinsicht ein interessantes Studienobjekt, zudem "Felsen" auf toni-
ger Umgebung.

5.3.3 Weichböden

Damit soll auf die Weichböden eingegangen werden. Sie bestehen aus feinsten anorganischen und biogenen Partikeln mit Durchmessern von oft weniger als 0,001 mm. Sie kleben deshalb zusammen, sind "*bindig*". Die Weichböden haben engste Poren, durch deren große Zahl aber hohen Wassergehalt.
Der Austausch zwischen bodennahem Meerwasser und Porenwasser ist dadurch
sehr behindert, weshalb nur in den obersten Millimetern im letzteren noch
Sauerstoff auftritt. Er wird durch den meist erhöhten Gehalt an organischer
Substanz zusätzlich verbraucht. Die Siphonen der Muscheln müssen also
schon deshalb sehr wirkungsvoll arbeiten, damit ausreichend Atemwasser
von oben zugeführt werden kann. Eine der möglichen Anpassungen für Weichböden zeigt Abb. 5-5d. Dieses Beispiel leitet allerdings schon zu den
Mischböden (Sand und Ton) über. Es zeigt Muscheln mit länglichen, röhren-
förmigen Schalen, mit am Hinterende klaffenden Schalen für rasches Aus-
stülpen und Einziehen der Siphone. Die Schalen sind dünn, da Schutz vor
Umlagerung und Feinden tief im Sediment weniger wichtig ist.

3/4 der benthonischen Invertebraten der Weichböden gehören den "*Detritus-
fressern*" an. Ein besserer Ausdruck wäre freilich "Bodenfresser", denn
Detritus ist im Sinn der Definition auf S. 55 gleichfalls Suspendiertes.
Wesentlich ist, daß mit dem feinen Ton der Weichböden auch die organische
Substanz liegenbleibt. Sie wird *auf* dem Sediment abgeweidet, was vor allem
Schnecken besorgen. Im Schlickwatt sieht man allenthalben die Weidespuren
der Littorina. Organische Substanz wird aber auch teilweise von der Infauna der Oberfläche entnommen, durch Muscheln, deren Siphonen als Pipette
benützt werden, die die Nahrung absaugen. *Scrobicularia* und *Macoma* sind
entsprechende Muschelgattungen. Im nordwestlichen Amerika lebt *Macoma*

secta. Sie ist nur 6-7 cm lang, kann aber einen Sipho-Schlauch bis 1 m
ausstrecken. Sie hat also ein ganz beachtliches Territorium. Schließlich
lohnt es sich bei den Weichböden eher als bei den sterileren Sandböden,
das Sediment selbst zu verwerten. Würmer und Seegurken (Holothurien)
können beispielsweise diesem Typ der "Sedimentfresser" angehören (Abb.
5-7). Da beide Gruppen täglich bis zu einige 100 g aufnehmen und sehr
dicht siedeln können, werden gewaltige Mengen umgesetzt und durchwühlt.
Bis 200 Sandpierwürmer (*Arenicola*)(Abb. 5-10a) können auf einem Quadratmeter leben. Um Samoa sind darauf über 90 Seegurken gezählt worden. Da
viele Tiere ihren Darminhalt als Kotpillen ausscheiden, ist deren Gehalt
in Weichböden besonders hoch. Ist das feine Sediment Kalkschlamm, so
können die Pillen durch Zementation erhärten und so leichter fossil werden. Sie sind in Korngrößen um 0,03 - 0,1 mm als kugelige und ovale, außen
glatte Gebilde ohne erkennbares Innengefüge weiter verbreitet, als man bisher annahm. Würmer, Schnecken, einige Krebse gehören zu den Hauptproduzen-
ten. Die intensive Durchwühlung (*Bioturbation*) fördert chemische Umsetzungen, zerstört vorhandenes Sedimentgefüge, soll aber auch einen spezifischen
biologischen Effekt haben: Das Festsetzen und Aufwachsen von Larven der
Suspensionsfresser soll dadurch gestört werden, weshalb sie in diesen
Böden zurücktreten, auch wenn sie Nahrung genug finden könnten. Dieses
schematisierte Bild muß allerdings etwas korrigiert werden: Auch sessile
Formen kommen auf Weichböden vor. Einzelkorallen, Schwämme, Seelilien
(Crinoiden). Sie entwickeln teilweise wurzelartige Verankerungen. Außer-
dem sind Fleischfresser weit verbreitet, etwa Seesterne.

Wo finden sich die Weichböden im Meer? Keineswegs nur in der Tiefsee,
wenn auch dort auf riesigen Flächen des roten Tons und der biogenen
Schlamme. Eine der Voraussetzungen ist ja geringe Wasserbewegung.

Es ist ganz bezeichnend, daß in der *Tiefsee*, in der die meisten wichtigen
Parameter für die Lebewelt, wie Temperatur und Salzgehalt, aber auch das
Substrat, sehr einheitlich sind, der Gehalt an organischer Substanz offensichtlich die Verbreitung der Freßtypen bestimmt. Am Rand der Ozeane und
unter dem Äquator ist die Planktonproduktion hoch. Der Gehalt an organisch
gebundenem Kohlenstoff liegt in den Sedimenten - trotz erhöhter Sedimentationsrate - über 0,25% des Trockengewichts (Abb. 3-7). Dort beherrschen
die Sedimentfresser das Bild, etwa bestimmte Seesterne, Seeigel, Seegurken.
Die letzteren sind ganz bezeichnend für das Benthos der Tiefseegesenke
(Abb. 5-7), die ja besonders am Rand der Ozeane auftreten. Suspensionsfresser aber herrschen in den zentralen Partien, vor allem unter den
großen subtropischen Stromwirbeln, vor. Dort sinkt der Gehalt an organisch
gebundenem Kohlenstoff unter 0,25%. Deshalb leben dort viele Schwämme.
Sedimentfresser treten stark zurück, mit ihnen auch die fleischfressenden
Seesterne.

Stille Wasser gründen jedoch nicht überall tief. Geschützte Buchten unter-
brechen oft Steilküsten. Schlickwatt bildet sich direkt vor den Deichen,
also im flachsten Wasser. Die Lagunen der Atolle sind ein weiteres Beispiel. Weichböden können sich jedoch auch trotz starker Turbulenz dort
halten, wo mehr Feinmaterial angeliefert wird, als weggeführt werden kann,
so vor dem Delta des Hoangho oder Niger. Selbst im Persischen Golf führen
Flüsse aus dem Iran so viel Suspendiertes zu - und dies sogar nur episo-
disch -, daß Weichböden vor den Mündungen auch im flachsten Wasser verbreitet sind. Die Verdunklung durch das Suspendierte, die rasche Überdeckung, das halbflüssige Substrat scheint vor allem Pflanzen und Lar-

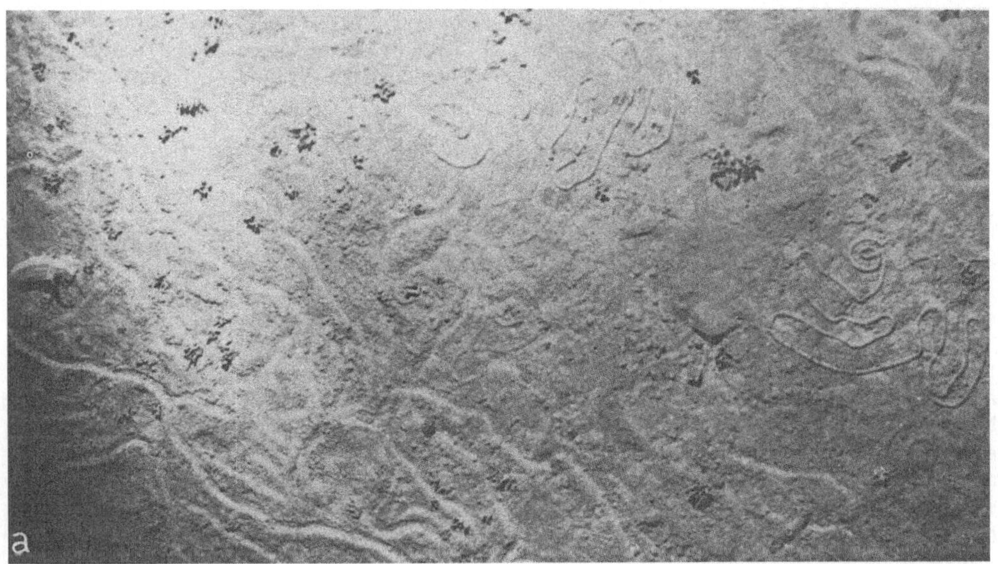

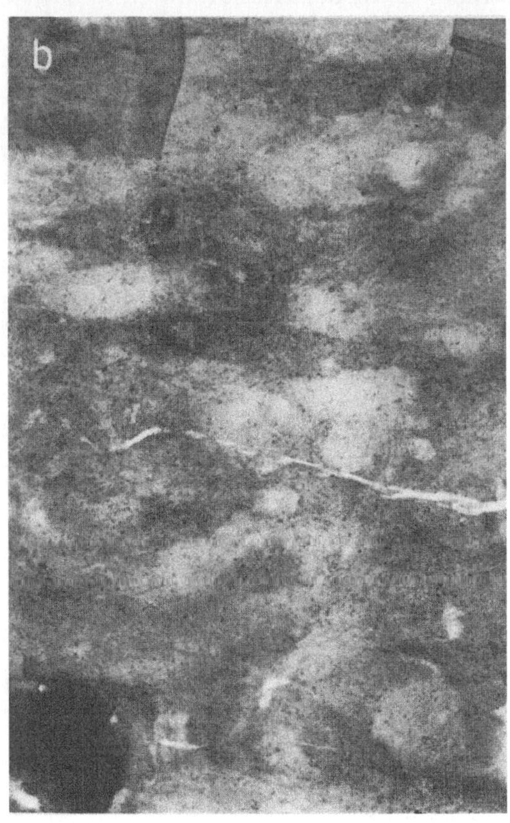

Abb. 5-7 a und b. Spuren im Tiefseeton. (a) Die Sedimentoberfläche zeigt breite - negative, d.h. eingesenkte Holothurien-Kriechspuren und dünnere - positive, d.h. aufgesetzte - Kotschnüre von bodenlebenden Tieren. Nord-Salomonengesenke, 8.500 m Wassertiefe. Unterrand etwa 3 m breit. (b) Radiographie. Die Aufnahme eines vertikalen Kernausschnitts (1:1) mit Röntgenstrahlen verdeutlicht das Sedimentgefüge des äußerlich fast homogenen Roten Tiefseetons. In diesem Positivbild erscheinen die Partien dunkel, die für Röntgenstrahlen undurchlässiger sind. Im wesentlichen sind horizontale Spuren abgebildet, die teilweise von auf der Sedimentoberfläche kriechenden Organismen erzeugt wurden (vgl. a). Unten links begrabene kleine Manganknolle. Etwa 1.000 km SE Hawaii, 5.000 m Wassertiefe, 49-60 cm unter der Sedimentoberfläche

ven der Invertebraten zu stören, was sich vor allem auf die benthonischen Mollusken besonders negativ auswirkt. Die Ostrakoden scheint dies weniger zu stören. Wir sind aber noch weit davon entfernt, diesen geologisch so interessanten Sonderfall mit *hoher Sedimentationsrate* durch Organismenreste klar diagnostizieren zu können.

5.3.4 Mischböden

Noch einmal zurück zum Hinweis, daß alles bisherige stark schematisiert dargestellt wurde. Es gilt auch für die wenigen erwähnten Substrat-Typen. Selbstverständlich gibt es alle Übergänge. Bezeichnenderweise scheinen aber gerade diese für die Organismen besonders günstig zu sein, was ja oft bei Kompromissen der Fall ist. Mischböden wie Sande mit Schlammgehalt verraten zeitweilige Wasserbewegung wie -ruhe, enthalten ausreichend, aber nicht zu viel organische Substanz, sind nicht zu hart und nicht zu weich. Die verschiedensten Lebensformen können daher von den Extremen, vom Sand oder vom Schlamm, her einwandern und gedeihen: Vor der Krim leben im Schwarzen Meer im reinen Sand bis 2.900 Individuen des Makrobenthos/m^2, im Schlamm bis 2.500, im Mischsediment bis 4.800. Entsprechende Zahlen sind für die Ägäis 100/30/200, für das Seegebiet vor Cape Cod in den östlichen USA (in Gramm Trockengewicht) 2/10-60/50-180.

5.4 Spuren

Weidetiere hinterlassen auf der Oberfläche die erwähnten Spuren, Wühler im Sand und Schlammen andersartige. Die Infauna kann aber auch ganz oder halb-stationär in Bauten leben, alle Bohrer im Fels, manche Seeigel, Krebse und Würmer im Sand und teilweise auch im Schlamm. Diese *"Lebensspuren"* wurden und werden in Deutschland, vor allem von Arbeits-Gruppen in Wilhelmshaven und Tübingen, so intensiv erforscht, daß der Ausdruck direkt in den englischen Sprachgebrauch übernommen wurde. Deshalb sei hier nur auf einige allgemeine Aspekte hingewiesen.

Zunächst die positiven Seiten: 1. In Abb. 5-10 werden einige Beispiele für Lebensgemeinschaften gebracht, die Sedimenten aus typischen Lebensräumen zuzuordnen sind, also Hinweise auf Wasserbewegung, sogar Wassertiefe, liefern. Sie hinterlassen neben den Schalen oder Skelettelementen auch die entsprechenden Spuren. Schalen können verschwemmt werden, Spuren praktisch nicht. Findet man letztere also in fossilen Sedimenten, so kann das Milieu direkt rekonstruiert werden. 2. Da viele Bauten U-Form haben, sind sie Oben/Unten-Kriterien. Finden sich diese in der Mehrzahl in einem Gestein als ∩, also auf dem Kopf stehend, so beweist dies, daß die Schicht durch tektonische Kräfte, in Ausnahmefällen auch durch Rutschungen, überkippt worden ist. 3. Dem reichen Inventar von großen, oft dezimetergroßen Spuren in marinen Sedimenten stehen die weniger mannigfaltigen und im allgemeinen kleineren Spuren aus dem Süßwasser gegenüber. Dies kann zur Unterscheidung beider Bereiche dienen.

Das Negative: 1. Bioturbation vermischt das Sediment (Abb. 5-8). Im allgemeinen beschränkt sich diese Aktivität auf die obersten 10-20 cm. *Arenicola* oder *Mya* kann aber auch in 30 cm Sedimenttiefe leben. Krebse graben in den Subtropen und Tropen metertiefe Gänge (Abb. 5-9). Sie haben oft großen Durchmesser und können nach Verlassen von oben her durch bio-

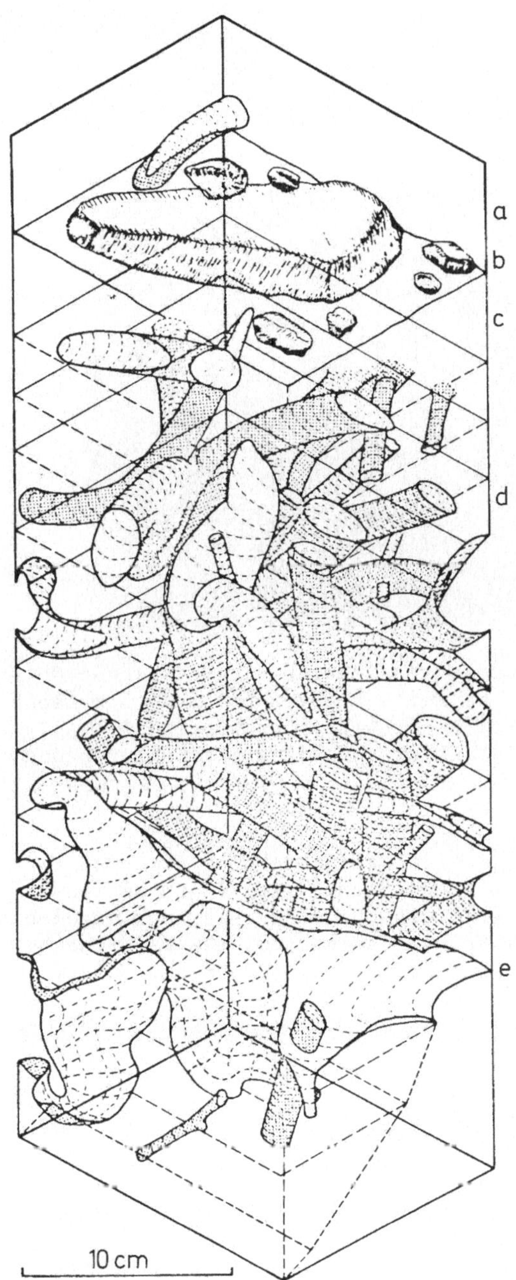

Abb. 5-8. Bioturbation. Der Sedimentkern vom südkalifornischen Kontinentalrand aus rund 650 m Wassertiefe hat eine Decklage von Kalksandturbidit (a) mit Geröllen an der Basis (b) über schwarzem Schlamm (c). Durch Bioturbation wird der Kalksand in den vertikalen Spuren (d) nach unten gearbeitet, in der Tiefe auch zunehmend horizontal weiter vermischt (e). Dieses besonders krasse Beispiel zeigt, wie stark Bioturbation das Gefüge sowie die bodenmechanischen und chemischen Eigenschaften des Sediments beeinflußt und auch das durch Leitfossilien ermittelte Alter eines Horizonts verfälschen, in diesem Fall "verjüngen" kann

gene Hartteile verfüllt werden. Umgekehrt wird durch Wühler auch Material von unten her dem Sediment zugemischt, im Persischen Golf gleichfalls, aber sukzessive, bis in den Bereich von Metern hin. So können Leitfossilien für geologische Zeitabschnitte in ältere oder jüngere Horizonte gelangen und zu fehlerhaften Bestimmungen führen. 2. In Sanden, die immer umgelagert werden, werden die Spuren zerstört, prägen sich Schrägschichtung und andere anorganische Hinweise auf die Wasserbewegung letztlich

114

Abb. 5-9. Krebsgang in mergeligen Locker-Sedimenten des Persischen Golfs
(Westbecken). Gänge wie dieser um 10 cm Weite konnten bis fast 3 m Länge
in Sedimentkernen gefunden werden. Vom Meeresboden her wurden sie teilweise mit biogenem Material aufgefüllt, hier vor allem mit Gehäusen und
Stacheln von Seeigeln

durch. In stabilen Sedimenten hingegen wird die Schichtung durch Bioturb-
bation verwischt und schließlich ganz ausgelöscht. Dies führt zu einem
Linsen- und Fleckengefüge und zuletzt zu einer Homogenisierung. Umgekehrt
verrät scharfe Schichtung in feinstkörnigen Sedimenten, daß kein Bodenleben möglich war, ein Hinweis auf sauerstoffreies, bodennahes Wasser
oder auf extrem hohe Salzgehalte.

5.5 Tiergemeinschaften

Wir haben bisher die Organismen auf dem Meeresboden recht einseitig von
den verschiedensten anorganischen Faktoren her betrachtet, um Verbreitung,
Freßtypen, Schalenform und ähnliches diskutieren zu können. Zum Verständnis dieser Zusammenhänge fehlt dem Meeresforscher noch sehr viel. Dies
wird einem noch mehr bewußt, wenn ein bisher aus unserer Darstellung aus-
geklammertes Feld hinzugenommen wird, die Beziehungen der marinen Tiere
untereinander. Wie, wann und mit welchen Raten pflanzen sie sich fort?
Wie wählen meroplanktonische Larven ihren Landeplatz aus, welcher Prozent-
satz von ihnen wächst fest und wächst voll heran? Welcher Art sind die
Konkurrenzbeziehungen? Wer frißt wen? Welchen Einfluß haben Symbiosen,
Parasitismus? Und natürlich für den Geologen: Was kann er für seine Projektion der heutigen Verhältnisse auf fossile daraus lernen?

Eine Möglichkeit ist die Integration all dieser Teilfragen durch die Betrachtung von *Tiergemeinschaften*. Kein Tier kann ja isoliert leben. Keines kann auf Dauer die Oberhand gewinnen, denn immer wird sich ein angenäherter Gleichgewichtszustand herausbilden, wenn sich die Bedingungen im Meer selbst nicht zu schnell und zu drastisch ändern. Der Weg zur Erforschung der Tiergemeinschaften ist aber beschwerlich, schon aus technischen Gründen. Direkte und langfristige Beobachtung durch Taucher, etwa aus Unterwasserhäusern, hat erst in diesen Jahren begonnen, ist außerordentlich aufwendig und selbst in klarem, warmem Wasser schwierig und gefährlich. Die Probennahme mit Sedimentgreifern erfaßt nur einen kleinen Ausschnitt des Meeresbodens, kann in direkter Nachbarschaft über die Jahreszeiten hinweg nicht garantiert werden. Die beweglicheren benthonischen Tiere werden dabei fast nie gefangen. Außerdem ist die Besiedlung meist fleckenhaft. Welche Probe ist dann repräsentativ? Statistische Arbeit ist deshalb unerläßlich, aber wieder sehr aufwendig. Man weiß fast nichts über das Territorium der einzelnen Vertreter, da sich vieles auf dem Weg vom Boden an Bord und von dort in Laboratorium verändert. In der Arktis leben auf einem Quadratmeter des Meeresbodens bis 50 Foraminiferen der Gattung *Astrorhiza*. Ihre Schalen messen im Durchmesser nur 5 mm. Im Leben breitet sich aber um sie herum ein Netz von Pseudopodien mit Durchmessern um 6-7 cm aus. Rund 1/6 des Meeresbodens ist dort daher von diesen winzigen Organismen "besetzt"! (Pseudopodien werden in Abb. 5-3 dargestellt). Wenn wir mehr über die Territorien erfahren, kann auch mehr über die geologisch wichtige Besiedlungsdichte ausgesagt werden. Kulturversuche im Laboratorium können hierzu beitragen, verändern aber viele Faktoren und müssen fast immer die erwähnten biologischen Querbeziehungen vernachlässigen. Trotzdem sind im Flachwasser einige Ansätze zum Verständnis der Tiergemeinschaften gemacht, vor allem durch dänische Forschungen. Hierzu eine vereinfachte Darstellung:

Im flachen Wasser vieler arktischer, kalt gemäßigter und teilweise auch warm gemäßigter Meere schließt sich an die Küsten die "*Macoma*"-Gemeinschaft auf Sand, aber auch Schlammböden an. Der Name stammt von der Muschelgattung *Macoma*. Sie ist in Abb. 5-10a dargestellt, aus der andere typische Vertreter dieser Infauna zu entnehmen sind. Der Geologe kann freilich nur erwarten, daß im Sediment davon - einige - Schalen und - einige - Bauten erhalten werden. Von den Würmern selbst und der Garnele wird nichts Erkennbares übrig bleiben. Wichtig ist, daß zwar in den verschiedenen Meeren die Arten der Gemeinschaft wechseln, die Gattung jedoch bleiben ("Parallele" Tiergemeinschaften).

In rund 10-20 m Wassertiefe folgt auf Sandböden die *Venus*-Gemeinschaft (Abb. 5-10 a und b). Mischböden werden in diesen oder etwas größeren Wassertiefen von der *Syndosmya*-Gemeinschaft besiedelt. Die namengebende Muschel ist ein bevorzugtes Futter für Plattfische, eine Beziehung, die wohl nie den fossilen Sedimenten zu entnehmen sein wird. Schlammböden in Wassertiefen um 20 m fallen durch die dichte Besiedlung durch Schlangensterne auf (*Amphiura*-Gemeinschaft) (Abb. 5-10c). Bis 500 Exemplare liegen auf einem Quadratmeter, ein dem Taucher unvergeßliches Spitzenmuster.

Wie erwähnt, ist diese Zonierung nicht weltweit verbreitet, fehlt in manchen warmgemäßigten und in allen tropischen Meeren. Dort kommt hinzu, daß allgemein hohe Arten - und niedrige Individuenzahlen pro Quadratmeter auftreten. All dies kann noch nicht erklärt werden.

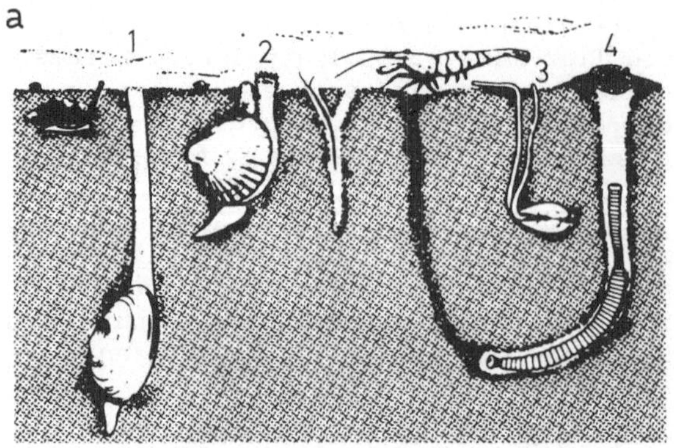

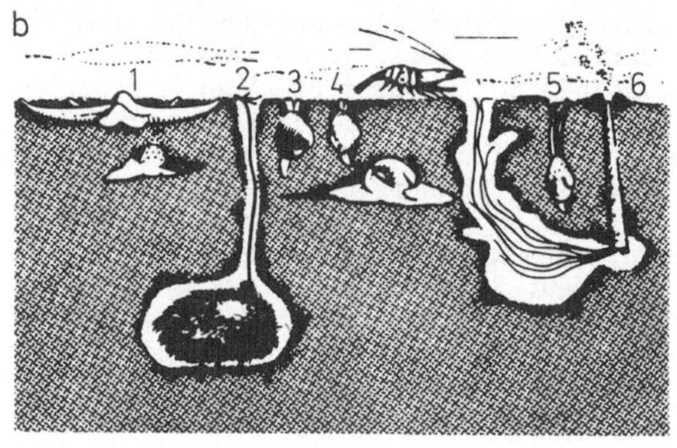

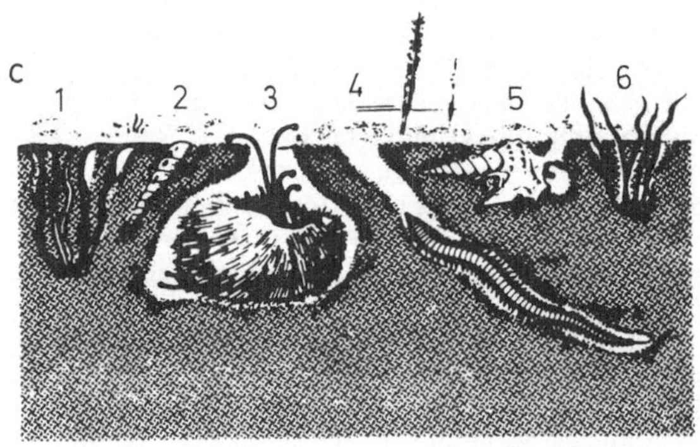

Abb. 5-10 a-c. Ein Querschnitt durch Infauna-Gemeinschaften aus verschiedenen Wassertiefen. Die Beispiele stammen aus dem Kattegat. (a) *Macoma*-Gemeinschaft mit den Muscheln *Mya arenaria* (1), *Cardium edule* (2), *Macoma baltica* (3), dem Ringelwurm *Arenicola marina* (4); (b) *Venus*-Gemeinschaft mit dem Seestern *Astropecten* (1), dem Seeigel *Echinocardium cordatum* (2), den Muscheln *Venus gallina* (3), *Spisula elliptica* (4), *Tellina fabula* (5) und dem Ringelwurm *Pectinaria koreni* mit Wohnröhre (6); (c) *Amphiura*-Gemeinschaft mit den Schlangensternen *A. chiajei* (1) und *A. filiformis* (6), den Schnecken *Turritella communis* (2) und *Aporrhais pespelicani* (5), dem Seeigel *Brissopsis lyrifera* (3) und dem Ringelwurm *Nephthys* (4)

Zurück zu einigen geologischen Fragen! Eine Analyse der Tiergemeinschaften und nicht einzelner Tiere erlaubt eine viel bessere Kennzeichnung des Lebensraums. Dies auch in fossilen Schichten. Im Flachwasser stört allerdings sehr, daß Tierreste selten – die Spuren ausgenommen – am Lebensort bleiben. Sie werden, wie erwähnt, meist verfrachtet, Spuren dabei durch Abtragung zerstört. Bei geringfügiger Verfrachtung, die man am Nebeneinander verschieden großer Schalen erkennen kann, sind aber die Fehler nicht schwerwiegend. Welche Größenverteilung der Schalen produziert aber die Tiergemeinschaft normalerweise? Sind mehr Jungtiere als Ausgewachsene zu erwarten?

Nur eine genauere Kenntnis der Tiergemeinschaften wird zu Werten für die *Produktionsrate* vieler biogener Kalke führen. Um Miami produziert das Makrobenthos jährlich um 1.000 g Kalk/m^2 in der Gezeitenzone, unter 1-400 g/m^2 im Flachwasserbereich darunter. Auf flachen Stellen des Persischen Golfs liefert eine einzige Großforaminiferenart, *Heterostegina depressa* (Abb. 5-3), jährlich 150 g Kalk/m^2. Sie wird offensichtlich dazu befähigt, weil in ihrem Plasma eine Alge in Symbiose mit ihr lebt. Doch all dies sind allererste Anfänge der biologischen Forschung mit geologischer Blickrichtung.

Trotzdem sollte dieser Versuch, Tiergemeinschaften, Freßtypen, Spurentypen und ähnliches zu erforschen, mit Aufmerksamkeit verfolgt werden. Es sind Allgemeinerscheinungen, die nicht von der einzelnen Art abhängen. Die Arten und ihr Verhalten haben sich aber im Laufe der Erdgeschichte verändert, was Rückschlüsse von heute auf früher sehr erschwert.

5.6 Erdgeschichtliches

Das Verständnis des heutigen Meeresbodens und daraus die Rekonstruktion fossiler Meere sind die primären Aufgaben für den Meeresgeologen. Der Biologe, der an das Meer der Vorzeit denkt, stellt noch fundamentalere Fragen: Warum treten erst seit rund 100 Millionen Jahren planktonische Kalkschaler, sowohl Foraminiferen als auch Kokkolithen in Massen auf? Ist dies auf die Evolution der Organismen zurückzuführen, die erst damals die Fähigkeit zum Schalenbau erworben haben? Waren äußere Faktoren förderlich? Wurde erst damals das Meerwasser alkalisch oder alkalischer? Wann traten die ersten Pflanzen auf, die also dem Meer Kohlensäure entzogen und Sauerstoff zuführten? 2,7 Milliarden Jahre alte Kalkalgen sind schon hochkomplizierte Gebilde, die zudem glücklicherweise mit ihren Hartteilen erhalten blieben. Was war vorher? Führte diese pflanzliche Aktivität dazu, daß das Meer langsam zu einem oxydierenden Milieu wurde, also tierisches Leben erst dann ermöglichte? Und natürlich die wohl durch die geologischen Erhaltungsbedingungen entsprechender Organismen nie zu lösende Frage nach dem ersten Leben überhaupt. Entstand es im Meer? Die Küstenregionen stehen im Verdacht, da in ihnen die größte Fülle von Faktoren-Kombinationen erwartet werden kann. Welches war damals der Chemismus der Atmosphäre und der Hydrosphäre? Das Meer scheint ein reduzierendes Milieu gewesen zu sein. Wie wurde dieses Leben dann mit dem Schwefelwasserstoff fertig?

Es geht uns wie dem Philosophen: Je grundsätzlicher eine Frage wird, desto ferner rückt die Lösung, desto größer wird die Gefahr, den Boden unter den Füßen zu verlieren. Deshalb auf ihn zurück!

6. Meeresboden und Klimazonen

Die Klimazonen auf dem Festland wie im Meer gehen im wesentlichen auf die unterschiedliche Dauer und Stärke der Sonneneinstrahlung zurück. Sie bestimmt direkt das verfügbare Licht und die Temperatur, indirekt die Verdunstung, die Niederschlagshöhe und -art.

Für das Meer kann die Zonierung aus Abb. 6-1 entnommen werden. Statt "gemäßigt"-humid kann auch "subpolar" gesetzt werden. Die subtropische Zone ist vielfach an der Westseite der Kontinente "warm arid", etwa in der Sahara. An der Ostseite ist sie "warm humid", etwa in Florida, und daher für unsere Betrachtungen dem tropisch humiden Bereich zuzuordnen.

Im Meer sind die größten Temperaturunterschiede im Oberflächenwasser zu erwarten. Biologische *Hinweise* auf die Klimazonen sind also besonders vom Plankton ganz allgemein oder vom Benthos zu erhoffen, das den heutigen Schelf besiedelt. Geologische gleichfalls vor allem vom Schelf. Seine Oberfläche wird von Gletschern verändert, seine Sedimente vielfach von der Flußzufuhr geprägt. Das Land reagiert noch deutlicher auf Schwankungen, werden sie doch dort nicht durch die Wassermassen der Meere gepuffert.

Die biologischen Hinweise sind im allgemeinen die klareren, verrät doch manche Schale einer Muschel direkt den Temperaturbereich des Wassers, in dem sie gelebt hat, sei es durch Zugehörigkeit zu einer Art, deren Verbreitung bekannt ist, sei es durch ihren chemischen Aufbau. Je anspruchsvoller ein Tier oder eine Pflanze oder eine Gruppe davon, desto spezifischere Aussagen kann man erwarten: Riffkorallen gedeihen heute nur in klarem, vollmarinem Wasser, das eine mittlere Jahrestemperatur um 25°C hat und sich im wesentlichen in der kalten Jahreszeit nicht stärker als auf rund 20° abkühlt. Sie sind daher hervorragende Klimaanzeiger.

Was im Meer jährlich produziert wird, die *Biomasse*, ist gleichfalls klimagebunden. Grundlage sind die Pflanzen, vor allem die planktonischen, also wiederum von den Eigenschaften des Oberflächenwassers abhängige Organismen, da sie ja zum Aufbau ihrer Gewebe Licht brauchen. Daneben natürlich Nährstoffe. Da in polaren Breiten die jährlich verfügbare Lichtmenge gering ist, ist beispielsweise die Benthosbiomasse dort gleichfalls niedrig. Im gut geschichteten Oberflächenwasser der Tropen werden die verbrauchten Nährstoffe nur langsam ersetzt, so daß dort gleichfalls quantitativ wenig produziert wird. In den gemäßigten Bereichen mit ausgeprägten Sommer-Winter-Unterschieden ist ausreichend Licht vorhanden. Dazuhin sinkt im Winter durch Abkühlung Oberflächenwasser ab, bringt tieferes Wasser mit seinen unverbrauchten Nährstoffen an die Oberfläche, in die durchlichtete Zone. Dieses Umpflügen des Meerwassers (Konvektion) und diese Düngung führt zu hoher Produktion. Sie kann in Auftriebsgebieten das ganze Jahr über wirksam werden, was die Werte noch erhöht. Doch all diese generellen Aussagen helfen uns zunächst wenig, wenn wir aus einem Sediment die Klimazone ableiten wollen.

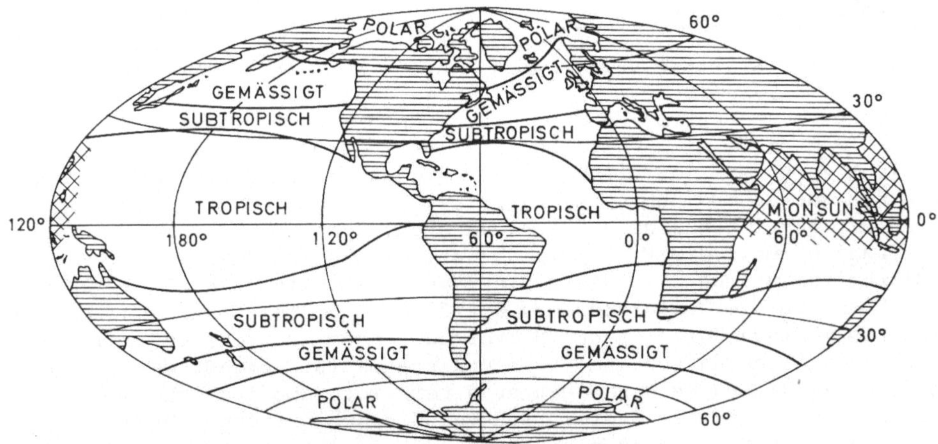

Abb. 6-1. Klimazonen des offenen Ozeans. Die Zonen sind im ganzen breiten-
parallel. Die globale Wind- und Wasserzirkulation verschiebt die Grenzen
indessen. Die Auswirkung von Golf- und Kanarenstrom mag dies für den Atlantik illustrieren. Der *polare* Bereich hat niedrige Oberflächen-Wasser-
temperaturen, bis an den Gefrierpunkt, d.h. im Meer bis um −1,3°C. Sie
schwanken mit den Jahreszeiten. Mit ihnen bildet sich Meereis und schmilzt
wieder ab. Niederschläge übertreffen die Verdunstung. Die Salzgehalte
fallen um die Antarktis unter 34, in der Arktis unter 30°/oo. Konvektion
durch Abkühlung und Winde sorgen für Durchmischung des Oberflächenwassers.
Der *gemäßigte* (subpolare) Bereich weist gleichfalls jahreszeitliche Temperaturschwankungen und überschüssige Niederschläge auf. Konvektion und
die vorherrschenden, auf der Südhalbkugel besonders starken Westwinde
durchmischen das Oberflächenwasser. Der *subtropische* Bereich wird von
den Jahreszeiten stark beeinflußt, weist dadurch die höchsten Temperaturschwankungen (bis 18°C) auf. Sie werden küstennah zugeschärft, noch mehr
in Meeren, die von Landmassen eingeschlossen sind. Geringe Bewölkung fördert die Sonneneinstrahlung, damit die Verdunstung. Diese wird zudem durch
die ständig wehenden Passatwinde verstärkt. Deshalb übertrifft sie die
Wasserzufuhr durch Niederschläge, woraus Salzgehalte über 35-36°/oo im
Pazifik und Indik, über 37°/oo im Atlantik resultieren. Dies trotz Durchmischung durch Konvektion und Winde. Der *tropische* Bereich kennt keine
Jahreszeiten, hat daher praktisch keine Temperaturschwankungen, bei Mittel-
temperaturen über 25°C. Die täglichen Regenfälle, Wolken und schwachen
Winde ergeben einen Überschuß an Niederschlägen. Der Salzgehalt liegt um
35°/oo. Geringe Durchmischung.

Die jahreszeitlichen Unterschiede werden an Land verschärft ("Kontinen-
tales Klima"). Dies wirkt sich großräumig auf den Ozean um Südasien aus,
wodurch stärkere winterliche Abkühlung des Landes Luftmassen auf den Ozean
hinausströmen, etwa der Nordostmonsun in Indien mit seiner Trockenzeit.
Im Sommer kehrt sich die Zirkulation um: regenreicher Südwestmonsun. Der
Monsun beeinflußt auch die Meeresströmungen (kreuzschraffiert)

6.1 Plankton als Klimaanzeiger

Die größten Fortschritte der letzten Jahre sind in dieser Hinsicht mit *planktonischen Foraminiferen* gemacht worden. Sie leben vor allem in den obersten 200 m, heute mit rund 30 Arten. Unter diesen gibt es Temperaturanzeiger, von denen einige in Abb. 6-2 zusammengestellt sind. Es ist darin leicht zu sehen, daß die Zonierung wieder von der geographischen Breite und den Meeresströmungen abhängig ist. Andere Arten sind temperaturtoleranter, reagieren aber auf Schwankungen, indem sie ihren Schalenaufbau verändern, etwa die Windungsrichtung, die Porengröße oder -dichte, die Mikrostruktur. Da alle diese Plankton-Foraminiferen also in verschiedener Weise auf die Temperatur des Oberflächenwassers reagieren, sind die genauesten Rückschlüsse aus den Mikrofaunen dann zu erwarten, wenn möglichst viele Arten daraus gemeinsam und statistisch erfaßt werden. Besser noch, wenn zu diesen Kalkschalern auch temperaturempfindliche Coccolithophoriden, kieselschalige Radiolarien und Diatomeen treten. Denn die bisherigen Betrachtungen bezogen sich nur auf die lebenden Organismen und nur auf das Oberflächenwasser.

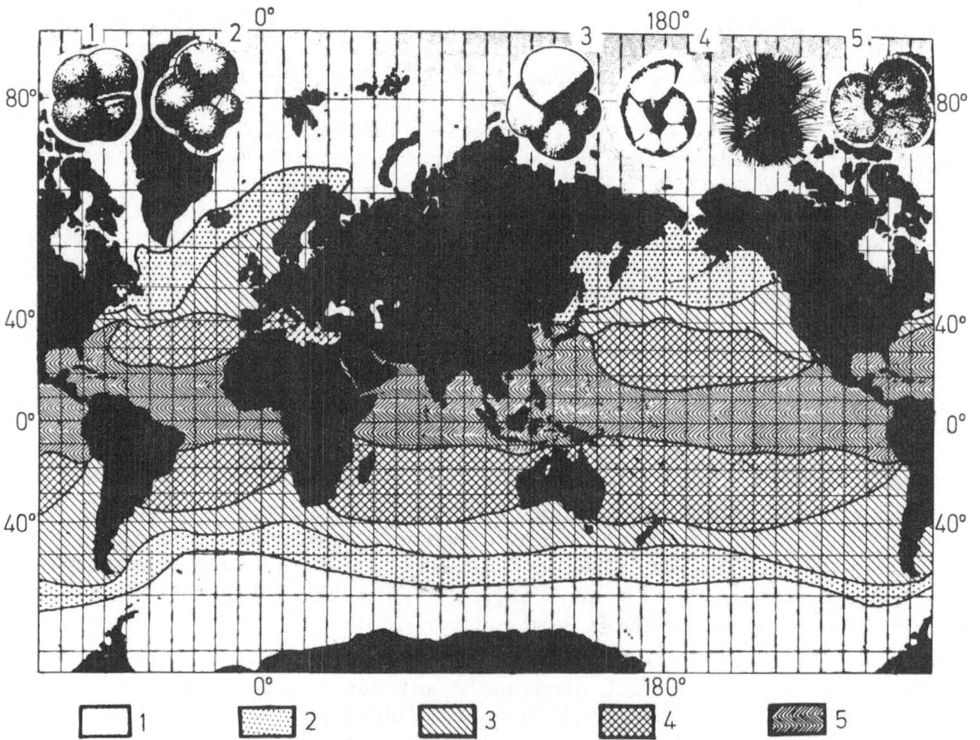

Abb. 6-2. Zonale Verbreitung planktonischer Foraminiferen im heutigen Weltmeer. 1. Arktische und antarktische Zone, darin besonders häufig: *Globigerina pachyderma* (Kopfleiste!). 2. Subarktische und subantarktische Z.: *G. bulloides*. 3. Übergangs-Z.: *Globorotalia inflata*. 4. Subtropische Z.: *Globorotalia truncatulinoides* (li), *Globigerinoides ruber* (re). 5. Tropische Z.: *Globigerinoides sacculifer*. Der Einfluß des Golfstroms kommt z.B. besonders gut zum Ausdruck

Sterben sie ab, so werden sie nicht ohne Veränderungen auf den Meeresboden
projiziert und haben auch im Sediment unterschiedliche Chancen, erhalten
zu bleiben. Sie werden beim Absinken, auf dem Boden und im Sediment in verschiedener Weise gelöst, etwa die zarten Formen schneller als die robusten.
Dies sowohl bei Kalk- als auch bei Kieselschalern. Manche Diatomeengehäuse
entgehen aber beispielsweise der Auflösung beim Absinken, wenn sie in Kotpillen eingeschlossen auf den Boden sinken. Wie erwähnt, werden im heutigen Ozean *alle Kalk*schaler in Wassertiefen von mehr als 4-5 km aufgelöst.
Die Aussage aus den Sedimenten muß also im wesentlichen von den robusten
Elementen abgeleitet werden. Umgekehrt verwischen ein gewisser Horizontal-
transport beim Absinken und am Boden sowie die Projektion von mehreren
Jahren oder gar Jahrzehnten in eine dünne Sedimenthaut kleinräumliche und
jahreszeitliche "Fleckenhaftigkeit" des Auftretens - ein nicht geringes
Problem für den Ansatz und die Auswertung von Planktonnetzfängen.

Besteht nach diesen Komplikationen überhaupt eine Aussicht dafür, daß
aus den Resten der Planktonfaunen und -floren in Sedimenten der Tiefsee
also die Temperatur des Oberflächenwassers verläßlich nach oben projiziert werden kann? Durchaus. Das haben verschiedene neueste Untersuchungen vor allem für den Nordatlantik gezeigt, für den auf diese Weise mittlere Jahrestemperaturen bestimmt wurden. Sie können mit Temperaturbe-
stimmungen aus dem $O^{18/16}$-Verhältnis der Kalkschalen, vor allem aber
direkt mit ozeanographischen Messungen verglichen werden.

Die erregendste Perspektive für den Geologen ist nach diesen erfolgreichen
ersten Schritten natürlich, aus älteren Tiefseeablagerungen das Klima
der Vorzeit ableiten zu können. Vorläufig steht am meisten Sediment-Kern-
material für das *Pleistozän* zur Verfügung. Man hat zunächst gleichalte
Horizonte mit Hilfe von absoluten Altersbestimmungen oder sonstigen Kriterien auszuwählen und für jeden einzelnen eine Analyse der Faunen und
Floren durchzuführen. Das Prinzip geht aus Abb. 6-3 hervor. Ein Beispiel,
das ursprünglich von den Kokkolithophoriden abgeleitet und neuerdings mit
Hilfe der Planktonforaminiferen durch die Untersuchungen von J. IMBRIE
u. Mitarb. bestätigt wurde, sei erwähnt. Die Verteilung der Oberflächen-
temperatur vor 17.000 Jahren, beim Abklingen der letzten Kaltzeit des
Pleistozäns, war viel ungünstiger als heute. Damals verlief die ozeanische
Polarfront etwa zwischen New York und der iberischen Halbinsel, während
sie heute auf der Breite der Südspitze von Grönland liegt (Abb. 6-4a). Der
Golfstrom hat danach damals England nicht erreicht, geschweige denn Norwegen, sondern ist schon vor Spanien nach Süden in einen sicherlich viel
ausgeprägteren Kanarenstrom eingebogen. Die dramatischen Folgen für das
Klima Europas sind dem Geologen wie Botaniker schon seit langem bekannt.
Wie aber hat sich dieser Wechsel der marinen Zirkulation für die Küsten-
gewässer Westafrikas, für das Klima der Sahara, für deren vorgeschichtliche Besiedlung ausgewirkt? Und weiter: Wie lange haben diese Kälteperioden gedauert? Wie oft traten sie auf? Wann haben sie eingesetzt?
Gibt es prinzipielle Unterschiede zwischen der Nordhalbkugel mit einem
Pol im Meer und der Südhalbkugel mit einem Pol auf einem offensichtlich
seit über 20 Millionen Jahren vereisten Kontinent? Schließlich: Wie lange dauerte es in den bisherigen Fällen, daß sich Bedingungen, die den
heutigen gleichen, spürbar verschlechterten? Die ersten Ansätze der obigen Untersuchungen haben ergeben, daß dazu offensichtlich jeweils nur
wenige 1.000 Jahre ausreichen. Sollte dies durch weitere Untersuchungen
gestützt werden, so müssen wir alle in den "gemäßigten" Breiten recht

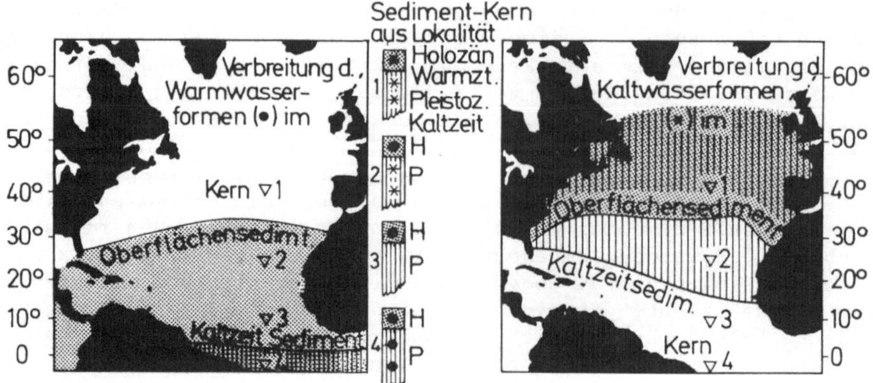

Abb. 6-3. Schema zur Methode der Rekonstruktion des Paläoklimas im Nord-atlantik. Die Verbreitung der Warm- bzw. Kaltwasserformen im Oberflächen-sediment spiegelt die heutigen Temperaturen des Oberflächenwassers wider (Punktraster). In den Sedimentkernen ändern sich diese Verhältnisse in den obersten Dezimetern, d.h. im Holozän, wenig. Darunter, in der letzten Kaltzeit des Pleistozäns, reichen die Warmwasserformen in den Kernen weni-ger weit nach Norden (links), die Kaltwasserformen weiter nach Süden (rechts). Aus zahlreichen, gut verteilten Kernen läßt sich danach die Paläotemperatur-Verteilung des Oberflächenwassers in der letzten Kaltzeit rekonstruieren

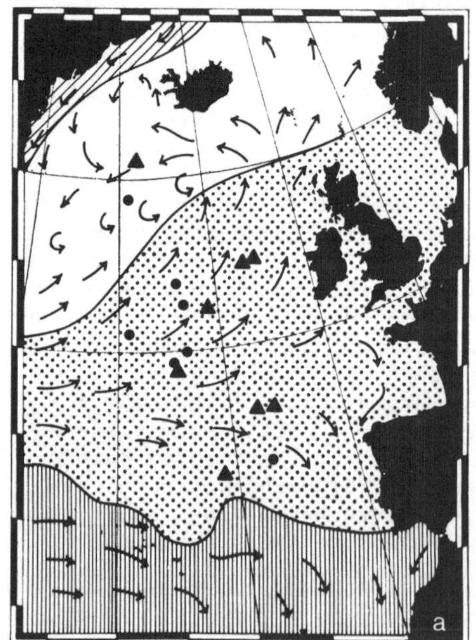

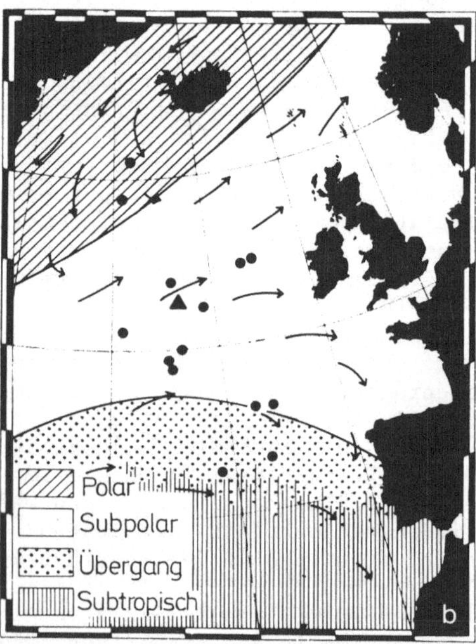

Abb. 6-4. Hydroklima des nordöstlichen Atlantik heute (a) und während einer kühleren Phase in einem Interglazial, vor rund 110.000 Jahren (b). Kühleres Wasser reichte damals mindestens 16° weiter nach Süden als heute. Die Jahrestemperatur des nordostatlantischen Oberflächenwassers war min-destens 5°C niedriger. So könnte auch die Situation aussehen, wenn das Interglazial, in dem wir heute leben, zu Ende geht

nachdenklich werden, wenn wir an die Zukunft denken. Einen Ansatz für
deren Beurteilung bringt die Abb. 6-4.

Die Leistungsfähigkeit der *Mikropaläontologie*, ihre Fortschritte und ihre
Bedeutung auch für allgemeinste Fragen ist nach diesen Beispielen offen-
kundig. Die Disziplin geht - bewundernswert genug schon in aller Breite -
auf C.G. EHRENBERG (1795-1876) zurück, der 1854 eine zweibändige "Mikro-
geologie" erscheinen ließ. Der Untertitel ist bezeichnend: "Das Erden-
und Felsenschaffende Wirken des unsichtbar kleinen selbständigen Lebens
auf der Erde". Und unser Abschnitt gibt dem Vorspruch recht, den EHREN-
BERG vor seine Promotionsarbeit setzte: "Der Welten Kleines auch ist
wunderbar und groß! Und aus dem Kleinen bauen sich die Welten." Es
schmälert die bleibenden Verdienste dieses Pioniers keineswegs, wenn er
noch der Ansicht war, daß die von ihm in Kreidesedimenten gefundenen Kokkolithen anorganische Produkte seien, und daß die Globigerinen auf dem Boden gelebt haben müßten.

6.2 Benthos als Klimaanzeiger

Die klimatologischen Ableitungen aus den Planktonresten auf dem Tiefseeboden erlauben großzügige Rückschlüsse, da jede Probe für einen größeren
Bereich repräsentativ ist und im ganzen weniger Störungen und Lücken zu
erwarten sind als auf dem Schelf. Hier tritt ja das Plankton zurück, das
Benthos in den Vordergrund. Auch hier kennt der Zoologe Arten, oft derselben Gattung, die im Kalt- oder im Warmwasser vorkommen. Zu Faunen gebündelt, können daraus recht genaue Temperaturangaben gemacht werden. Die
Grenze der Methode der Faunenanalyse nach Arten ist - wie auch beim Plankton - natürlich die Unsicherheit, ob diese Organismen auch in der Vorzeit
dieselben Ansprüche stellten. Man versucht, sich dadurch abzusichern, indem man typische Gruppierungen betrachtet, etwa die Korallenriffe (s.S.126ff).
Selbst wenn sich darin die Arten der verschiedensten Organismengruppen
geändert haben, werden sie in der ganzen Erdgeschichte auf tropisches
Flachwasser schließen lassen. Zum andern kann man in einer Fauna die
Artenzahl ("Diversität") und den prozentualen Anteil der wichtigsten
Vertreter ("Abundanz") bestimmen. Die Artenzahl nimmt beispielsweise pol-
wärts ab (Abb. 5-1). Ähnliche Effekte hat aber auch eine Verminderung oder
Erhöhung des normalen marinen Salzgehalts, eine Annäherung an die Küste.
Umgekehrt: Wenn bei Verschlechterung eines Faktors oder mehrerer einzelne
Arten ausfallen, andere überleben, so haben diese weniger Konkurrenz,
nehmen prozentual, aber auch absolut an Individuen zu. Abgeschnürte Lagunen, brackische Nebenmeere, arktische Gewässer lassen ein Benthosleben
arm an Arten, dagegen reich an Individuen erwarten.

Auch beim Benthos fehlt es also nicht an Versuchen, das biogene Material
direkt auf Temperatureffekte zu befragen. Doch hier vermehren sich die
Schwierigkeiten etwa der $O^{16/18}$-Methode, da ja im Flachwasser die Temperaturen stärker schwanken, das Schalenwachstum nicht das ganze Jahr erfolgen muß, die aus den Hartteilen ermittelte Temperatur also kein Jahres-
durchschnitt anzugeben braucht. Salzgehaltsschwankungen stören zusätzlich.
Auch die Beobachtung, daß mit steigender Temperatur in Kalkschalen zunehmend Magnesium-Karbonat eingebaut wird - bei "niedrigen" Organismen,
etwa bei Kalkalgen oder Foraminiferen ist der Effekt deutlicher als bei
höheren, z.B. bei den Seepocken -, wurde bisher noch nicht für derartige
Klimaanalysen herangezogen.

6.3 Geologische Klimaanzeiger

Geologisch-sedimentologische Hinweise auf das Klima sind im allgemeinen
auf dem Meeresboden weniger zuverlässig – ganz im Gegensatz zum Land, wo
Geländeformung, Bodenbildung, Sedimenttransport u.ä. viele klare Aussagen
erlaubt.

Immerhin ist ein vergletscherter Schelf an seiner lebhaften Morphologie
zu erkennen. Das Eis furcht Mulden aus, häuft Moränen auf, schleift Rund-
höcker aus dem Fels heraus, poliert und zerkratzt ihn. Umgekehrt verrät
auch schon die Morphologie Korallenriffe und damit tropische Bedingungen.

Die Sedimentzufuhr ist, wie erwähnt, stark klimaabhängig. Im vergletscher-
ten polaren Bereich können alle Korngrößen bis hinauf zu den Blöcken angeliefert werden, im dort unvergletscherten herrscht Silt vor. Dies geht
auf die zurücktretende chemische, die vorherrschende mechanische Verwitterung zurück. In den feuchten Tropen dagegen greift die chemische
Verwitterung so heftig und tiefgründig an, daß vor allem Ton angeliefert
wird und dabei besonders das Tonmineral Kaolinit. Vor warmariden Küsten
kann der an sich überall vorhandene Sand das Übergewicht gewinnen. Er
stammt aus Windzufuhr, aus zerriebenen biogenen Hartteilen und wird dort
durch Flußfracht nicht verdünnt.

Bevor etwas näher auf die beiden Temperaturextreme, die arktischen und
die tropischen Gewässer und die beiden Beispiele für die Beziehungen Kli-
ma/Salzgehalt/Meeresboden eingegangen wird, muß auch hier an die Erdgeschichte erinnert werden: Bei all diesen Ableitungen, mögen sie von
organischen oder anorganischen Sedimentbestandteilen stammen, muß stets
im Auge behalten werden, daß gegenwärtig überall auf dem Schelf noch un-
bereinigte Erinnerungen an die letzte Kaltzeit anzutreffen sind. Wie
schon erwähnt, vor allem Erinnerungen an tiefere Meeresspiegelstände,
also flacheres Wasser oder gar Landoberflächen. Wüstendünen, Torfe wurden
überflutet, können aufgearbeitet und dem heutigen Sediment zugemischt
werden – und führen auf falsche Fährten. Spezielle Schwierigkeiten für
dieses Kapitel bringt aber die Tatsache, daß in den Kaltzeiten die Klimazonen andere Grenzen hatten als heute, d.h. wohl im wesentlichen äquator-
wärts verschoben waren. Gletschereis erreichte den Schelf vor New York,
bedeckte die Nordsee. Höhere Niederschläge als heute, also mehr Zufuhr
an terrigenem Material ist für den Schelf am Nordrand der Sahara zu ver-
muten, größere Trockenheit, also die umgekehrte Auswirkung, für deren
Südrand. All diese Veränderungen wirkten sich auch auf die Benthosorganis-
men aus. Wieder muß beim Studium der heutigen Sedimente versucht werden,
solche eventuell beigemischten subfossilen Klimazeugen zunächst auszuscheiden.

6.4 Klimahinweise vom offenen Schelf

6.4.1 Polare Gewässer

Dies ist oft ein schwer zu lösendes Problem, was ein Blick in polare Gewässer zeigen mag.

Hier müssen zwei Fälle auseinandergehalten werden: Schelfteile, die heute von Gletschern oder vom Rand des Inlandeises erreicht werden und gletschereis-freie. Die Antarktis ist das großartigste Beispiel für den ersten Fall. Um die Arktis trifft dies heute für nur wenige Teile des Schelfs zwischen dem nordöstlichen Teil der arktischen Inselwelt Kanadas und Novaya Zemlya zu. Der arktische Anteil Sibiriens, Alaskas und der Großteil Kanadas gehören zum zweiten Beispiel. Natürlich ist beiden Fällen die Kälte gemein. Niederschläge fallen weitgehend als Schnee, verfestigen an Land zu Gletschereis, wenn Relief und Niederschlagshöhe günstig sind. Die Flüsse sind den größten Teil des Jahres zugefroren, das Meer gleichfalls. Durch die sinkt Oberflächenwasser im Meer ab, löst am Boden Kalk auf, so daß die Sedimente um die Antarktis weniger als 1% Kalk enthalten, in der Barents-See 1-2%.

Flächen-vergletscherte Schelfe werden durch die Eis-Auflast abgesenkt, der Schelfknick liegt tiefer als das weltweite Mittel um 100-200 m. Die Erosion durch das Eis herrscht vor. Nackter Fels, poliert und gekritzt, ist zu erwarten, in Vertiefungen auch Geschiebemergel, wie er aus den Grundmoränen an Land wohlbekannt ist. Im und am Grund des Gletschereises wird unverwittertes, eckiges, unsortiertes Material transportiert. Eisberge, die sich am Außenrand ablösen, entlassen diese Gesteinsbruchstücke beim Abschmelzen. Absinkende Blöcke können die marinen Sedimente verformen, wenn sie auf den Boden kommen. Die Blöcke ragen aber oft lange aus ihm heraus und bieten dadurch bis in große Wassertiefen dem tierischen Epibenthos dort ungewöhnliche Anheftungsflächen. Wenn die marinen Sedimente auch im fossilen Fall gut datiert werden können, sind diese gekritzten Blöcke mit der verformten Unterlage hervorragende Kriterien für ältere Vereisungsperioden in der Erdgeschichte.

In den Kaltzeiten des Pleistozäns wurden, wie auf S. 31 gezeigt, viel weitere Flächen des Ozeanbodens mit diesen Eisberg-Sedimenten beschickt. Dazu kommt, daß riesige heutige Schelfflächen durch den abgesenkten Meeresspiegel aufgetaucht waren, das Gletschereis also dort auch Endmoränen mit ihren typischen lobenartigen Rücken ablagern konnten, etwa auf dem ostamerikanischen Schelf nördlich New York, am Grunde der heutigen Nordsee und Ostsee. Sie sind also dort Reliktformen und -sedimente, die gegenwärtig durch die Wasserbewegung überarbeitet werden.

Gletscherfreie Schelfe sind bislang erst unvollkommen untersucht, vor Sibirien, vor dem nördlichen Alaska. Sie werden aber durch die Ölexploration auch für die Praxis hochaktuell. Die dort einmündenden Flüsse sind nur wenige Sommermonate lang offen. Das Flußeis reduziert die Sedimentzufuhr. Bricht es auf und kommt das Hochwasser, so ergießt sich dieses zum Teil über die Meereisdecke, vor den Mündungen in Alaska bis 10 km weit. Durch Eisspalten dringt es nach unten und kann einige Meter tiefe, bis 10-20 m weite Strudellöcher am Boden auskolken. Auf dem Eis bleibt ein Teil der suspendierten Fracht liegen, färbt es dunkler und hilft mit der höheren Flußwassertemperatur, das Auftauen zu beschleunigen. Das Flußdelta wird dadurch "zusammengehalten", entwickelt dabei in geringer Wassertiefe (um 2 m) eine Stufe, die sich meerwärts vorbaut.

Das Meereis, 1-4 m dick, hat wiederum im wesentlichen negative Folgen für die Sedimentation. Es dämpft die Wellenwirkung, behindert den Küsten-Längstransport von Sanden, was vielleicht die Seltenheit von Lagunen in der Arktis erklärt. Es schirmt heute die gesamte Arktis von pelagischer Sedimentzufuhr ab. Deshalb die außerordentlich niedrigen dortigen Sedimentationsraten. Das Eis kann sich indessen durch die Meeresströmungen aufstapeln, was jeder vor Augen hat, der die nüchternen und gerade deshalb so erregenden Schilderungen NANSENS kennt. Dadurch kann der Untergrund aufgeschürft werden. Über 100 m lange Furchen mit Randwällen überziehen den Schelfboden vor Nordalaska mehr oder weniger strömungsparallel bis in Tiefen um 100 m. Sie können über 1 m tief werden und illustrieren die Schwierigkeiten für das eventuelle Verlegen von Pipelines. Drifteisspuren der letzten Kaltzeit sind durch Flächenechografen-Aufnahmen vom schottischen bis zum norwegischen Schelf-Außenrand bekannt geworden. Eine offene Frage ist noch, ob dieses Meereis am Boden Sediment "anfrieren" und danach verdriften kann. Direkte Beobachtungen liegen bislang noch nicht vor, so daß eventuelle viele in der Literatur vorliegende Ableitungen aus dem Sediment berichtigt werden müssen, und das Material nicht vom Meereis, sondern von Eisbergen stammt.

Daß ein solches Milieu härteste Anforderungen an das Bodenleben stellt, leuchtet ein. Küstennah ändert sich schon der Salzgehalt dramatisch. Eine Lagune Alaskas, südöstlich Point Barrow, 8 km weit, um 4 m tief, ist 9 Monate im Jahr zugefroren. Durch die Eisbildung wird das darunter liegende Wasser bis auf einen Salzgehalt von über 65$^\mathrm{o}$/oo konzentriert. Schmilzt das Eis und die Schneedecke im Frühsommer, so wird es auf 2$^\mathrm{o}$/oo verdünnt. Schmilzt im Hochsommer das Meereis, so dringt normales Meerwasser in die Lagune ein, der Salzgehalt steigt auf 30$^\mathrm{o}$/oo. Im Oktober friert die Lagune wieder zu. Das Spiel beginnt von neuem. Tiefere Meeresböden zeigen aber durchaus einen hohen Grad von Bioturbation - vielleicht aber auch eine Folge der langsamen Sedimentation. Artenarmut ist kennzeichnend. In ostgrönländischen Fjorden besteht die Makrofauna bis in Wassertiefen um 500 m aus nur 3 Muschelarten.

Die Flußzufuhr scheint vor allem aus Silt zu bestehen. Dies ist ein sehr interessantes sedimentologisches Problem, wohl die Folge der mechanischen Frostverwitterung, auf die teilweise auch die vorherrschende Korngröße der Löße zurückgeführt wird.

6.4.2 Tropische Gewässer

Doch zum anderen Temperatur-Extrem, zu den Tropen. Das tropische Meer ist das Kerngebiet der Korallenriffe, wenn sie auch nach Abb. 6-5 in die Subtropen übergreifen, vor allem auf der Westseite der Ozeane. Dies ist darauf zurückzuführen, daß sich dort vom Äquator her warme Meeresströmungen nach Norden ausbreiten. Und hohe Wassertemperaturen (s. 127) sind eine der Voraussetzungen für das Gedeihen dieser Riffe. Umgekehrt wird an den Ostseiten der Ozeane durch kältere Strömungen der Riffgürtel eingeengt. Die Riffe der westatlantischen Insel Bermuda reichen, im Golfstrombereich,

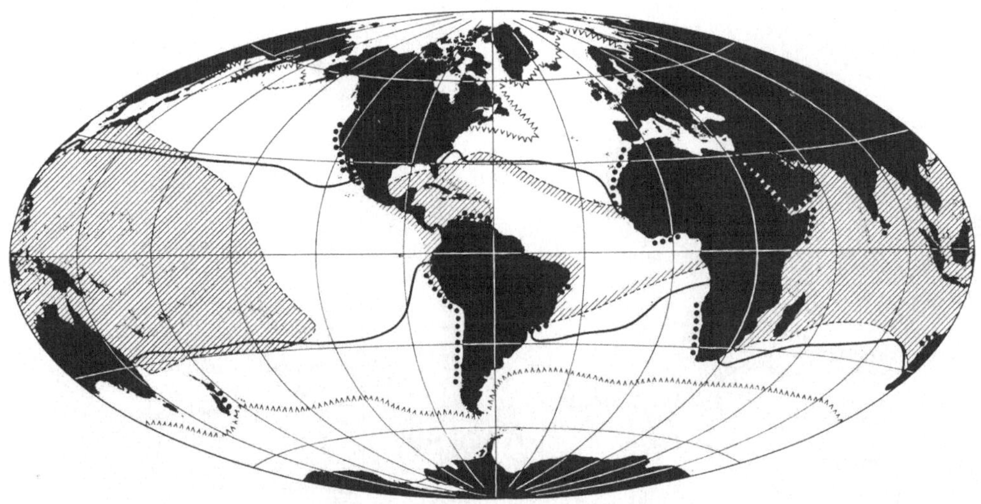

Abb. 6-5. Verbreitung der Korallenriffe (schraffiert). Sie reicht etwa
bis zur 20°-C-Isotherme für das Oberflächenwasser im kältesten Monat
(dick ausgezogen). Küstennahe Auftriebsgebiete (dicke Punkte) auf der
Ostseite der Ozeane engen die Vorkommen ein. Gezackt die heutige Grenze
für das gelegentliche Auftreten von Eisbergen

bis rund 30°N. Am Ostrand, im Bereich des Kanarenstroms und kalter Auf-
triebswässer, setzen sie erst südlich Dakar zögernd ein. Insgesamt aber
gibt der Äqautor einigermaßen die Mittellinie der Verbreitung an. Darauf
wird bei der paläogeographischen Auswertung der Riffe noch eingegangen
werden.

Die *Korallenriffe* sind das spektakulärste Beispiel für die Sedimentbil-
dung durch Organismen. Sie können jährlich bis 10 kg Kalk/m^2 produzieren,
da sie flächenhaft, aber natürlich mit Hohlräumen, bis 1 cm/Jahr hochwachsen können. Dies bei einer durchschnittlichen Porosität von 50%. Riffbauten wie die Atolle im Pazifik ragen aus der Tiefsee als riesige Berge
kilometerhoch auf und haben Kalkmengen bis zu mehreren Tausend km^3 geliefert. Der Bodensee faßt dagegen nur 48 km^3!

Wer beteiligt sich an deren Bau? Zunächst ist zwischen Gerüst und Füllung
zu unterscheiden, wie bei einem Fachwerkhaus. Am *Gerüst* sind die Korallen
selbst und, der Masse nach noch wichtiger, die Kalkalgen beteiligt. Die
massigen, an geschützteren Stellen auch verzweigten Korallen können als
Einzelstöcke bis 2,5 cm/Jahr hochwachsen. Im flachsten Wasser treten
Krustenalgen auf, die abgestorbene Riffteile überziehen und so fest zu-
sammenbinden, daß sie stärkster Brandung standhalten können. Auch diese
Kalkalgen können flächenhaft denselben jährlichen Aufwuchs erreichen.
Wieder treten baumförmige bis handhohe Algen mit Kalkteilen im geschützten
Bereich dazu. Die *Füllung* des Gerüsts besteht aus Riffschutt und den Hartteilen der abgestorbenen sonstigen Bewohner. Dies alles kann bis zu 9/10
der Riffmasse ausmachen. Und diese Bewohner sind unzählbar, denn ein Riff
bietet die mannigfachsten Lebensmöglichkeiten (Abb. 6-6). Fester Haftgrund
begünstigt Epibionten wie Bryozoen oder sessile Foraminiferen. Schutzhöhlen

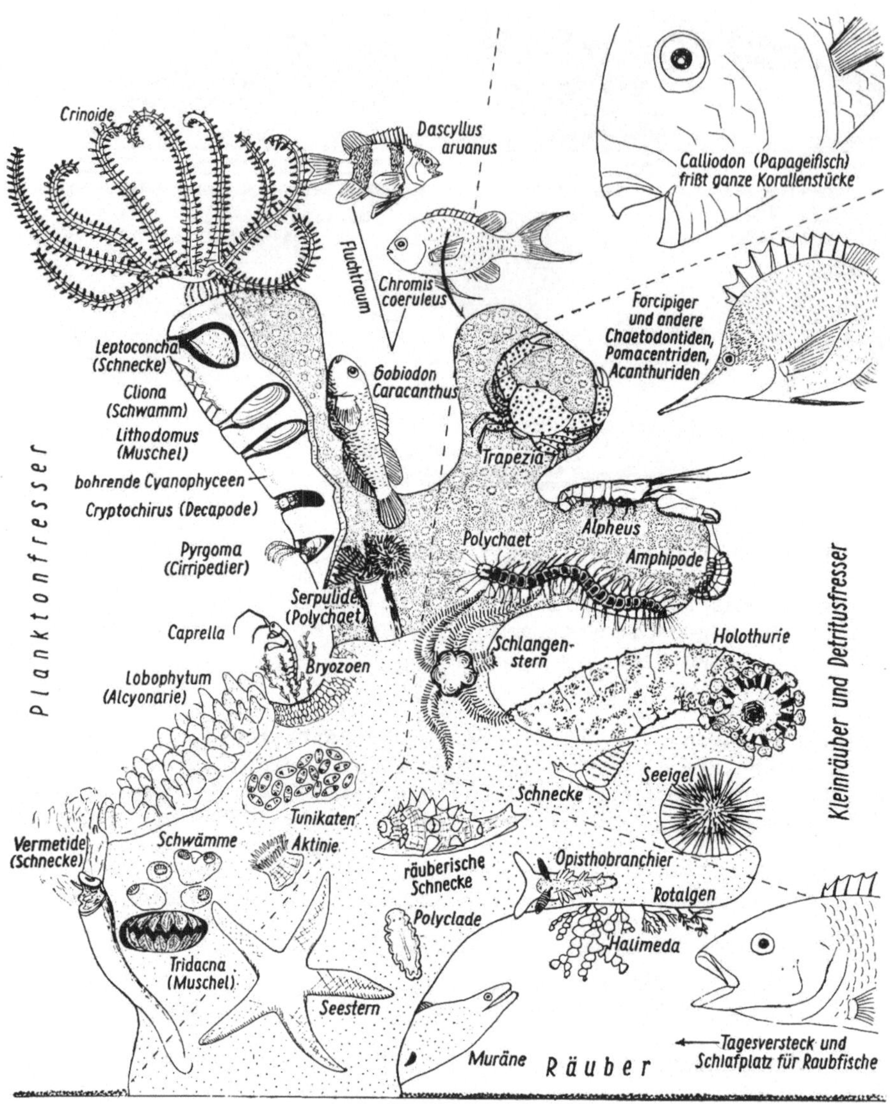

Abb. 6-6. Korallenstock mit vergesellschafteter Makrofauna. Beteiligung
der verschiedenartigsten Freßtypen. Die abgestorbene Basis des Stocks
stellt einen Felsboden dar, der sogar mit sessilen Formen besiedelt wird
(links)

bieten Fischen und Crustaceen Unterschlupf. Die Farbenpracht der Schnecken
und Muscheln ist kaum zu übertreffen. Es gibt kein Flachwasserbiotop mit
einer größeren Artenzahl, mit größerer Diversität. Im Indopazifik sind es
über 3.000. Alle diese kalkigen Reste werden aber in mannigfacher Weise
zerkleinert. Bohrer von spezifischen Algen und Schwämmen bis zu Seeigeln
suchen darin Schutz. Vieles wird von Fischen und Crustaceen zerknackt.
Manche Kristallite von Schalen werden durch organisches Material zusammen-

gehalten. Zersetzt es sich, so zerfallen diese zu oft feinstem Schlamm. Schließlich zerreiben Wellen und Gezeitenströme den relativ weichen Kalk. Der Schutt füllt die Höhlen der Riffbauten und die Lagunen dahinter sammelt sich am Strand (Abb. 6-7), rieselt aber auch in größere Tiefen hinab. Trotzdem setzt sofort auch Verfestigung des Schutts ein und Füllung von Hohlräumen durch Zementation. Auf den Bermudas und Jamaica beginnt diese schon 1 m unter der Riff-Oberfläche.

Abb. 6-7. Korallenriff auf den Philippinen sw Manila. Die Küste der Insel Guimaras im Vordergrund zeigt nach rechts in Richtung auf den offenen Pazifik, weshalb vor ihr die Riffkorallen (dunkle Stellen) besonders gut gedeihen. Durch die größere Exposition bereiten die Wellen Riffschutt stärker auf als im Lee der Insel. Dort fehlt deshalb das weiße Band der kalkigen biogenen Strandsande. Ein Fluß der größeren Insel im Hintergrund führt viel suspendierten Ton ins Meer und baut ein Delta vor. Dort fehlen die Riffkorallen

Altbekannt sind die verschiedenen Formen der Riffe, besonders die Reihe Saumriff - Wallriff - Atoll. Das erste lehnt sich direkt ans Land an. Das zweite ist von ihm durch eine flache Lagune getrennt, wie beim fast 2.000 km langen Great Barrier Reef, das 30-250 km vor Ostaustralien liegt. Das Atoll aber ist ein völlig isolierter Riffkörper. Ein geschlossener oder unterbrochener schmaler Ring von Schutt kann als Insel aus dem Wasser herausragen. Er zieht sich um eine Lagune mit Durchmessern bis etwa 40 km.

Da die so wichtigen Algen, offensichtlich aber auch die riffbildenden Korallen, Licht brauchen, können die Korallenriffe nur im *flachsten Wasser* weiterwachsen. Ein Atoll kann sich also nicht aus der Tiefsee hochgebaut haben. Diese untermeerischen Kalkberge müssen daher dadurch entstanden sein, daß der Untergrund langsam abgesunken ist, im gleichen Maß aber das Riff sich hochgebaut hat. Bekanntlich hat schon DARWIN diese - lang-umstrittene - Erklärung gefunden. Sie wurde durch Bohrungen in den letzten 30 Jahren in mehreren Atollen bestätigt. Trotzdem gibt es noch manche ungelösten Probleme.

Nehmen wir zunächst an, diese Absenkung wäre kontinuierlich erfolgt. In der Bohrung auf dem Eniwetok-Atoll (Marshall Inseln des tropischen Pazifik) wurde die Basis, ein Basalt eozänen Alters, in rund 1.400 m Tiefe angefahren. Dies würde eine jährliche Absenkung von rund 0,03 mm bedeuten, was also durch den Hochbau des Riffs leicht aufgefangen werden kann. Das Studium der Bohrkerne hat indessen ergeben, daß dieses Riff gelegentlich aus dem Meer herausgeragt hat: Landschnecken, Pollen und Sporen von Land-pflanzen weisen darauf hin. Süßwassereinfluß wird auch durch Zementminerale wie Kalzit und chemische Überlegungen (Mg-Gehalt) wahrscheinlich gemacht. Schließlich fallen nach der Gliederung der Bohrkerne durch Foraminiferen ganze Zeitabschnitte im Tertiär aus, dies oft am Kontakt mit stark ver-härteten Kalksteinen. Da Ähnliches in den 350 km entfernten Bohrungen auf dem Bikini-Atoll festgestellt wurde und diese "Diskordanzen" in beiden Bereichen um 200 und um 300 m tief liegen, auf Eniwetok auch tiefer, kommt man wohl nicht um erhebliche Meeresspiegelschwankungen herum, auch im Tertiär.

Wie aber kamen die Korallenriffe mit den letzten Schwankungen, mit dem holozänen Anstieg etwa, zurecht? Nimmt man die Werte der Abb. 4-13, so kommt man bis vor rund 6.000 Jahren zu einem Mittel von etwa 1 cm/Jahr. In den Tropen würde dies ungefähr der möglichen Leistung der Riffe ent-sprechen. Wie aber wirkten sich die kurzfristigen Steigerungen des An-stiegs auf das 2-, ja 4-fache aus, wenn man diesen als diskontinuierlich ansieht? Sicher konnten dann allenfalls die Riffe der Kerntropen Schritt halten. Die Folge: Riffe an den polwärtigen Rändern der Tropen mußten absterben, wenn sie nicht ans Land angelehnt waren, also landwärts wan-dern konnten. Dies muß in Flachmeeren schwierig gewesen sein. Selbst bei einem angenommenen hohen Gefäll des dortigen Meeresbodens bis 1°/oo würde die Küste ja bei 4 cm Anstieg/Jahr jährlich 40 m zurückweichen.

Dies mag eine der Ursachen für die kümmerliche Entwicklung der Riff-korallen etwa am Südrand des Persischen Golfs sein. Nur in wenigen Flecken treten sie auf. Sie enthalten nur noch die widerstandsfähigsten Korallen, die mindestens bis 40°C Wassertemperaturen und Salzgehalte bis 45°/oo aus-halten - im Gegensatz zu Westindien, wo nur kurzfristig 36° und 40°/oo toleriert werden. Im Indopazifik leben 80 Riffkorallen-Gattungen, im Per-

sischen Golf aus diesen Gründen nur 15. Die erwähnten verkalkten Grünalgen *Halimeda* oder *Penicillus* fehlen. Krustenalgen aber kommen auch hier
vor.

Schließlich zur Eingangsbemerkung zurück, zur symmetrischen Verteilung
um den Äquator! Schon 1949 hat dies M. SCHWARZBACH dafür benützt, Äquator-
lagen bis ins Paläozoikum zurück zu rekonstruieren. Er schloß damals auf
eine Drift der Kontinente nach Norden. T.Y.H. MA untersuchte seit 1934
den jährlichen Zuwachs von Korallenstöcken mit demselben Ziel. Er ist
an verschiedenen Arten auch am inneren Aufbau abzulesen. Heute nimmt
der Zuwachs mit der Wassertemperatur, also polwärts ab, wird außerhalb
der Tropen auch ungleichmäßiger. Alle diese Ansätze müßten vertieft werden, um möglichst viele unabhängige Kriterien zur Rekonstruktion des Paläoklimas zu bekommen. Der Schritt danach wäre, damit die Lage der Kontinente in Bezug auf Äquator und Pole und in Bezug zueinander selbst zu
bestimmen.

6.5 Klimahinweise aus Nebenmeeren

Klimabedingte Unterschiede des *Salzgehaltes* sind nach Abb. 6-1 im offenen
Ozean vorhanden, jedoch so geringe, daß sie über anorganische oder organische Vermittler kaum auf den Meeresboden projiziert werden können. Sie
werden indessen in den Nebenmeeren verschärft, was am Beispiel arider
und humider Klimazonen gezeigt werden soll. Die ariden, im wesentlichen
in den Subtropen liegenden Bereiche trennen nach Abb. 6-8 die polwärtigen
humiden von den äquatorialen humiden. Die ariden Beispiele, etwa euro-
päisches Mittelmeer, Persischer Golf, Rotes Meer haben eine gemeinsame
typische *Wasserzirkulation*. Da der Verlust an Oberflächenwasser durch
Verdunstung nicht durch Niederschläge und Zuflüsse wettgemacht wird,
fließt aus dem angrenzenden Ozean oben Wasser ein (Abb. 6-9). Durch die
Erhöhung des Salzgehalts im Nebenmeer erhöht sich auch die Dichte des
Oberflächenwassers. Es sinkt daher ab und fließt, am Boden entlang, dem

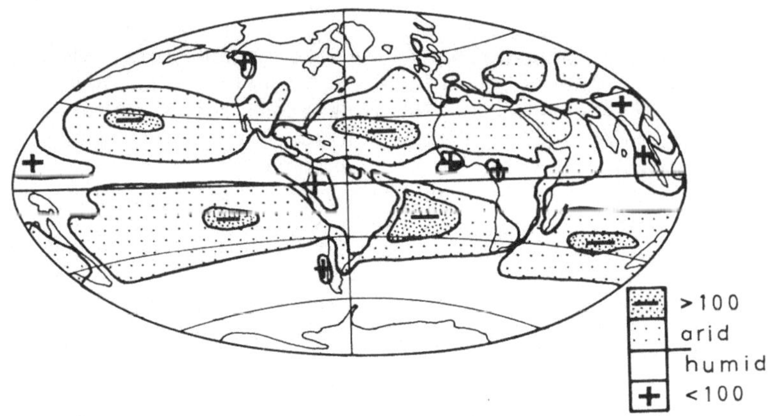

Abb. 6-8. Verteilung von Verdunstungs- minus Niederschlagshöhe (in cm/
Jahr) an der Erdoberfläche im Jahresmittel

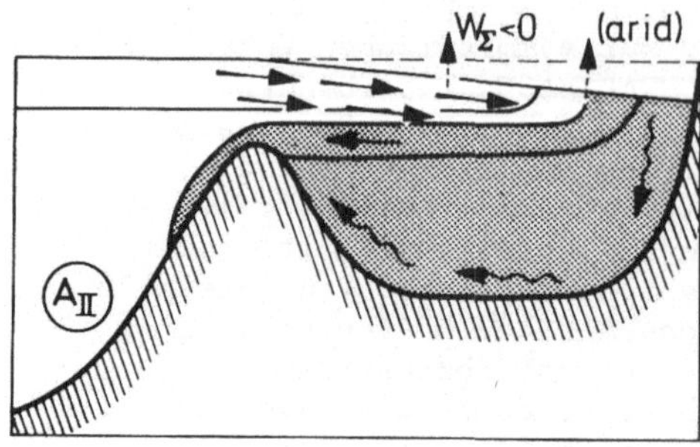

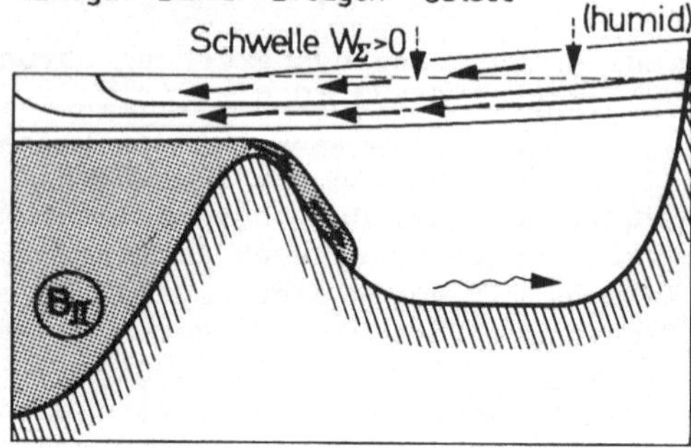

Abb. 6-9. Schema der Wasserzirkulation für das aride und humide Modell eines Nebenmeers

Ozean zu. Die humiden Beispiele, etwa Schwarzes Meer, Ostsee, Fjorde haben die entgegengesetzte Zirkulation, also Bodenwasser-Einstrom, Oberflächen-wasser-Ausstrom. Da nun aber die Nebenmeere weithin von Land umgeben sind, können Komplikationen durch den Einfluß des kontinentalen Klimas mit seinen verschärften Jahreszeitenunterschieden auftreten. Dies soll aber im folgenden außer Betracht bleiben.

6.5.1 Humides Modell

Vergleichen wir die Ostsee mit dem Persischen Golf in Abb. 6-10, so spiegelt sich die Zirkulation schon in den Linien gleichen *Salzgehalts* wider. Sie fallen in der Ostsee nach innen, im Persischen Golf nach außen ein. Der Salzgehalt weicht auch in bezeichnender Weise vom Weltmeer mit seinen 35°/oo ab. Hier herrscht Brackwasser vor (= unter 18°/oo), das natürlich an der Oberfläche mit seinem Überschuß an Zufuhr aus Regen und Flüssen die geringsten Salzgehalte aufweist. Dort gibt es Salzgehalte bis über 40°/oo. Größere Salzgehaltsunterschiede gegenüber dem Normalfall haben eine erste, drastische Konsequenz für die Organismen. Ihre Arten-zahl, die Diversität, nimmt generell ab. Im brackischen Beispiel fallen die vollmarinen Vertreter beckenwärts allmählich aus. Umgekehrt nimmt der prozentuale Anteil einzelner Arten an der Gesamtfauna und -flora, die Dominanz, zu. Die Regel, daß Artenarmut bei Individuenreichtum ein-geschränkte Lebensräume kennzeichnet, wird schon lange bei der Deutung ehemaliger Meere aus Fossilgemeinschaften verwandt. Der extreme Gegen-satz hierzu wäre, wie erwähnt, das Korallenriff mit seiner Fülle an Ar-ten. Wenige Zahlen aus der Ostsee mögen diese Zusammenhänge zeigen:

Tabelle 6-1. (Nach A. REMANE, 1958)

Marine Arten von	Nordsee	Belte	Kieler Bucht	Mittlere Ostsee
Muscheln	189	42	32	5
Schnecken	351	68	49	9
Cephalopoda	32	5	4	–

Mit dem Salzgehalt nimmt auch die Größe vieler Organismen ab, bei den
Muscheln von der Nordsee bis in die mittlere Ostsee oft auf 1/3 der
Länge. Die Schalen werden im allgemeinen dünner, die Morphologie verändert
sich, also manche Kriterien, die sich auch für die Charakterisierung
fossiler Meere verwenden lassen. Aber auch im Persischen Golf scheinen
viele Mollusken kleiner zu sein als im Indischen Ozean.

Eine weitere Konsequenz ist die, daß Lagunen an den Rändern der Ostsee
leicht aussüssen, je nach Niederschlag, Zufluß, Grad der Abgeschlossen-
heit. Es gedeihen daher in solchen Haffen und Buchten Schilf und andere
Pflanzen, deren Reste zu Torf werden, fossil also zu Kohleflözchen und
-flözen führen können. Die nordwestdeutschen Wealden-Schichten an der
Wende Jura/Kreide bringen hierfür Beispiele.

Schließlich ist in der Ostsee die *Wasserschichtung* stabiler als im Persischen Golf. Süßwasser hat ja eine geringere Dichte (1,0) als normales
Meerwasser (z.B. bei 10°, 1,027, bei 0° 1,028). Schon deshalb deuten die
im tiefsten Becken horizontalen Isohalinen in Abb. 6-10 auf Schichtung
hin. Zudem ist das Bodenwasser in diesem, in der Gotlandmulde, im Sommer
wesentlich kälter (5-6°) als das Oberflächenwasser (um 15°). Die im Sommer durch Erwärmung des Oberflächenwassers verstärkte Schichtung behindert den vertikalen Austausch zusätzlich. Dieser ist aber wichtig für
die Sauerstoffversorgung des tieferen Wassers. Er wird ja im Meer durch
Organismen verbraucht, ferner durch die Oxydation anorganischer wie organischer Stoffe. Ist das Oberflächenwasser somit nach Abb. 6-10c sauer-
stoffgesättigt, ja durch die Photosynthese des pflanzlichen Planktons sogar teilweise übersättigt, so erreicht die Sättigung im bodennahen Wasser
der Gotlandmulde noch keine 5%, d.h. einen Gehalt zwischen 0 und 2 ml
O_2/l. In manchen Jahren wird es sogar sauerstoffrei und enthält Schwefelwasserstoff, H_2S. Die Sauerstoff-Verarmung wirkt sich in verschiedenster
Weise auf den Meeresboden aus: Die Bodenfauna verändert sich wesentlich,
eventuell beim Absinken unter 1 bzw. 0,1 ml O_2/l stufenweise. Zunächst
fallen beim Unterschreiten von 1 ml O_2/l die Kalkschaler aus, also eine
zusätzliche Herabsetzung der Diversität, so daß nur wenige Arten (Würmer,
wie Vertreter der Anneliden und Nematoden, Crustaceen) übrig bleiben. Sie
wühlen im wesentlichen im Sediment und fressen es, lassen aber kaum Reste
von Hartteilen erwarten, die fossil werden können. Schließlich wird unter-
halb von 0,1 ml O_2/l das Milieu azoisch, d.h. so sauerstoffarm oder sogar
-frei, daß im wesentlichen nur noch die sogenannten anaeroben Bakterien
darin leben können. Eine interessante Hypothese glaubt damit ein Modell
für die Entwicklung des Lebens an der Wende zum Kambrium geben zu können:
Während im Präkambrium Fossilien mit Hartteilen außer den genannten Stroma-
lolithen praktisch fehlen und nur Lebensspuren überliefert sind, tauchen

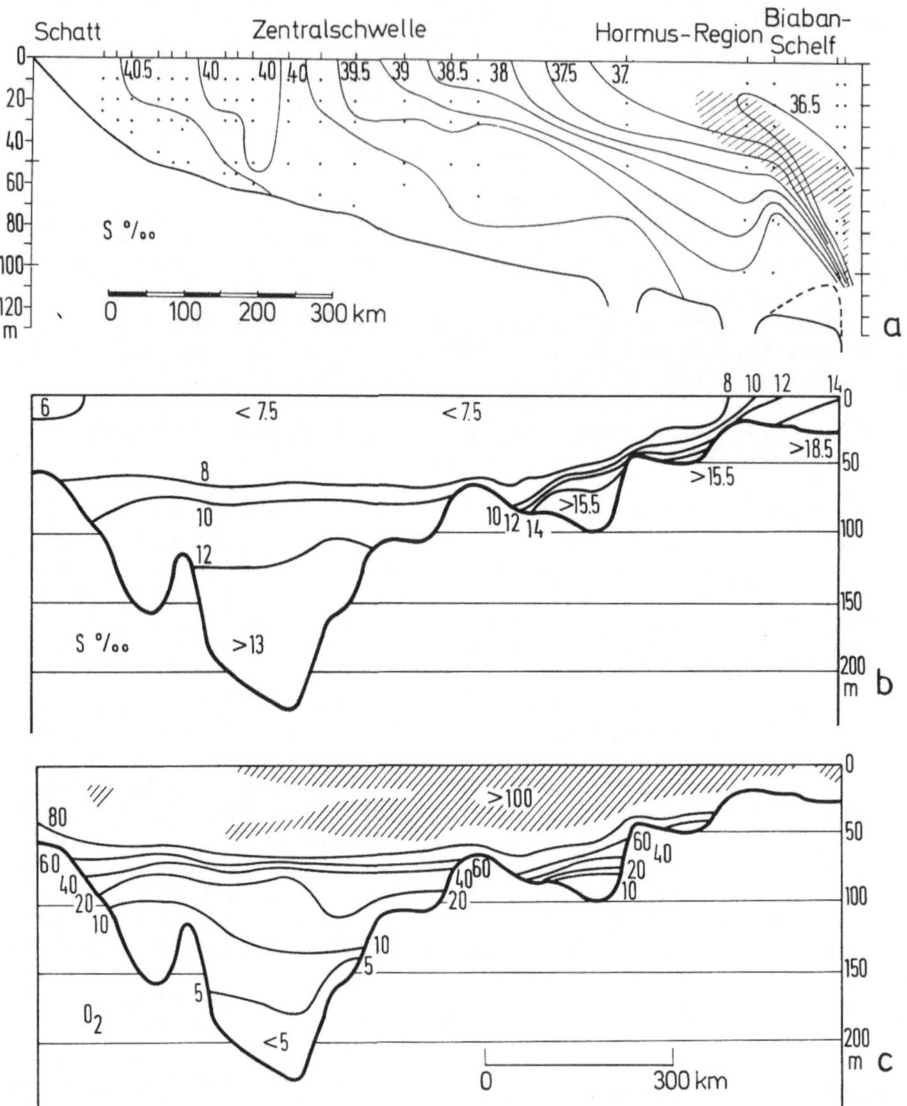

Abb. 6-10 a - c. Linien gleichen Salzgehalts im Wasser des Persischen
Golfs (a) und der Ostsee (b). Jeweils rechts die Verbindung zum offenen
Meer. Verarmung des Sauerstoffgehalts (in % der Sauerstoff-Sättigung) am
Boden der Ostseemulden (c) infolge deutlicher Wasserschichtung. Lage
des Ostseeprofils s. Abb. 2-7

mit dem Kambrium erste Benthosgemeinschaften mit Mollusken, Brachiopoden
und Schwamm-Verwandten (Archaeocyathiden) auf. Dies soll eine Zunahme des
Sauerstoffgehaltes im Meerwasser vom Präkambrium zum Kambrium zeigen.

Doch zum Meeresboden der Ostsee zurück! In den Sedimentkernen der Gotlandmulde fallen immer wieder Abschnitte mit hervorragend erhaltener *Feinschichtung* auf. Sie ist im mm-Bereich zu messen. Zunächst weist dies darauf
hin, daß in diesen Perioden der dortige Meeresboden azoisch war, keine
Sedimentwühler leben ließ, die diese Schichtung hätten zerstören können.
Dies läßt den sehr wichtigen Schluß zu, daß auch in Perioden, in denen
der Mensch durch Rodung der Wälder und dadurch vermehrte Bodenerosion,
durch Düngemittel, durch Zivilisations- und Industrieabfälle noch nicht
zu erhöhter Nährstoffzufuhr und damit letztlich zum erhöhten Sauerstoff-
verbrauch beigetragen hat, die Gotlandmulde teilweise sauerstoffreies
Bodenwasser hatte, d.h. "stagnierte". Wenn also die Meßwerte der letzten
50 Jahre dort in durchaus alarmierender Weise eine zunehmende Sauerstoff-
Verarmung erbrachten, so muß erst geprüft werden, was einer natürlichen
Entwicklung, die sich also auch wieder zum Besseren wenden könnte, und
was dem Einfluß des Menschen zuzuschreiben ist.

Ist diese Feinschichtung besonders gut ausgeprägt, so entdeckt man darin
Lamellen mit hohem Anteil eines *Mangankarbonats*, an dem sich auch Ca, Mg
und Fe beteiligen. Bis 13% Mn können in solchen Sedimenten enthalten
sein. Sie wären also ein reiches Manganerz, wenn sie nicht so dünn wären.
Die Ausfällung wird darauf zurückgeführt, daß a) im bodennahen Wasser die
CO_2-Konzentration ohnehin hoch ist, da ja der Sauerstoff weitgehend zur
Oxydation organischer Substanz, also zur Produktion von CO_2 verbraucht
wird. Die pH-Werte liegen daher darin unter 7,0, im Gegensatz zum Weltmeer mit Werten um 8,1 - 8,2. Solches Wasser kann daher bis zur Sättigung
Kalk aus dem Boden herauslösen, was auch zahlreiche angelöste Schalen-
reste und Kalkgerölle vom Ostseeboden zeigen. Ein Teil dieser Anlösung
geht freilich auch auf das Porenwasser zurück. b) Sauerstoffreies bodennahes (und Poren-) Wasser löst sehr wirksam Manganverbindungen auf, erhöht dadurch die Mn^{2+}-Konzentration. Wenn damit im stagnierenden bodennahen Wasser a) und b) zusammenkommen, kann das erwähnte Mangankarbonat
ausfallen.

Eisen verhält sich prinzipiell ähnlich. Da jedoch die Eisensulfide sehr
viel schwerer löslich sind als Mangansulfide und durch bakterielle Aktivität H_2S zur Verfügung steht, wird es im wesentlichen sulfidisch gefällt.
Pyritkriställchen sind daher in derartigen Sedimenten weit verbreitet.
Organische Substanz, die auf den Boden kommt, wird bei Sauerstoffmangel
natürlich langsamer zersetzt.

Unser humides Beispiel hat also bisher hinsichtlich der ausgeprägteren
Wasserschichtung erbracht, daß im bodennahen Wasser periodisch oder
wie im Schwarzen Meer dauernd - Sauerstoffmangel das Bodenleben verarmen
und schließlich - außer den Bakterien - absterben läßt. Dadurch bleibt
Feinschichtung erhalten. Organische Substanz wird langsamer zersetzt.
Eisen und auch andere Schwermetalle, vor allem aber Mangan werden mobilisiert und - in verschiedener, nicht nur in der oben angedeuteten Weise -
konzentriert. Kalk kann bis zu einem gewissen Grad aufgelöst werden.

6.5.2 Arides Modell

Und im Gegenbeispiel? Auch im Persischen Golf kann es durch sommerliche
Erwärmung auf weit über 30°C, aber auch durch Stürme, zu einer zeitweili-

gen Wasserschichtung kommen. Dennoch wird das Bodenwasser ständig vom Nordwestende des Golfs her durch das dort absinkende Oberflächenwasser erneuert. Die Sauerstoffsättigung nimmt zwar golfauswärts ab, aber nur auf rund 80%. Die pH-Werte liegen auch in Bodennähe um 8,0 - 8,2. Die Konsequenzen für die Sedimente: 1. Die hohen Temperaturen im Persischen Golf fördern kalkige Organismen. Das bodennahe Wasser löst deren Reste nicht auf. Daher liegt der *Kalkgehalt* meist über 50%, in der Ostsee um 0-5%! 2. In allen Tiefen ist Besiedlung möglich, da überall und immer Sauerstoff zur Verfügung steht. Daher wird die Feinschichtung durch Boden- wühler, durch *Bioturbation* zerstört. 3. Eine Mobilisierung von Metallen ist zwar nach dem Vorkommen von Pyrit in den Sedimenten im Porenwasser möglich, nicht aber im bodennahen.

Einstrom und Ausstrom. Nun weisen die Pfeile der Abb. 6-9 ja auf Wasser- bewegungen hin, Einstrom und Ausstrom. Bilden sich diese auf dem Meeres- boden ab? Im *Persischen Golf* transportiert der Einstrom aus dem Indischen Ozean Plankton herein, das nur zum Teil überlebt, im Fall der planktonischen Foraminiferen aber abstirbt und allmählich zu Boden sinkt. Setzt man deren Schalen im Sediment mit denen der bodenlebenden Foraminiferen ins Verhält- nis, so kommt man zum vereinfachten Bild der Abb. 6-11, das diesen Ein- strom klar beweist. Mehr noch, er wird nach diesen Werten nach rechts, auf die iranische Seite abgelenkt, was man bei Meeresströmungen auf der Nord- halbkugel (Corioliseffekt) auch erwarten muß. Ferner: Der Oberflächenein- strom wird beim Passieren der flachen Schelfkante und des relativ schmalen "Biabanschelfs" (Abb. 6-10 rechts) und durch den Bodenausstrom gestört.

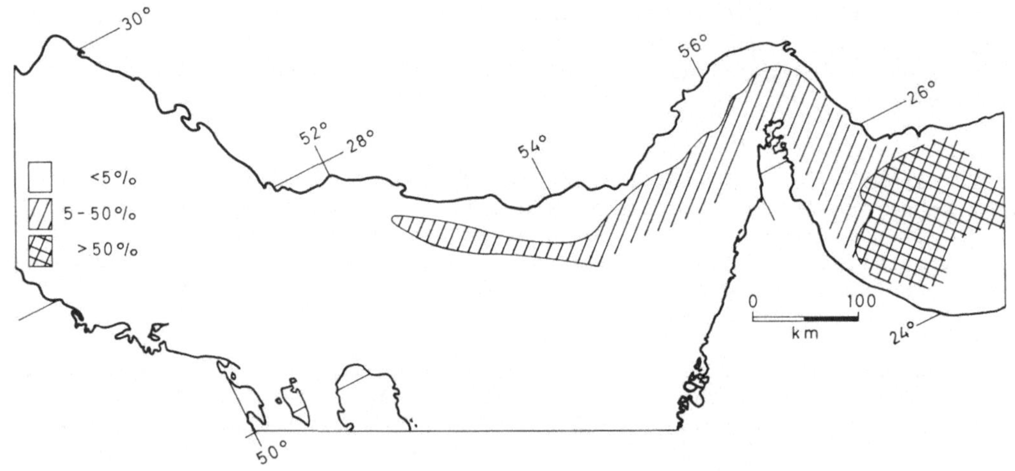

Abb. 6-11. Verteilung des Plankton/Benthosverhältnisses der Foramini- feren. Die eingetragenen Werte ergeben sich aus der Sandfraktion in den Proben der Oberflächensedimente aus

$$100 \times \frac{\text{Prozentzahl der Planktonforaminiferen}}{\text{Prozentzahl der gesamten Foraminiferen}}.$$

Der Oberflächeneinstrom transportiert danach Plankton vom Indischen Ozean (rechts) in den Persischen Golf

Er zieht deshalb auch etwas tieferes Wasser aus dem Indischen Ozean mit.
Tieferes Wasser ist im allgemeinen nährstoffreicher, da ja primär Nährstoffe nur durch Pflanzen verbraucht werden und diese nur im durchlichte-
ten Oberflächenwasser leben, assimilieren können. Diese erhöhten Gehalte
sind in Abb. 6-10a schraffiert dargestellt. Fließt dieses Wasser, nun an
der Oberfläche, weiter in den Golf hinein, so werden die Nährstoffe laufend verbraucht. Der Phosphatgehalt nimmt z.B. auf diesem Weg auf 1/4 bis
1/8 ab. Deshalb wird über Pflanzen und Tiere golfeinwärts immer weniger
organische Substanz produziert. Und dies ist einer der Gründe, weshalb
im Persischen Golf im Sediment allenfalls 2% des Trockengewichts organisch
gebundener Kohlenstoff (C_{org}), meist nur 0,5 - 1%, enthalten sind. Erstaunlich für ein Meer, unter dessen Umgebung die reichsten Erdölvorräte
der Welt liegen!

In der *Ostsee* bringt winterliche Abkühlung und Konvektion tieferes, nährstoffreicheres Wasser immer wieder an die Oberfläche. Diese "Düngung" führt
mit zu C_{org}-Gehalten in den Sedimenten um 1-5, maximal über 10%. Man muß
allerdings berücksichtigen, daß solche Gehalte komplexe Werte darstellen,
geht in sie ja etwa auch die unterschiedliche "Verdünnung" durch die Sedimentation von terrigenen, C_{org}-armen Bestandteilen mit ein.

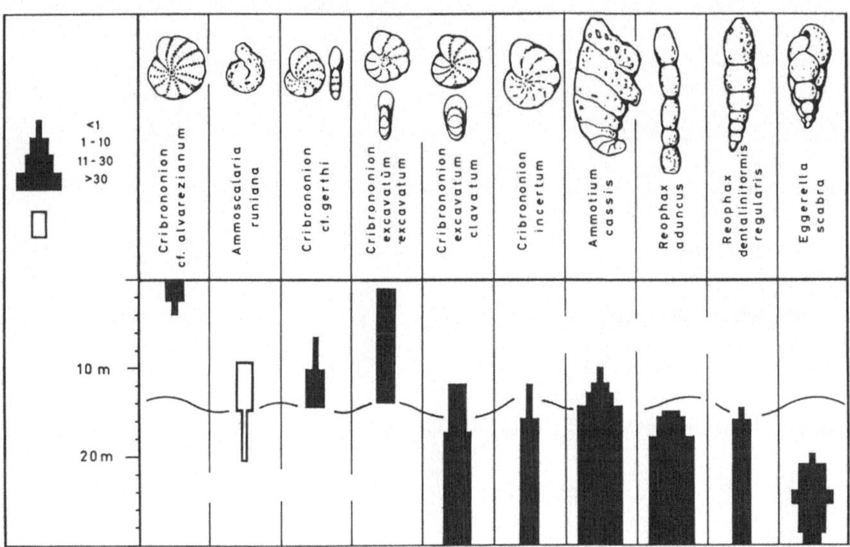

Abb. 6-12. Vertikale Verteilung der wichtigsten bodenlebenden Foraminiferen in der westlichen Ostsee. Die Balken markieren die Zahl der in
10 cm³ Sediment gefundenen lebenden Individuen. Von *Ammoscalaria* wurden
1963/64 nur leere Gehäuse angetroffen. Die Wellenlinie um 14 m Wassertiefe markiert die Grenze zwischen Oberflächen-Ausstrom- und Boden-Ein-
stromwasser

Schließlich noch weitere Hinweise auf Strömungen in der Ostsee. Der Bodenwasser-Einstrom wird im Großen Belt und Fehmarnbelt so stark gebündelt,
daß er, bei Westwindwetterlagen verstärkt, sogar den Boden erodieren
kann. Es bleibt dann auf ihm nur ein Restsediment aus groben Kiesen der
unterlagernden Moränen übrig. Der Sand wird ostsee-einwärts transportiert,
was schon morphologisch durch Riesenrippeln – bezeichnenderweise mit
steilen Hängen nach Osten – angezeigt wird (Abb. 4-3b. Abb. 2-5 bringt
weitere Hinweise). Die Ausstrom-Einstromwasser-Grenze liegt in der Kieler
Bucht zwischen 10 und 20 m. Sie verrät sich sehr deutlich in der Boden-
besiedlung. Im Ausstrom-Tiefenbereich kommen zum Teil andere bodenlebende Foraminiferen als darunter vor (Abb. 6-12), was auch für die Mollusken-
fauna gilt. Dies führt sogar zu bezeichnenden Unterschieden im Kalkgehalt der Sedimente und anderen Hinweisen, die auch in fossilen Fällen
erarbeitet werden können.

Die Arid/Humid-Beispiele wurden etwas ausführlicher erörtert, da an ihnen
das Wechselspiel Atmosphäre – Hydrosphäre – Biosphäre – Lithosphäre besonders gut zu zeigen ist, und da sie bei der weiten Verbreitung fossiler
Flachwassersedimente künftig sicherlich noch weit zahlreicher als bisher
als Modell herangezogen werden können.

7. Meeresboden und Rohstoffe

Der erste Gedanke bei dieser Überschrift dürfte sicher "Erdöl und Erdgas"
sein. "In" der Nordsee wurden bisher rund 1 Milliarde Tonnen Erdöl und
1300 Milliarden m^3 Erdgas an Vorräten nachgewiesen. Ab 1975 sollen daraus
jährlich um 50 Millionen Tonnen bzw. 60 Milliarden m^3 gefördert werden.
Diese Schätze liegen aber beträchtlich *unter* dem Meeresboden, meist Tausende von Metern. Sie sind auch selten von Beobachtungen auf ihm selbst
direkt vorauszusagen. So vor Kalifornien, wo ölhaltige Gesteine vom
Meeresboden angeschnitten sind. Das dort austretende Öl hat sich jedoch
zu Asphalt umgewandelt, der weitere Nachfuhr verstopft. Es sind eine
Fülle von positiven Faktoren im tieferen Untergrund notwendig, bis sich
derartige Vorkommen bilden. Deshalb sei im Rahmen dieses Kapitels nur
auf die Rohstoffe eingegangen, die *auf* dem Meeresboden oder nur wenige
Meter darunter vorkommen.

Damit Rohstoffe wirtschaftlich interessant werden, muß ihre Gewinnung auch
finanzielle Gewinne bringen. Dies ist im allgemeinen nur möglich, wenn
die Rohstoffe schon von der Natur angereichert worden sind. Diese Konzentrierung kann zum Beispiel mechanisch erfolgen, was an den Mineralseifen
gezeigt werden soll.

7.1 Mineralseifen

Sie werden freilich von der Wirtschaft bisher erst am Strand oder in Nähe
von Flußmündungen abgebaut und verwertet. Bei diesen Konzentraten ist die
Entstehung einfach zu verstehen. Deshalb seien sie vorweg behandelt.

Die Flüsse bringen, wie früher gezeigt, neben gelöster und schwebender
Fracht am Boden auch gröbere Partikel, die Sande, ins Meer. Wellen und
Strömungen transportieren diese längs der Küste und bauen die Sandstrände
auf. Der Sand besteht im allgemeinen zu über 95% aus Quarz, in den Tropen
aus Kalkkörnern. Um Vulkaninseln kann er auch schwarz aussehen und besteht aus Mineralen, die schwerer als Quarz sind, den sogenannten Schwermineralen. Genauer: Ihre Dichte liegt über 2,85. Solche Schwerminerale
sind auf der ganzen Welt verbreitet, wenn ein geeignetes Liefergebiet im
Hinterland vorhanden ist. Zunächst sind sie in den Sanden nur zu wenigen
Prozenten enthalten. Das Spiel der am Strand auflaufenden und ablaufenden
Wellen kann diese Schwerminerale aber so konzentrieren, daß sie in einzelnen Lagen über 90% erreichen (Abb. 7-1, 7-2). Diese nennt man nach
einem alten Bergmannsausdruck "Seifen": Unter dem Mikroskop kann man in
ihnen Minerale wie Ilmenit erkennen, ein Eisen-Titanoxid, oder Rutil,
d.h. Titanoxid, Zirkon, ein Silikat, oder Monazit, ein Phosphat, das u.a.
Cer und Thorium enthält. Es gibt aber auch gold-, platin- oder zinnhal-
tige Seifen. Schließlich können sich sogar Diamanten anreichern, etwa vor
Südwestafrika.

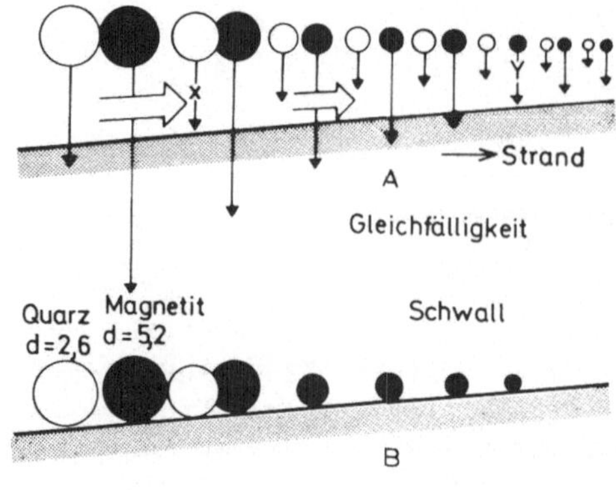

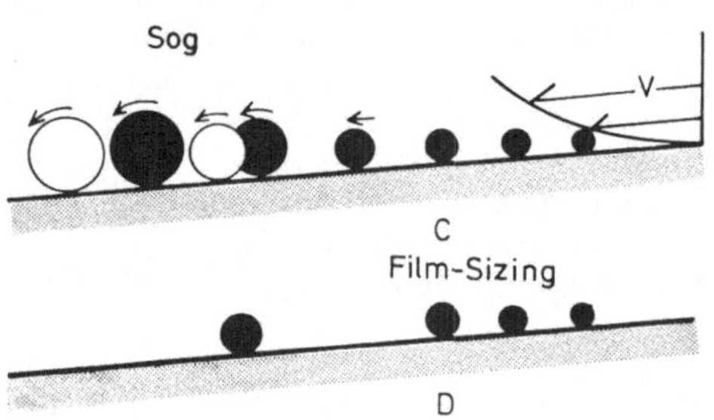

Abb. 7-1. Schema zur Entstehung von Schwermineralseifen. Aus den durch Wellen aufgewirbelten Strandsedimenten (A) fällt bei der landwärtigen Schwall-Bewegung durch unterschiedliche Sinkgeschwindigkeit zunächst die Korngemeinschaft (B) aus: Quarzkörner bis herunter zur Korngröße x, Magnetitkörner bis y. Die feinsten Körner, vor allem die leichteren Quarze, sind daraus entfernt worden.

Das rücklaufende Wasser (Sog-Bewegung) wird durch Versickerungsverluste rasch zu einem dünnen Film. An seiner Oberfläche hat er höhere Geschwindigkeiten als am Boden, weshalb bevorzugt die größeren Körner meerwärts gerollt werden (C). Zurück bleibt die Korngemeinschaft (D), d.h. vor allem mittelfeine Schwerminerale

Es konnte in den letzten Jahren bewiesen werden, daß diese marinen Seifen nur im *Strandbereich* dickere Lagen bilden können. Trotzdem werden sie teilweise auch im Flachwasser in einigen 10 m Wassertiefe gefunden. Warum? Der Meeresspiegel lag, wie verschiedentlich erwähnt, während der Kaltperioden der Eiszeit tiefer. Das Meer stieg nicht gleichmäßig, sondern in Phasen an (Abb. 4-13). Deshalb bildeten sich dabei Strandlinien und gelegentlich Seifen, die heute unter Wasser liegen. Ein schönes Beispiel wurde in den letzten paar Jahren in Alaska vor Nome untersucht. Gletscher der Eiszeit schürften im Hinterland goldhaltige Flußablagerungen und anstehende Gesteine auf und brachten ihre Fracht ins Vorland. Diese Moränen wurden durch die Brandung während der Stillstandsphasen beim Meeresspiegelanstieg besonders intensiv aufgearbeitet, so daß sich Gold an diesen fossilen Strandlinien angereichert hat.

Seifen können durch eine etwas andersartige und nicht so wirkungsvolle mechanische Sortierung auch in *Flüssen* entstehen. Die Goldseifen des Yukon, die Zinnsteinseifen Malaysias sind Beispiele. In beiden Gebieten waren und sind z.T. noch heute ganz simple Methoden im Gebrauch, um das wertlose, taube Gesteinsmaterial vom Gold bzw. Zinnstein zu trennen: Die Handschüssel, in der man das Flußsediment aufschüttelt, rotieren läßt und dabei jeweils das leichtere Material abgießt, so daß zuletzt das schwere zurückbleibt. Im Prinzip ahmt man dabei die erwähnte Sortierung am Strand nach, ein zweiphasiger Vorgang, der zunächst Körner gleicher Fallgeschwindigkeit heraussortiert und danach solche gleicher Rollgeschwindigkeit. Technisch gesagt, man verwendet das Prinzip der Klassierung durch "Gleichfälligkeit" und danach durch "Film sizing" (Abb. 7-1).

Abb. 7-2. Strandseifen. Der Strand südlich Quilon (SW-Indien) hat im höchsten Teil einen Absatz, worauf das Fischerboot liegt. Dahinter erhebt sich das mit Palmen bestandene Kliff. Die bei SW-Monsun besonders hoch auflaufenden Wellen sortieren den Sand nach den Vorgängen der Abb. 7-1. Die meist dunklen Schwerminerale reichern sich in "black sand"-Lagen an. Der dort ausgestochene Anschnitt (links) ist 20 cm hoch

Bei niedrigeren Meeresspiegelständen mündeten diese Flüsse weiter draußen, tiefer. Auch ihre Seifen können danach überschwemmt worden sein. Auch sie werden deshalb verschiedentlich durch Schwimmbagger im Meer abgebaut, etwa vor West-Thailand.

Der Wert der *Förderung* all dieser marinen Seifen lag in den letzten Jahren je über rund 50 Millionen US-\$, weil wichtige Veredelungsmetalle wie Titan, Edelmetalle wie Gold und Platin, seltene Stoffe wie Cer und Thorium daraus gewonnen werden. Vor Australien liegt schätzungsweise ein Vorrat von 1,5 Millionen Tonnen Zirkon. Gegenwärtig werden daraus über 80% der Weltproduktion gewonnen. Ein sowjetischer Schwimmbagger, die "Viborsky", baut in der Ostsee solche Seifen ab und reichert schon an Bord Rutil, Ilmenit und Zirkon an. Ein bundesdeutsches Projekt untersucht zur Zeit vor der Sambesimündung im Indischen Ozean derartige Metallanreicherungen. Um Japan wird geprüft, ob aus marinen Seifen Eisen verhüttet werden kann.

Diese Mineralseifen sind, wie gesagt, ein einfaches Beispiel. Die Zufuhr vom Land, die Verteilung an der Küste, die Anreicherung am Strand können verstanden, Voraussagen für eventuelle nach Ausdehnung, Mächtigkeiten, Mineralgehalten interessante Vorkommen können deshalb vom Geologen ge-

wagt werden. Zudem sind die Abbauverfahren und -geräte sowie die Aufberei-
tungsmethoden, die zu den gesuchten Elementen führen, bekannt. Deshalb ist
der Abbau der Mineralseifen vielerorts schon heute profitabel.

Wie erwähnt, enthalten Meeressande zunächst meist nur wenige Prozente von
diesen Schwermineralen. Der Rest besteht aus den leichteren Quarzen und
meist auch Feldspäten. Diese *Meeressande* sind natürlich gleichfalls Anreicherungen, hier einer bestimmten Korngrößengruppe zwischen 0,06 und
2 mm. Die mechanische Anreicherung durch Wasserbewegung erfolgt aus einem
Angebot, das oft von Geröllen bis zum Ton reicht. Da diese Konzentrierung
nicht so feinfühlig zu sein braucht wie bei den Seifen, sind Sande auch
viel weiter verbreitet. In Küstennähe haben sie ihre Bedeutung als *Bau-
stoff* für Verkehrswege und Gebäude, aber auch zum Aufspülen der Deichkerne,
die danach mit Klei und Rasensoden umkleidet werden. Neuerdings sucht man
sogar küstennahe Meeressande zum Aufspülen von Badestränden, wo diese den
Winterstürmen zum Opfer fallen. *Kiese* kommen nur in Ausnahmefällen ins
Meer: Vor dem Delta des Var etwa, der als Alpenfluß fast ohne gefälls-
armen Unterlauf bei Nizza das Mittelmeer erreicht. Vor Küsten, deren Gestein beim Abbruch durch die Brandung Gerölle aus widerstandsfähigen
Teilen liefern kann, etwa an den Kreideküsten des Ärmelkanals oder der
dänischen Inseln, wo sich Feuersteine anreichern. Wie erwähnt, führen
und führten Gletscher dem Meer Geschiebe zu, die am Außenrand der Endmoränen betont angereichert sind und dort auch in besonders mächtigen Lagen vorkommen können. Diese Stellen sind zum Beispiel in der Ostsee interessant, um Kies zu baggern, so vor Gjedser. Und Kies ist als Betonzuschlag-
stoff für die norddeutsche Bauindustrie noch gesuchter als der Sand, der
ja in den eiszeitlichen Sandern oder den nacheiszeitlichen Flußablagerungen des Flachlands reichlich vertreten ist.

7.2 Manganknollen

Einen völlig anderen Typ der Konzentrierung stellen die Manganknollen dar.
Hierbei sind vor allem chemische Vorgänge beteiligt, wobei aber neuerdings
erkannt wird, daß vielerorts mechanische mitwirken müssen. Neben dem wirtschaftlich gegenwärtig weniger interessanten Gehalt von Mangan und Eisen
ist vor allem wichtig, daß sie Metalle wie Kupfer, Nickel und Kobalt enthalten, und daß sie zudem oft riesige Flächen des Meeresbodens der Tiefsee
bedecken. Deshalb werden gegenwärtig erhebliche Anstrengungen von Firmen
und staatlichen Organisationen gemacht, näheres über diese Knollen, die
"nodules polymétalliques" (im französischen Sprachgebrauch), zu erfahren.
Die Vereinigten Staaten sind darin schon seit 1962 sehr aktiv. Dazu kamen
Japan und Frankreich, seit 1972 auch die Bundesrepublik mit dem Rohstoff-
Forschungsschiff "Valdivia". Die Knollen werden bisher jedoch noch nicht
wirtschaftlich genutzt. Neben wissenschaftliche Lücken treten vor allem
noch ungelöste technische Schwierigkeiten einer ökonomischen Gewinnung
und Verhüttung.

7.2.1 Eigenschaften

Welche Eigenschaften haben diese Knollen? Sie können kugelrund oder abgeflacht, glatt oder rauh sein. Die mittlere Größe hat die Mannschaft an
Bord der Forschungsschiffe gut erfaßt, wenn sie von "Tiefseekartoffeln"

spricht. Sie können aber bis 25 cm groß werden. Erze ähnlicher Eigenschaften überziehen auch als zentimeterdicke Krusten felsigen Meeresboden. Die
Knollen sind porös, haben eine Dichte um 2. Beides wird die Gewinnung durch
baggerartige oder staubsaugerartige Geräte, aber auch die Verarbeitung erleichtern, da sie zermahlen und die erwähnten Wertmetalle chemisch heraus-
gelöst werden müssen. Schneidet man die Knollen durch, so sieht man einen
schalenartigen Aufbau wie bei einer Zwiebel. Im Zentrum findet man meist
einen Kern von vulkanischem Material, seltener von Fossilresten wie Hai-
fischzähnen (Abb. 7-3). Es fiel schon vor hundert Jahren auf, als die
"Challenger" bei ihrer Weltfahrt die ersten Knollen barg, daß diese tierischen Reste sehr alt sind, aus dem Tertiär stammen. Manche Knollen mögen
vor 30 Millionen Jahren zu wachsen begonnen haben. Das bedeutet aber, daß
die *durchschnittliche* Anwachsrate in der Größenordnung von wenigen Millimetern in einer Million Jahren liegt.

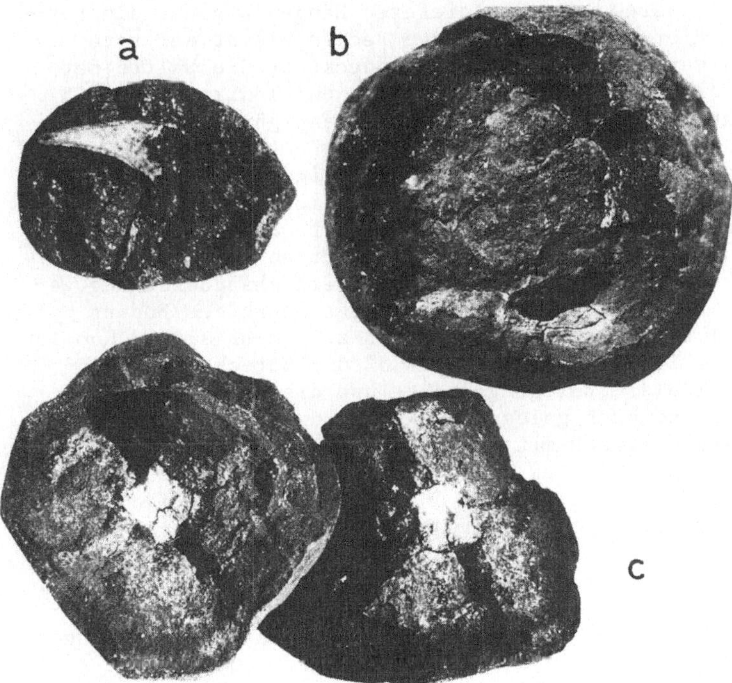

Abb. 7-3 a-c. Aufgebrochene Manganknollen aus dem Pazifik (Sammlung
Scripps Inst. Oceanography). (a) Durchmesser 3 cm, Kern Haifischzahn;
(b) 7 cm, schaliger Aufbau; (c) 5 cm, Kern verändertes vulkanisches
Material

7.2.2 Vorkommen

Wo in den Ozeanen kommen sie vor? Im wesentlichsten in den *tiefsten* und
in *landfernen* Teilen. Bei dem langsamen Wachstum ist beides leicht zu
verstehen. Wo nämlich viel sonstiges Material auf den Meeresboden kommt,

144

würden sie bald zugedeckt und könnten nicht mehr weiterwachsen. In Landnähe aber sinkt bevorzugt die Schwebefracht der Flußzufuhr ab. Schon aus
diesem Grund ist prinzipiell der Atlantische Ozean ungünstiger als der
Pazifische - zum Leidwesen der europäischen Interessenten: Der Atlantik
ist kleiner. In ihn münden auch mehr große Flüsse mit bevorzugter Schwebefracht. Man denke an den tropischen Amazonas oder Kongo. Das Einzugsgebiet der Zuflüsse des Atlantik macht, wie erwähnt, 3/4 seiner Fläche aus.
Beim Pazifik ist dieses Verhältnis nur 1/10. Zudem wird im Pazifik die
Zufuhr aus Asien weitgehend durch Nebenmeere oder extrem breite Flachmeer-
bereiche abgefangen. Die Knollen können aber auch durch Schalen planktonischer Organismen zugedeckt werden. Rund die Hälfte der Tiefseesedimente besteht aus Globigerinenschlamm, einem weißlichen Material, in dem im
Kubikzentimeter Tausende und Abertausende von Schalen dieser Foraminiferen zu finden sind. Sie bestehen aus Kalzit. In Meerestiefen zwischen
4 und 5 km wird die Auflösung dieser Gebilde stärker als die Zufuhr, so
wie in den Alpen an der Schneegrenze die Verluste größer als die Zufuhr
werden. In der Tat gleichen die höher herausragenden Tiefseeberge der
Farbe nach oft den Schneebergen. An den tieferen Hängen beginnt die Farbe rotbraun zu werden. Hier und in den weiten Becken bleibt der rote
Tiefseeton zurück. Aus verschiedenen Gründen bedeckt er die Hälfte der
Fläche des Pazifiks, nur je 1/4 die des Atlantiks und Indiks (Abb. 5-5).
Auch in dieser Hinsicht ist also der Pazifische Ozean günstiger.

Auf diese Bereiche des roten Tiefseetons und kieseliger biogener Schlamme konzentrieren sich gegenwärtig die wissenschaftlichen und auch wirtschaftlichen Aktivitäten. Die erste Überraschung war, daß vielfach die
Knollen *fleckenhaft* auftreten. Viele 100 km lang wurden z.B. im Ost-
pazifik Strecken mit kontinuierlicher Unterwasserfernsehaufzeichnung gefahren. Dabei war auf 5% der Strecken die Belegungsdichte des Bodens
mit Knollen über 50%. Auf 1 m Strecke kamen dort z.T. mehr als 10 Knollen,
auf 1 m^2 lagen bis 25 kg Erz. Umgekehrt waren 5% der Strecken knollen-
frei. Dazwischen schwankte die Belegungsdichte und dies oft auf 50 m
Distanz recht erheblich und auch gelegentlich sehr drastisch. Bei dieser
Überraschung spielt psychologisch mit, daß eigentlich jeder Geologe noch
im Ansatz an der klassischen Vorstellung hängt, daß die Tiefsee ein un-
dramatisches Gebiet ist. Noch vor wenigen Jahrzehnten glaubte man allgemein, daß ein gleichförmiger Regen von organischem und anorganischem Feinmaterial auf diese Böden herunterfällt, daß diese nur wenig Relief haben,
daß die Ablagerungen sich in aller Ruhe anhäufen. Kurz, daß dort ein un-
gestörter, erdgeschichtlicher Kalender, d.h. Blatt auf Blatt, niederge-
legt wird. Alle diese Vorstellungen müssen nach den neuesten Forschungen
für weite Teile der Tiefsee revidiert werden. 1. Das Material fällt *nicht*
gleichförmig herab. In der letzten Eiszeit hatte es - quantitativ zumindest - oft einen völlig anderen Charakter. Wo damals Eisberge ihre
Fracht abluden, kam es sogar zu *qualitativen* Unterschieden. 2. Der Tiefseeboden ist nur in Ausnahmefällen topfeben und dann vor allem vor dem
Rand der Kontinente. Gerade dort aber ist durch die höhere Sedimentationsrate die Suche nach Manganknollen uninteressant. Weite Bereiche der Tiefsee haben ein hügeliges Aussehen. Zentrale Teile der Ozeane sind darüber
hinaus Hochgebirge. 3. Und schließlich: Viele Seiten dieses erdgeschichtlichen Berichts wurden aufgelöst, wie schon gezeigt wurde. Viele Seiten
sind schlecht leserlich geworden durch Wurmstiche - im wörtlichen Sinn.
Bodentiere durchwühlen das Sediment, auch in der Tiefsee. Noch mehr:
Viele Seiten, ja viele Kapitel der Erdgeschichte wurden herausgerissen

durch *Strömungen*, die dort heute an vielleicht einem Dutzend Lokalitäten
schon direkt gemessen werden konnten. Strömungen mit Geschwindigkeiten
von einigen cm/sec. Wo aber morphologische Hindernisse auftreten, können
sich diese Strömungen verstärken und dm/sec erreichen. Dies aber genügt,
um das feine Material am Absatz zu hindern oder sogar vom Boden aufzu-
wirbeln, zu erodieren, also abgelegte Kalenderseiten herauszureißen.

Solche Stellen sind umgekehrt besonders günstig bei dem ja langsamen
Wachsen der Knollen. Sie werden dort nicht eingedeckt. Dies sind sozusagen positive Flecken für die Exploration. Umgekehrt muß das Aufgewir-
belte irgendwo zur Ruhe kommen. Man rechnet grob mit einem Zuwachs des
Tiefseetons von einigen mm/1.000 Jahren, also dem 1000fachen der Anwachsrate der Knollen. Es muß daher viele Knollenfelder geben, die eingedeckt
werden. Dies wären die negativen Flecken. Die Lösung dieses Problems
dürfte darin liegen, daß nur die mittlere Anwachsrate der Knollen so
gering ist. Episoden ohne Wachstum, sogar der Anlösung sind bei Eindeckung
zu erwarten. Dafür müßten sie nach Freilegung entsprechend schneller
wachsen.

Kann man derartige Ableitungen auch beweisen? In den letzten Jahren gelang
dies durch *Einsatz neuer Geräte*. Rohre mit großen Durchmessern oder
Kästen, die z.B. im Geologischen Institut der Universität Kiel entwickelt
worden sind, und die einen Querschnitt von 15 x 15 cm, in den letzten
Jahren bis 30 x 30 cm aufweisen, werden durch Tonnengewichte in den
weichen Tiefseeton gedrückt. Sie haben Längen bis über 10 m. So fanden
sich auch Lagen mit Manganknollen *in* diesen Sedimentkernen. Noch interessanter: Die Scripps Institution of Oceanography in La Jolla (USA) hat
in den letzten Jahren ein Schleppgerät entwickelt, das an einem viele
km langen Kabel hinter dem langsam fahrenden Schiff hergezogen wird. Es
ist mit einem ganzen Bündel neuartiger Instrumente bestückt: Ein Magneto-
meter mißt magnetische Details. Ein Echograph zeichnet feinste Relief-
unterschiede nach und steuert auch den Abstand des Schleppgeräts vom
Tiefseeboden. Er wird bei einigen Dutzend Metern gehalten. Ein weiterer
Echograph ermöglicht es, den Schichtenaufbau des darunter liegenden
Meeresbodens zu erkennen. Es ist sozusagen ein akustisches Röntgengerät.
Ein flächenhaft aufzeichnender Echograph, das Side Scan Sonar System,
zeichnet die Morphologie in Form akustischer "Luft" - d.h. Wasserbilder
auf. Blitzlichtfotografien können ausgelöst werden. Ein kompliziertes
System erlaubt die genaue Ortsangabe für die Aufzeichnungen. Damit wurden z.B. in 3.000 m Wassertiefe im Ostpazifik submarine Sedimentkörper
entdeckt, die den Bogendünen, den sog. Brachanen der Sahara gleichen.
Sie zeigen damit Sedimentumlagerung von großem Umfang an, die heute vor
sich geht oder zum Teil Erinnerungen an die letzte Eiszeit darstellen
mögen (Abb. 4-9). Im englischen Kanal und in der westlichen Ostsee sind
im flachen Wasser ähnliche Formen gefunden worden, die heute aktiv sind.
Man wird bei der Exploration auf die Erzknollen natürlich vermeiden, in
solche Felder in der Tiefsee zu geraten. Erste Ansätze zur genauen Bestimmung der Wachstumsschwankungen in den Knollen sind gleichfalls er-
folgreich gewesen. Sie liegen im Bereich 1:10.

7.2.3 Metallgehalt und Entstehung

Doch nun einiges zum Metallgehalt selbst. (Vgl. Tabelle 7-1). Die Knollen
enthalten durchschnittlich 15-20% Mangan, 10-15% Eisen. Es wurden jedoch
auch über 30% Mn und bis 26% Fe gefunden. Bezeichnenderweise stammen diese
Maxima wieder vom Pazifik. Diese Zahlen sind aber nur mittelbar interessant, denn es gibt noch genug Vorräte von Mn- und Fe-Erz auf den Kontinenten selbst, die höhere Gehalte aufweisen, leichter zugänglich und
billiger zu verarbeiten sind. Wichtiger sind, wie erwähnt, die sogenannten
Wertmetalle Cu, Ni, Co. Sie können jeweils um 2% erreichen. Wieder aber
liegen die bisherigen Werte im Atlantik leider unter 1%. *Wo* aber sind
derartige Maxima zu erwarten? Dies ist das aktuelle, wirtschaftlich
brennende Problem. Es kann nur gelöst werden, wenn man noch bessere Vorstellungen für die Entstehung der Knollen erarbeitet hat. Offensichtlich
lagern sich auf die erwähnten festen Kerne diese Metalle zusammen mit
dem Mn und Fe aus dem Meerwasser ab. Dabei scheint Cu und Ni bevorzugt
mit dem Mn, Co bevorzugt mit dem Fe vergesellschaftet zu sein. Der Mechanismus ist noch unklar. Geschieht die Fällung aus echter Lösung? Schlagen
sich kolloidale Partikel nieder? Sind dabei organische Stoffe wichtig?
Helfen Bakterien mit? Die Auffassungen sind noch nicht einheitlich.

Tabelle 7-1. Unterschiede der Elementverteilung in Manganknollen (%).
(Nach TOOMS (1972) u.a.)

	Durchschnittsgehalte			Extremwerte	
	Pazifik	Indik	Atlantik	max.	min.
Mn	17,2	14,9	13,6	34,00	5,41
Fe	11,8	14,6	15,5	26,32	4,36
Ni	0,63	0,38	0,33	2,00	0,13
Co	0,36	0,31	0,24	2,57	0,045
Cu	0,36	0,17	0,16	2,5	0,028
Pb	0,047	0,053	–	0,51	0,0046
Ba	0,20	0,16	–	1,58	0,018
Mo	0,036	0,031	–	0,080	0,0087
V	0,042	0,052	–	0,093	0,010
Cr	0,0012	0,0012	–	0,012	0,0002
Ti	0,69	0,75	–	2,65	0,123

Und mehr: Woher werden diese Elemente *angeliefert*? Direkt vom Festland
durch Flüsse? Direkt durch den Wind, als Staub, wie er von der Sahara
im Ostatlantik seit dem Mittelalter bekannt ist? Arabische Schriftsteller
dieser Zeit bezeichneten dieses Gebiet als "Dunkelmeer" bei dem vielen
Staub in der Luft. In ihm sollen aber mindestens 8% Eisen und 0,15% Mangan mitgeführt werden. Werden umgekehrt diese Metalle von unten zugelie-
fert, durch chemische Umsetzungen im Porenwasser der Schlamme? Eine Ex-
pedition der "Meteor" vor Westafrika hat 1971 hierfür Hinweise gebracht,

die auch anderwärts schon diskutiert worden sind. Hier ist sog. organische
Substanz, d.h. Verbindungen mit C, O, N und P in Mengen enthalten, die solche Umsetzungen fördert. Oder kommen Beiträge aus submarinen Vulkanen? Auch
damit ist fest zu rechnen, etwa auf dem ostpazifischen Rücken, über den
noch zu sprechen sein wird. Schließlich: Fallen die Fe-Ni-Verbindungen
aus Meteoriten als kosmische Zufuhr ins Gewicht? Offensichtlich nicht
nennenswert.

Übrigens sind Manganknollen oder -krusten auch aus dem *Flachmeer* bekannt,
wo sie ja viel günstiger abgebaut werden könnten, etwa in der Ostsee, im
Weißen und Schwarzen Meer. Trotzdem sind sie wirtschaftlich nicht interessant, da sie nur Zehntel bis Hundertstel der obigen Wertmetallgehalte
erbringen. Dies hängt wahrscheinlich damit zusammen, daß sie 20-1.000 mm
in 1.000 Jahren wachsen, also 10.000 bis 100.000mal schneller als die Tief-
seeverwandten. Deshalb steht offensichtlich weniger Zeit für eine Anlage-
rung der Wertmetall-Ionen aus dem Meerwasser an die Knollenoberfläche zur
Verfügung.

Nach all dem Gesagten ist noch viel Arbeit notwendig, um diese Schätze
zu erschließen. Ihr *Umfang* kann danach gleichfalls nur roh geschätzt werden. 1961 gaben russische Forscher an, daß im Pazifik 90 Milliarden Tonnen
Knollen liegen sollen. 1964 kamen amerikanische Fachleute auf 200 Milliarden. Selbst wenn dies um eine Größenordnung zu optimistisch wäre, und
selbst wenn in ihnen nur Bruchteile eines Prozents an Wertmetallen enthalten wären, kommt man zu einem unfaßbar großen Potential.

7.3 Erzschlämme

Die Manganknollen sind also besonders interessant, weil sie so weit verbreitet sind. Dies ist an sich für eine Lagerstätte ungewöhnlich, denn
es gehört normalerweise zum Wesen derselben, daß sie lokal eng begrenzt
ist. Viele Faktoren müssen günstig zusammenspielen, bis wirtschaftlich
interessante Anreicherungen entstehen können. Das schönste Beispiel hierfür sind die Erzschlämme im *Roten Meer*, genauer im sogenannten Atlantis-
II-Tief, auf der Höhe von Mekka. Erste Beobachtungen liegen gerade erst
10 Jahre zurück. 1963 wurde es durch das englische Forschungsschiff
"Discoverer" aufgefunden, 1964 und 1965 durch die amerikanische "Atlantis II"
näher bearbeitet. 1965 war die deutsche "Meteor" dort, 1966 die amerikanische "Chain", 1969 das amerikanische Prospektionsschiff "Wando River"
und danach wiederholt das deutsche Rohstoff-Forschungsschiff "Valdivia"
und andere. Schon dies mag die Bedeutung illustrieren.

Im zentralen Roten Meer sind viele kesselartige *Becken* eingetieft (Abb.
7-4). Das Atlantis-II-Tief über 2.000 m, bei etwa 6 x 15 km Umfang. Es
ist am Grund mit einer Salzlauge angefüllt, die bis 60°C heiß ist und
über 25% Salz enthält, das 7-fache des normalen Meerwassers. Gegen dieses ist in der Lauge das Fe 8.000-fach angereichert, das Zn 500-fach,
das Cu 100-fach. Die Sedimentkerne darunter sind ungemein bunt gefärbt:
blutrot, ocker, weiß, schwarz, grünlich. Eine Vielzahl von Mineralen ist
daran schuld. Am wichtigsten sind dabei die Sulfide der dunklen Lagen.
Zinkgehalte darin steigen bis über 10%, Cu bis 3, ja stellenweise 7%.
Leider sind diese Minerale äußerst feinkörnig, im Bereich von tausendstel
Millimetern. Das bringt für die wirtschaftliche Aufbereitung der Erze
ähnliche Schwierigkeiten wie bei den Manganknollen.

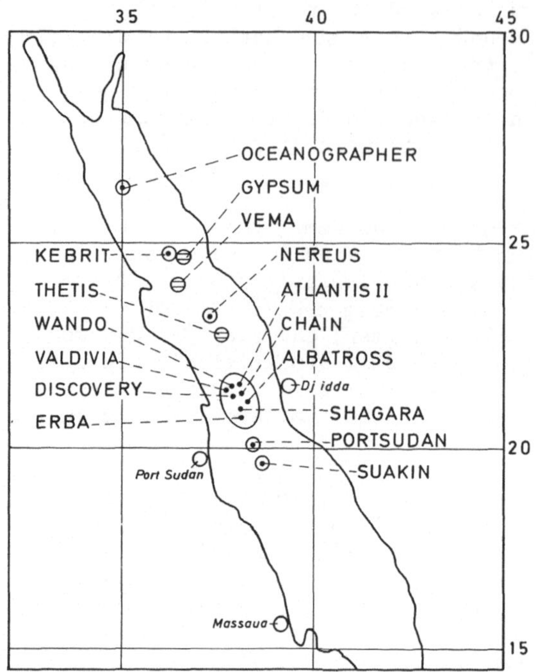

Abb. 7-4. Rotes Meer. Tiefe Becken sind etwa an der Mittellinie des Roten Meeres aufgereiht. Die wichtigsten bis 1972 entdeckten sind eingetragen. Meist sind sie nach Forschungsschiffen benannt, die sie entdeckt haben. Becken (Deeps) mit metallhaltigen Sedimenten = Kreise, mit darüberstehenden Bodenlaugen = Kreise mit Punkten

Wieder fragt der Meeresgeologe und Lagerstättenforscher, wie eine derartige Anreicherung zustandekommt. Wieder tut er dies nicht nur aus akademischem Interesse. Wenn er die *Entstehung* versteht, kann er auch Prognosen stellen, wo oder wann ähnliches sonst noch möglich ist.

Offensichtlich sind zwei Vorgänge wichtig. 1. sind wir dort im *vulkanischen Gebiet*. Die Umgebung und der Untergrund sind voller basaltischer Lavavorkommen und die Temperaturen nehmen im Untergrund rasch nach unten zu, d.h. aus der Tiefe wird in erheblichem Maß Wärme angeliefert. Ein schematisches Querprofil durch das Rote Meer bringt Abb. 8-1a. Es ist sehr wahrscheinlich, daß diese vulkanische Aktivität auch heiße, metallhaltige Lösungen zuführt, wie sie für viele sog. hydrothermale Erzlagerstätten seit langem angenommen werden. Die erwähnte strenge Farbschichtung verrät zudem, daß die Zufuhr stark schwanken kann. 2. ist der Untergrund aber auch aus mächtigen *Sedimentserien* aus der Tertiärzeit aufgebaut. Sie enthalten u.a. auch mehrere 100 m dicke Salz- und Gipslagen. Normales Meerwasser, das in derartige Sedimente eindringt und aufgeheizt wird, kann durch Komplexbildungen mit Metallen diese herauslösen und weitertransportieren, bis diese Lösungen an Spalten aufdringen und als submarine Quellen am Meeresboden austreten können. Am Grund des Tiefbeckens kommt es zu einer Wieder-Ausfällung dieser Metalle, weil die Salzlauge verdünnt wird, sich abkühlt und weil zudem im Bodenlaugenkörper kein Sauerstoff vorhanden ist. Die *Salzwasserschichtung* verhindert dessen Nachlieferung aus dem Wasser darüber. Eine Vorstellung über die Größenordnungen der Metallgehalte: Im Atlantis-II-Tief sollen 3,2 Millionen t Zn, 0,8 Millionen t Cu, 0,08 Millionen t Pb, 4.500 t Ag und immerhin 45 t Au liegen. All dies hat sich in den letzten rund 13.000 Jahren abgelagert. Das Atlantis-II-Tief ist also eine recht wirkungsvolle chemische Fabrik!

Zu den erwähnten positiven Faktoren, die zur Steigerung der Förderleistung durch hohe Temperaturen, hohe Salzgehalte, daher Komplexbildung führen, treten also noch weitere, die die Ausfällung der Metalle aus diesen Lösungen begünstigen. Sie treten zudem in ein geschlossenes Becken aus, das im Wasser Bedingungen für eine unterschiedliche Fällung in verschiedenen Stockwerken und daher Möglichkeiten einer fraktionierten Fällung bietet. Diese Fraktionierung, also auch spezielle Anreicherung der verschiedenen Metalle, wird weitergeführt, wenn die Salzlaugen über unterschiedlich hohe Schwellen in Nachbarbecken übertreten, wie dies im Atlantis-II-Bekken nachgewiesen werden konnte. Kleine Änderungen in diesem komplizierten System, also nicht nur im Charakter der Zufuhr aus der Tiefe, können daher schon zu unterschiedlichen Konzentrationen, zur Schichtung in den Sedimenten führen.

Schließlich ein letzter positiver Punkt. Diese chemischen Niederschläge werden dort kaum durch terrigene Zufuhr verdünnt. Das Tief liegt im Zentralgraben an der tiefsten Stelle. Das Rote Meer aber erhält generell wenig Zufuhr, da es ja im ariden Gebiet liegt.

Die "Valdivia" hat 1971/72 im Roten Meer noch weitere Tiefs entdeckt. In keinem aber wurden bisher so hohe Konzentrationen von Zink und Kupfer gefunden wie im Atlantis-II-Tief. Dies zeigt schon die Häufung glücklicher Zufälle, die zu dieser auch wirtschaftlich interessanten Anreicherung führten.

Ist dies auch für den *offenen Ozean* zu erhoffen? Wo? Es müßten Gebiete sein, die 1. wenig Zufuhr von terrigenem Material haben, in Küstenferne oder morphologisch vom Festland abgeschirmt; 2. Gebiete, in denen der Wärmestrom von unten so hoch ist, daß große Wassermengen beträchtlich erhitzt werden können und in denen 3. die Möglichkeit besteht, daß sich konzentrierte Salzlösungen bilden, sei es durch Auflösung alter Salzlager, sei es aus dem eindringenden Meerwasser selbst. Außerdem müssen geschlossene Hohlformen das Ausgefällte zusammenhalten.

Aus all diesen Überlegungen ergibt sich, daß eventuell auch die *mittelozeanischen Rücken* geeignet sein müßten. Auf dem ostpazifischen Rücken und in seiner Umgebung sind in den letzten 10 Jahren tatsächlich weitere Erzschlämme gefunden worden. Sie enthalten um 6% Mn, um 18% Fe, aber leider weniger als 0,1% der erwähnten Wertmetalle. 1972 arbeiteten amerikanische und sowjetische Forschungsschiffe auch östlich dieses Rückens im sog. *Bauer-Tief*. Es liegt rund 3.000 km westlich Peru und kann über 4.000 m tief werden. In ihm liegen Erzschlämme ähnlicher Art, mit Mn-Gehalten um 2-7%, Fe um 10-20%. Sie sind nach bisherigen Sedimentkernen gelegentlich mehrere Meter dick und das Erstaunlichste: Es sind Ablagerungen, deren Ausdehnung viele 100 km beträgt. Doch auch hier fallen die sonstigen Metallgehalte zurück: Unter oder um 0,1%. Da die Erforschung ganz am Anfang steht, sind aber auch hier Entdeckungen lokal höherer Anreicherungen möglich. Alarmierend tritt dazu, daß auf bisher 6 Fahrtabschnitten des Tiefseebohrschiffs "Glomar Challenger" in Sedimenten über Basalten im Untergrund ähnliche Erzanreicherungen festgestellt worden sind. Das Bauertief ist also sicher keine Ausnahmeerscheinung im Lauf der Erdgeschichte gewesen. Erst 450 Bohrungen in allen Ozeanen außer der Arktis sind ja bisher von diesem seit 1968 eingesetzten Schiff abgeteuft worden! Der Meeresboden - ein neues Eldorado? Noch viel - und teure -

Forschung ist notwendig, um klarer zu sehen. Optimismus allein, dazu eine
Hacke und eine Handschüssel genügen heute nicht mehr, um die hohen In-
vestitionen an Schiffen, Fördereinrichtungen und alles sonst zu recht-
fertigen, was notwendig ist, die uns dort noch weithin verborgenen Boden-
schätze zu heben.

Das letzte Beispiel, die Erzschlämme, zeigt, wie sehr auch weltweite Zusammenhänge der Tektonik, des Vulkanismus und deren erdgeschichtliche Entwicklung berücksichtigt werden müssen, damit der Versuch gemacht werden
kann, Felder mit neuen Möglichkeiten einzugrenzen. Diese Zusammenhänge
sollen im letzten Kapitel behandelt werden.

8. Zur Entstehung der Ozeane

Wohl in uns allen sind konservative und progressive Züge angelegt. Sie
haben oder bekommen verschiedenes Gewicht durch Erziehung, Zugehörigkeit
zu einer Gruppe, durch geschichtliche Gegebenheiten oder auch allein durch
das Lebensalter. Da Wissenschaft vom Menschen betrieben wird, überrascht
es deshalb nicht, daß sich auch in ihr dieser Dualismus findet.

Nachdem in den Dreißiger Jahren unseres Jahrhunderts die vor allem von
A. WEGENER (1880-1930) propagierte Idee der driftenden Kontinente nur
noch wenige Anhänger hatte, und die "Stabilisten" die Permanenz der Ozeane herausstellten, schwang das Pendel um 1960 überraschend schnell zurück zum *Mobilismus* - allerdings mit einem wesentlichen und bezeichnenden Unterschied. Pflügten sich nach der Vorstellung WEGENERS die Kontinente mit ihrer dicken Kruste aktiv durch das passive Substrat der ozeanischen Unterlage, so wird heute *dem Ozeanboden die treibende Rolle* zuge-
sprochen. Die Theorien des "Auseinanderdriftens des Ozeanbodens" (sea
floor spreading) und, mit ihr verbunden, der "Plattentektonik" (plate
tectonics) beherrschen das Feld. Bezeichnend ist bei diesem doppelten
Umschwung die Aktivierung des ozeanischen Untergrunds, denn in den letzten
Jahrzehnten hat die marine Geologie und Geophysik eine noch nie vorher
erreichte Blütezeit erlebt und dadurch eine Fülle ideenreicher Köpfe an-
gezogen. Diese "Neue Globale Tektonik" ist indessen eine Theorie. Doch:
"Eine Maske der Theorie liegt auf dem ganzen Antlitz der Natur" (W.
WHEWELL, 1840). Es gilt daher auch hier, hinter diese Maske zu kommen.
Dies zwingt dazu, an Schlüsselstellen im Ozean und an dessen Rändern weitere Beobachtungen zu sammeln und ferner, die seit Jahrhunderten auf den
Kontinenten gewonnenen geologischen Erkenntnisse unter diesen neuen As-
pekten zu überprüfen. Es gibt zahlreiche Versuche, die diese Theorien
mit dem bisherigen geologischen Wissen in Einklang bringen, aber auch
solche, die zu anderen Deutungen führen, etwa von BELOUSSOV (1970) oder
von MEYERHOFF (1972).

8.1 Auseinanderdriften der Ozeanböden

Zunächst das Auseinanderdriften der Ozeanböden (H.H. HESS seit 1960, R.S.
DIETZ seit 1961)(Abb. 8-1). Wo beginnt es? Schon im einleitenden Kapitel
wurde auf die *mittelozeanischen Rücken* hingewiesen. Wie dort erwähnt,
nehmen sie mit ihren Kamm- und Flankenregionen 1/3 des Ozeanbodens, also
rund 1/4 der Erdoberfläche ein. Pionierarbeit hat bei deren Erforschung
seit den 50er Jahren B.C. HEEZEN geleistet. Die Kammregion ist dadurch
ausgezeichnet, daß sich dort Flachbeben häufen, aktive Vulkane auftreten,
der Wärmefluß aus dem Erdinnern erhöht und schließlich oft eine zentrale
Spalte vorhanden ist. Diese Spalte kann an einigen Stellen in ihrer Fort-
setzung auch an Land untersucht werden. So auf Island oder in Ostafrika,
wo ihr Verlauf durch die großen und tiefen länglichen Seen markiert wird.
Dabei ergab sich, daß die Spalte ein Graben ist, also eine tektonische

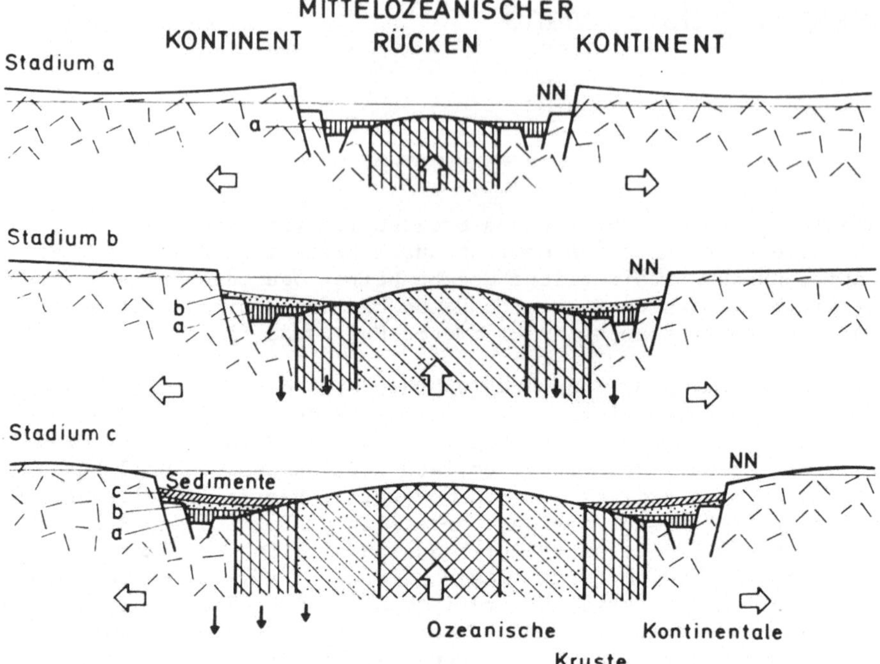

Abb. 8-1. Theorie des Auseinanderdriftens der Meeresböden. Schema, zeitlich wie räumlich nicht maßstäblich. 1. Auseinanderdriften: Durch aufdringendes Mantelmaterial (linksschräg schraffiert) wird nach dem Aufreißen eines Kontinents und einer Absenkungsphase, die zu randlichen Verwerfungen führt, der mittelozeanische Rücken hochgehoben und neue ozeanische Kruste geschaffen. Dadurch entfernen sich die Kontinente voneinander (Stadium a-c). Stadium a wäre beispielsweise mit dem heutigen Roten Meer vergleichbar. Durch Abkühlung und sonstige Vorgänge in Kontinentnähe sinkt der Meeresboden landwärts des Rückens ab. Dies und die Abtragung von oben her erniedrigt auch die Kontinentalränder. 2. Polarisierung des erdmagnetischen Feldes: Während der Stadien a-c wird das in die Nähe der Oberfläche aufdringende Material, im wesentlichen Basalt, beim Abkühlen magnetisiert. Normal bei normalem, d.h. heutigem Erdfeld, umgekehrt bei einem umgekehrten. Dieses Muster bleibt beim Auseinanderdriften erhalten. Da die Zeitabschnitte mit normalem und umgekehrtem Feld unterschiedliche Länge haben, lassen sich damit diese oberflächennahen Gesteine datieren. Landwärts nehmen ihre Alter zu. 3. Sedimente: Die Sedimente, die sich über diese Basalte legen, können mit mikropaläontologischen Methoden datiert werden. Das Alter der die Basalte direkt überlagernden Sedimente nimmt gleichfalls landwärts zu, ebenso die Gesamtmächtigkeit der Sedimentdecke (s. Stadium c)

Struktur, die auf Zerrung zurückgeführt werden muß. Unterwasserfotografien, Dredschzüge und Bohrungen zeigen um den Graben im ozeanischen Bereich, daß nur wenig Sediment vorhanden ist und daß im wesentlichen Besalt ansteht, an der Oberfläche oft in Form der Kissenlaven (Abb. 8-2). Das Fehlen von Sediment, aber auch einige direkte Altersbestimmungen an den Basalten geben Hinweise, daß es sich um geologisch junge Züge handelt.

Abb. 8-2. Kissenlaven auf dem ostpazifischen Rücken. Teilweise mit biogenem Kalkschlamm bedeckt. 03°48,5'S, 102°42,5'W, rund 4.000 m Wassertiefe. Unterrand rund 2 m breit

An Störzonen, die die Kammregion oft kreuzen, sind teilweise auch *tiefere
Horizonte* angeschnitten. Dredschproben von dort erbrachten metamorphosier-
te Basalte und grobkörnigere kristalline Tiefengesteine wie Gabbro - mit
ähnlichem Chemismus wie dem der Basalte. Dabei fällt der geringe Gehalt
vor allem an Kalium auf ("Tholeiitische Basalte"). Außer diesen basischen
und auch ultrabasischen, d.h. schweren, dunklen Gesteinen wurden aber gelegentlich auch SiO_2-reichere, etwa Diorite gefunden.

Diese auf dem Kamm um 5 - 7,5 km dicke Lage bildet sich offensichtlich
durch Fraktionierung von Material, das aus dem darunter liegenden Mantel
hochsteigt, dabei abkühlt, durch Druckentlastung aber auch aufschmilzt,
durch eindringendes Meerwasser verändert wird. So entsteht - auch heute -
neue ozeanische Kruste und *neuer Meeresboden*, wie am Saum des Walls durch
völlig andere Vorgänge neues Land entsteht.

Viele Vulkanologen sind freilich noch skeptisch, wenn sie an das volume-
trische Ausmaß dieser Vorgänge denken. Viele können sich auch nicht vorstellen, daß diese linear auf tausenden von Kilometern wirksam sein sollen. Neuerdings wird daran gedacht, daß dieses Aufsteigen an *"heißen
Flecken"* (J.T. WILSON, seit 1963) bevorzugt geschieht. Aus dem tieferen
Erdmantel soll Material in zylindrischen Röhren mit Durchmessern um 100-200
km aufsteigen und dadurch den Meeresboden um 1-2 km, mit Durchmessern um
1.000 km herauswölben. Diese Aufquellkörper (plumes, Abb. 8-3) (W.J. MORGAN,
seit 1968) sollen eine Lebensdauer von mehr als 100 Millionen Jahren haben.

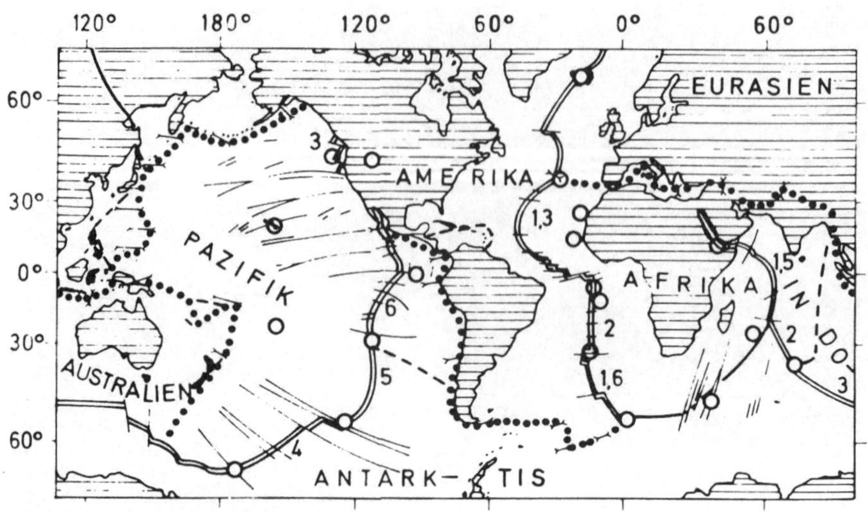

Abb. 8-3. Plattentektonik. Erdkarte. Die Lithosphäre besteht nach dieser
Darstellung von 1968 aus 6 Groß-Platten. Seitdem sind weitere Unter-
teilungen und teilweise auch andere Grenzen diskutiert worden, etwa das
Abgliedern einer Arabien-Platte oder mehrerer Teilplatten westlich Südamerika. Seismisch, vulkanisch und tektonisch aktiv sind vor allem die
Plattenränder. Sie können auseinanderweichen (Doppellinie, jährlicher
Bewegungsbetrag in cm), gestaucht werden (Kreise, Kompressionsrichtung
in Pfeilen) oder Scherbewegungen ausführen. Bei manchen Rändern ist der
Charakter noch nicht geklärt. Die Plattenränder werden vor allem um die
mittelozeanischen Rücken von Störungen gequert. Aufquellkörper als Hohl-
kreise

Sie sollen auch außerhalb der mittelozeanischen Rücken vorkommen und dort
mehr oder weniger lagestabil, da tief gegründet sein, Wandert Ozeanboden
über solche vulkanisch aktive Flecke hinweg, so sollen längliche Aufwöl-
bungen (seismisch *inaktive Schwellen* wie im Atlantik zwischen Island und
Färöer oder vor der Walfischbucht) oder Ketten erloschener Vulkane (submarine Berge des Emperor-Zugs im Pazifik, korallenriffbedeckter Bereich
der Chagos-Lakkadiven-Inseln) davon zeugen. Bestechend ist diese Annahme
für die NW-SE orientierte Inselkette von Hawaii (Abb. 8-3). Sie wird bekanntlich aus Vulkanen aufgebaut, die nach Südosten immer jünger werden.
Auf der dieser Provinz namengebenden Insel, im äußersten Südosten, sind
die Krater des Mauna Loa und Kilauea auch heute aktiv. Damit wäre sogar
der Bewegungssinn des dortigen Meeresbodens, nach Nordwesten, gegeben.

Doch zurück zum Zentralgraben! Es wird angenommen, daß eine Ur-Anlage
eines solchen im ostafrikanischen Grabensystem zu sehen ist, ein fort-
geschrittenes Stadium im Tiefseeteil des Roten Meers (Abb. 8-1) und
weiter im Golf von Aden. Durch die Schaffung neuer ozeanischer Kruste
sind deren Küsten um einige 100 km auseinandergewichen. Im weiterent-
wickelten Indischen, Atlantischen und Pazifischen Ozean sind es einige
1.000 km.

Welches sind die Konsequenzen aus dieser Vorstellung?

1. Das *Alter des Meeresbodens* müßte vom Rücken zu den Kontinenten hin zunehmen. Man kann es durch Fossilien aus den Sedimenten bestimmen, die direkt über den ozeanischen Basalten liegen. Wo dieser ganze Komplex durch jüngeren Vulkanismus hochgehoben und direkt zugänglich geworden ist, etwa auf den Kap Verde Inseln, geht dies mit den klassischen geologischen Methoden. Ammoniten weisen dort auf Oberen Jura als ältestes Sediment hin. Nehmen wir dafür rund 150 Millionen Jahre als Alter an und eine Entfernung Rücken – Afrika um 3.000 km, so müßte sich auf der Osthälfte des dortigen Atlantik Kruste in einer groben Durchschnittsrate von 2 cm/Jahr gebildet, d.h. sich Afrika von Nordamerika um das Doppelte, um 4 cm/Jahr entfernt haben. Dieser horizontale Verschiebungsbetrag ist aber für einen Geologen so unvorstellbar groß, daß er weitere Beweise braucht.

2. Sie wurden von Geophysikern geliefert, die die *Richtung des erdmagnetischen Felds* in den unter den Rücken aufgedrungenen Basalten gemessen haben. Kühlen diese dabei unter den sogenannten Curie-Punkt, d.h. unter rund $525^{o}C$ ab, so werden sie in Richtung des erdmagnetischen Feldes magnetisiert. Nun hat es sich aus Untersuchungen datierbarer Lavaströme an Land und der Magnetisierung gleichfalls datierbarer Tiefseekerne gezeigt, daß dieses Erdfeld nicht konstant polarisiert ist, sondern daß es gelegentlich sein Vorzeichen – und dies offensichtlich sehr rasch – wechselt. Der magnetische Nordpol wird dann zum Südpol und umgekehrt. Die Dauer der Perioden des normalen, d.h. heutigen Felds, liegen zwischen rund 700.000 und 2 Millionen Jahren. Ähnliche Dauer haben die Perioden des umgekehrten Feldes. Ein derartiger Kalender, in dem die wichtigsten Ereignisse numeriert sind (1-35), gibt Abb. 8-4. Dabei muß gesagt werden, daß wir noch nicht wissen, warum das Feld umkippt, und daß die Skala noch viele Extrapolationen enthält, vor allem bei Perioden, die älter als 5-10 Millionen Jahre sind.

Da nun die Richtung der Magnetisierung dieser Basalte der obersten, abgekühlten, rund 0,5 – 1,5 km dicken Schicht auch die Feldstärke an der Meeresoberfläche beeinflußt, können diese Ereignisse aus Messungen von Magnetometern abgelesen werden, die z.B. durch Forschungsschiffe geschleppt werden (F.J. VINE und D.H. MATTHEWS, seit 1963). Dabei ergab sich verschiedentlich eine streng parallele Anordnung dieser Anomalien zu den mittelozeanischen Rücken und, noch wichtiger, eine Symmetrie auf beiden Seiten (Abb. 8-5). Die Vorstellung des Auseianderweichens wird dadurch gestützt. Seine Richtung wird damit senkrecht zu diesen Streifen angegeben. Das "magnetische Alter" der jeweiligen Gesteinsstreifen kann nach dem erwähnten Kalender bestimmt werden und damit schließlich auch die Geschwindigkeit, mit der sie auseinanderdriften. Allerdings ist das Muster nicht immer so überzeugend wie bei den vielfach veröffentlichten Paradebeispielen. Bei der erwähnten bisherigen Genauigkeit des magnetischen Kalenders verlieren die Ableitungen ab rund 200 km beidseits der Rückenachse an Gewicht. Hinzu kommen die erwähnten noch offenen prinzipiellen Fragen, etwa der Ursachen der Feldumkehr, der Herkunft und des eigentlichen Charakters der Anomalien, ihrer eventuellen Beziehungen zum Auf und Ab der Grenze Basalt/Sediment.

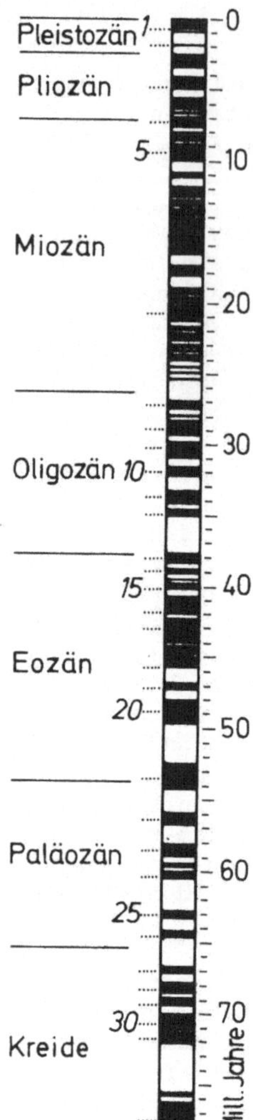

Abb. 8-4. Erdmagnetischer Kalender. Links die herkömmlichen stratigraphischen Bezeichnungen und die numerierten wichtigsten magnetischen Anomalien, rechts absolute Altersdaten in Millionen Jahren. Schwarz die Perioden mit normaler Polarisierung des erdmagnetischen Felds, weiß mit umgekehrter

Trotzdem hat die Anwendung dieser Methode auch für die Aufklärung der Geschichte gesamter Ozeanbecken schon überraschende Aufschlüsse erbracht. Das überzeugendste Beispiel stammt aus dem Südatlantik. Dort führten die Tiefseebohrungen zu mikropaläontologisch ermittelten Sedimentaltern und zu magnetischen Altern der direkt darunterliegenden Basalte, die so gut übereinstimmen, daß ein Zufall bei derart unterschiedlichen Methoden ausgeschlossen werden kann (Abb. 8-6).

Die *Driftgeschwindigkeiten* (bis 6 cm/Jahr halbseitig) sind unterschiedlich in Raum (Abb. 8-3) und Zeit. Es können auch die Driftrichtungen schwanken. Die Öffnung der Ozeane, das Beginnen der Drift also, fiel gleichfalls in verschiedenen Epochen. Eurasien hat sich von Nordamerika nach einleitenden Bewegungen vor rund 200 Millionen Jahren, offensichtlich

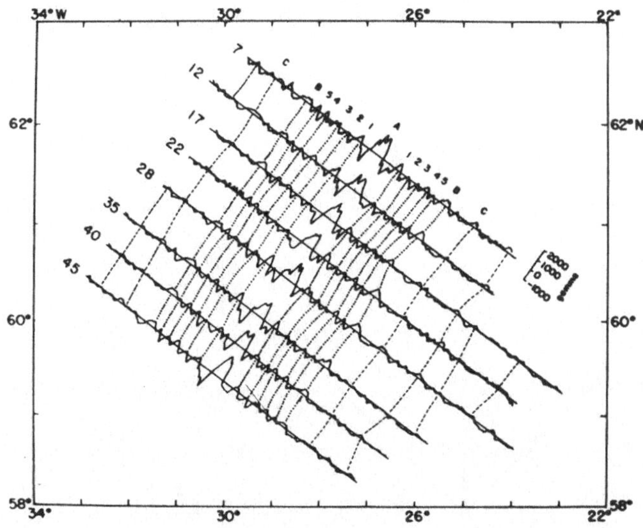

Abb. 8-5. Profile mit magnetischen Anomalien quer zur Achse des Reykjanes-
rückens (A) südwestlich Island. Links die Profilnummern, oben die Nummern
der magnetischen Anomalien (vgl. Abb. 8-4). Die auffälligste Anomalie (A)
ist weithin für den Kamm bzw. Zentralgraben der mittelozeanischen Rücken
typisch. Sie ist 20-50 km weit und hat in mittleren Breiten eine Amplitude
von rund 1.000 Gammas. Um den Äquator ist sie abgeschwächt. Sie soll die
letzten 700.000 Jahre repräsentieren. Anomalie 5, nach Abb. 8-4 rund 9
Millionen Jahre alt, wäre hier in dieser Zeitspanne rund 80 km beidseits
von der Achse weggedriftet, d.h. halbseitig rund 0,9 cm/Jahr

im Jura, getrennt. Die Hauptphase begann aber erst in der Oberkreide. Erst
in diese Zeit fällt das Aufreißen zwischen Afrika und Südamerika. Schließlich entstand das Europäische Nordmeer zwischen Norwegen und Grönland seit
dem ältesten Tertiär.

3. Bei der Drift der Böden vom aktiven Rücken weg kühlen sie sich weiter
ab, aktive Wärmezufuhr aus dem Mantel läßt nach. *Sie sinken tiefer.* Auf
diese Absenkung wurde schon im einleitenden Kapitel eingegangen. An die
Flanken der Rücken schließen sich die Tiefseebecken. Sie sind also älter
als die Rücken, konnten daher schon aus diesem Grund mehr Sedimente an-
sammeln. Die Mächtigkeit der Sedimenthaut (Abb. 8-1 und 8-7) nimmt trotz
eventuell gesteigerter Kalklösung in den größeren Wassertiefen auf rund
2 km zu, kontinentwärts durch direkte Zufuhr von dort oft auf ein Viel-
faches. Eine prinzipielle wirtschaftliche Konsequenz daraus: Um die
Rücken sind Metalle (Kapitel 7), sind auch geothermische Energiequellen
zu erwarten, in den mächtigen Sedimentfolgen landwärts davon Erdöl und
Erdgas.

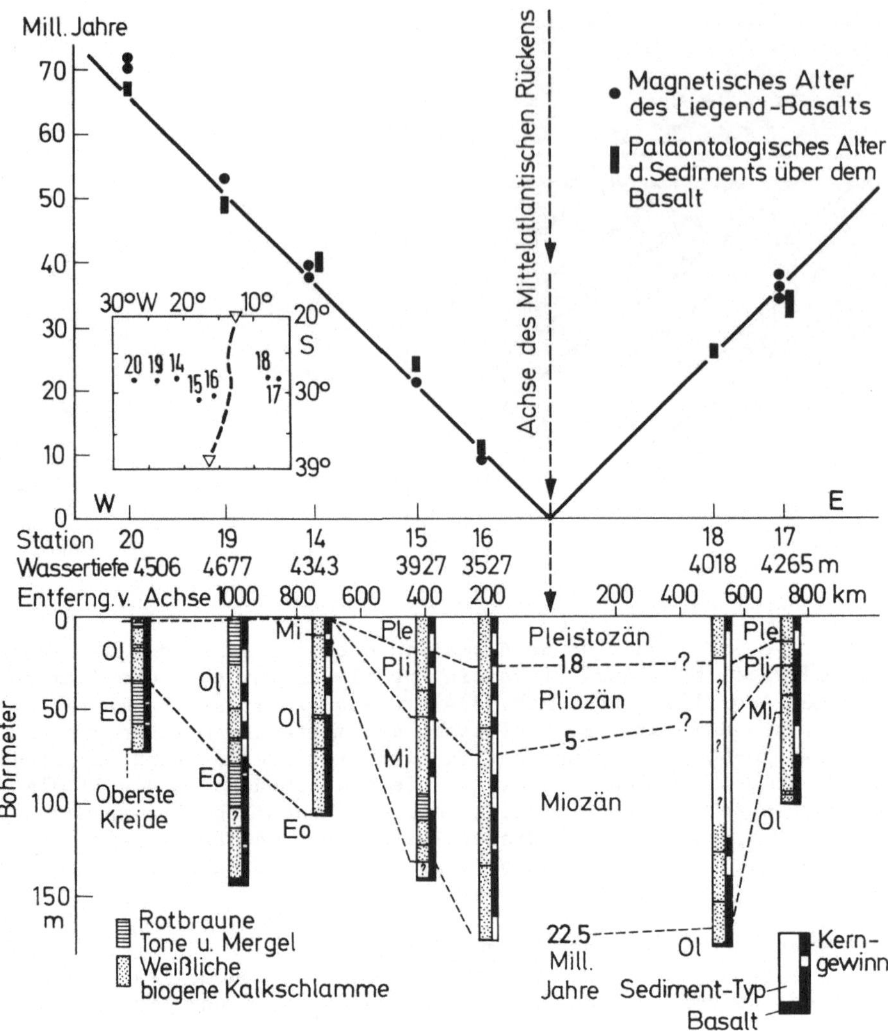

Abb. 8-6. (Legende siehe gegenüberliegende Seite)

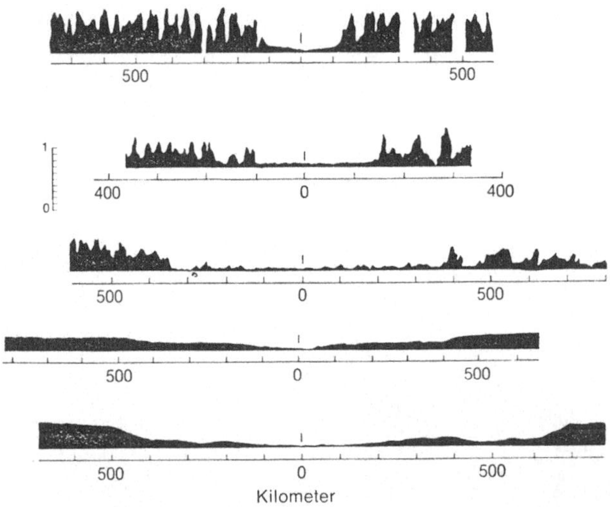

Abb. 8-7. Sedimentmächtigkeiten (Maßstab 1 km links) nach reflexions-
seismischen Messungen auf mittelozeanischen Rücken. Der Kamm der Rücken
ist praktisch sedimentfrei. Zunahme der Mächtigkeiten nach außen. Von
oben nach unten: Nordatlantik, Südatlantik, Indik, Südpazifik, Äquato-
rialer Pazifik

◄ Abb. 8-6. Ergebnisse der Tiefseebohrungen (Leg 3) zwischen Brasilien und
dem mittelatlantischen Rücken um 30°S. Unten: Kerngewinn, Lithologie,
Stratigraphie. Oben: Magnetisches Alter des Liegendbasalts und paläontologisches Alter der Sedimente direkt darüber. Einschub: Karte der Bohrungs-
punkte. 1. Alle Bohrungen erreichten Basalt unter Sedimenten, deren Basis-
lagen vom Rücken landwärts älter werden (Miozän bis oberste Kreide). 2.
Die Sedimentzuwachsraten sind sehr unterschiedlich. Die weißlichen biogenen Kalkschlamme können bis 1,8 cm/1.000 Jahre erreichen (etwa Station
16). Nicht-karbonatisches Material, etwa die roten Tone, liegt im Durchschnitt bei 0,16 cm/1.000 Jahre. Diese Schwankungen sowie die Unterschiede in der lithologischen Abfolge gehen auf unterschiedliche Anlieferung
(aus Landentfernung, Klima, biogener Produktion), aber auch Erosion und
Lösung am Boden zurück. Letztere hängt u.a. von der Meerestiefe ab. Unter
heutigen Bedingungen wird z.B. im Südatlantik in Tiefen über 4.500 m mehr
Kalk gelöst als angeliefert. Das wird direkt im Befund der Stationen 19
und 20 gezeigt. Ein Teil der lithologischen Abfolgen wird deshalb damit
erklärt, daß sich die Meerestiefen der Stationen seit der obersten Kreide
verändert hat. 3. Das wichtigste Ergebnis ist die gute Übereinstimmung
der auf völlig unabhängigen Methoden gewonnenen Basalt- und maximalen Se-
dimentalter: Basaltische Meeresböden entstehen heute an der Achse des
mittelatlantischen Rückens (Alter = 0). Die in der obersten Kreide vor
rund 70 Millionen Jahren unter dem Rücken entstandenen sind nach der Theorie des Auseinanderdriftens der Meeresböden seither nach W (und E) ge-
wandert. Nach dem oberen Diagramm geschah dies recht gleichförmig, mit
einer durchschnittlichen Geschwindigkeit von rund 2 cm/Jahr nach beiden
Seiten vom Rücken aus. (Vgl. Abb. 8-3)

4. Von Ausnahmen abgesehen, sollte das Driften nach beiden Seiten von den
aktiven Rücken aus gleichmäßig erfolgen. Sie müßten daher grob auf der
Mittellinie zwischen den Kontinenten liegen. Die Kontinente müßten zudem
in ihren Umrissen den Verlauf der Rücken nachzeichnen. Die Ähnlichkeit
der Umrisse des atlantischen Südamerika und Afrika waren indessen bekanntlich der Ausgangspunkt der Überlegungen WEGENERS und seiner Vorläufer.
Eine neuere Rekonstruktion der Anordnung dieser Kontinente vor Öffnung
des Atlantik gibt Abb. 8-8. Ein Blick auf Abb. 8-3 bestätigt die Mittel-

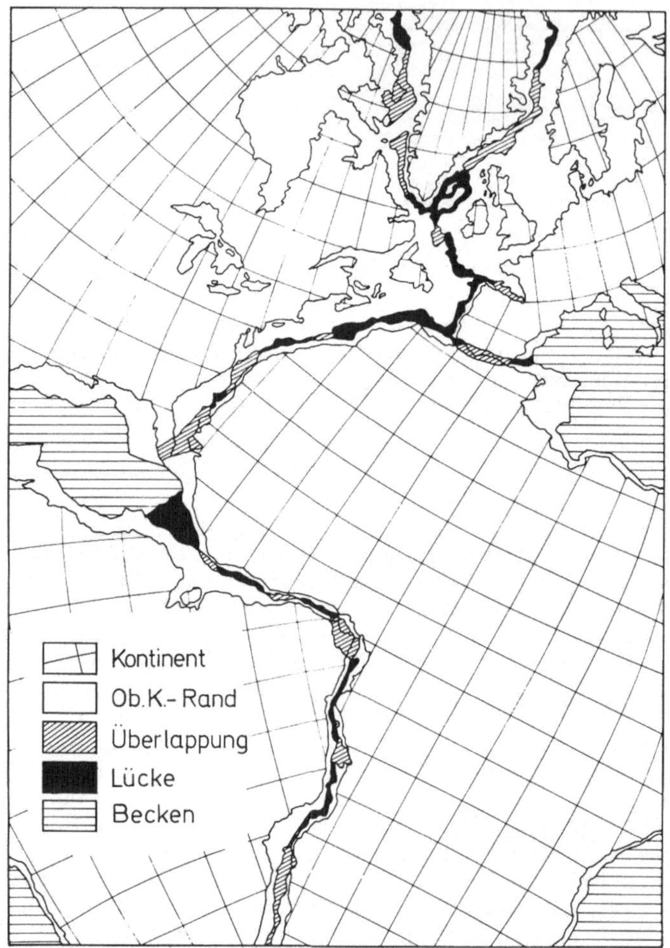

Abb. 8-8. Mögliche Anordnung der Kontinente vor der Öffnung des Atlantik.
Diese Rekonstruktion verwendet als Umriß der Kontinente nicht den Küsten-
verlauf, sondern die 500-Faden (= 900 m) Tiefenlinie, schließt also Schelf
und oberen Kontinentalhang mit ein. Leicht zu erklären ist die Überlappung
am Nigerdelta, da sich dieses *nach* der Öffnung vorgebaut hat. Schwierigkeiten macht die Überlappung Florida – Bahamas mit Westafrika, wie überhaupt die karibische Region noch voller Probleme steckt. Außerdem geht die
Rekonstruktion davon aus, daß die Biskaya sich erst während der Bildung
des Atlantiks geöffnet hat. Trotz dieser Unstimmigkeiten ist das Inein-
anderpassen verblüffend genau

lage der Rücken für die Rücken zwischen Amerika und Afrika, Afrika/Austra-
lien und der Antarktis, Afrika und Indien. Es stimmt ganz und gar nicht
für den Pazifik. Warum? Diese Frage führt zur zweiten Theorie, zur Plattentektonik.

8.2 Plattentektonik

Erste Impulse für diese Vorstellungen kamen aus geophysikalischen Untersuchungen. Zunächst ergab eine Auswertung von 30.000 mit modernen Methoden
bestimmten Herdzentren der Erdbeben seit 1960, daß diese in den Ozeanen
in engen Zonen angeordnet sind. Grundlegend waren u.a. die seismischen
Ergebnisse der Gruppe des Lamont-Doherty Laboratoriums (B. ISACKS, J.
OLIVER, L. SYKES, 1968). Die Zentren häufen sich in den Ozeanen auf den
erwähnten Rücken, gelegentlich an den von diesen ausgehenden Querstörungen, ferner in extremer Weise um die Tiefseegesenke. Hier müssen also auch
heute Bewegungen im Untergrund erfolgen. Umgekehrt sind Beben in den weiten
ozeanischen Bereichen außerhalb dieser Zonen relativ selten. Auf den Kontinenten ist die Verteilung disperser. Trotzdem ist auch hier eine zonare
Anordnung vielerorts unverkennbar. Eine vereinfachte Darstellung dieser
Zonen zeigt Abb. 8-3.

Es wird nun angenommen, daß sie die Grenzen von Großschollen, von *"Platten"*
darstellen, die mehr oder weniger steif, wie Eisschollen, auf einem tieferen Substrat schwimmen. Die Platten gehören der sogenannten Lithosphäre
an, die aus kontinentaler oder/und ozeanischer Kruste und dem darunterliegenden Oberen Mantel besteht. Ihre Dicke wird zu rund 100 km ($\pm$ 50)
angenommen. Das halbsteife Substrat darunter wird Asthenosphäre genannt.
Die Grenze beider wird eventuell durch einen Bereich herabgesetzter
seismischer Geschwindigkeiten angezeigt (low velocity layer)(Abb. 8-9).

Wichtig ist, daß die Platten nicht überall mit der Grenze Ozean/Kontinent
zusammenfallen. Auf einer einzigen Platte können ozeanische *und* kontinentale Krustenteile liegen. Die Plattendimensionen liegen bei 1.000-10.000 km,
doch hängen sie vorläufig noch stark von den unterschiedlichen Auffassungen über deren Zahl ab. Abb. 8-3 geht von 6 Platten aus. Andere Autoren
nehmen bis 20 an, und es ist abzusehen, daß bei Detailuntersuchungen in
komplizierter gebauten Räumen immer mehr dazukommen, bis die Kleinstaaterei
auch hier die großen Ideen verschleiert, d.h. "der Wirklichkeit anpaßt".
Aber selbst die Grenzen dieser 6 Platten sind noch unsicher. Stößt die
Amerika-Platte in der Beringstraße an die Eurasien-Platte oder weiter
westlich davon in Sibirien? Liegt eine Plattengrenze nördlich oder südlich
des Tibetplateaus, des Atlasgebirges? Was stellt der karibische Raum dar?

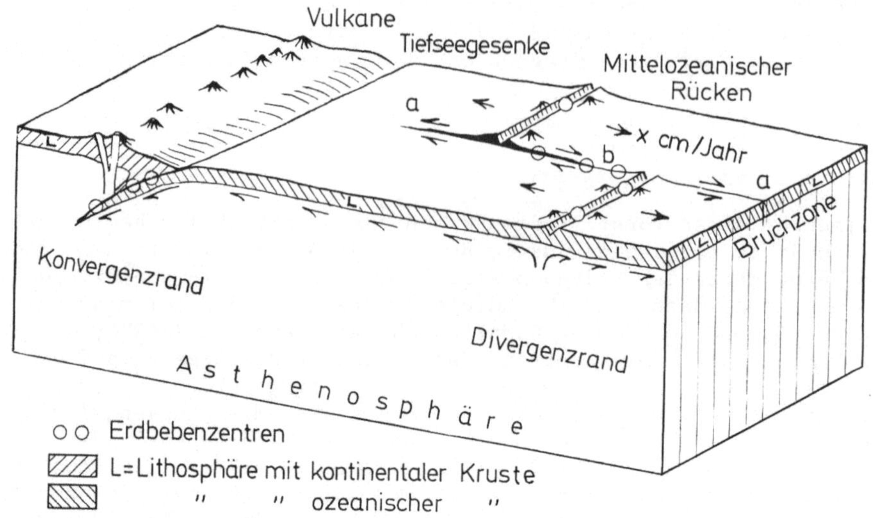

Abb. 8-9. Plattentektonik. Schematische Darstellung der Plattenränder.
Die Platten der rund 100 km dicken starren Lithosphäre driften über der
halbstarren Asthenosphäre. Die Ränder der Platten sind seismisch und vulkanisch aktiv. Wo sie divergieren, wie unter den mittelozeanischen
Rücken, wird neue ozeanische Kruste geschaffen. Wo sie konvergieren, wie
unter den Tiefsee-Gesenken, wird ozeanische Kruste in der Asthenosphäre
verbraucht und es entsteht teilweise kontinentale. Plattenintern reißen
Bruchzonen auf, an denen Teilschollen aneinander vorbeidriften, seismisch
inaktiv, wo die Bewegung gleichsinnig (a), seismisch aktiv, wo sie gegen-
sinnig erfolgt (b). Alle diese Horizontalbewegungen verlaufen mit Geschwindigkeiten von einigen cm/Jahr

8.3 Typen der Plattenränder

Wertet man bei Erdbebenstößen den Sinn der ersten Bewegung aus, so ergibt sich an den Plattenrändern, daß sie verschiedenen Typen angehören.
An den mittelozeanischen Rücken herrscht Zerrung. Wie erwähnt, weichen
dort die Platten mehr oder weniger senkrecht zu ihren Rändern auseinander
(*Divergenzrand*). An den Tiefseegesenken bewegen sich die Platten - nicht
immer senkrecht zum Rand - aufeinander zu (*Konvergenzrand*). Driften die
Platten, wie oft die Eisschollen, aneinander vorbei, so handelt es sich
um den *Scherungsrand*. Sind die Ränder gerade oder gleichmäßig bogenför-
mig, so kann dies ohne viel Aufhebens geschehen. Sind sie gezackt, so
führt die Scherbewegung zu äußerst komplizierten Zerrungen und Stauchun-
gen. Es muß natürlich sofort eingewandt werden, daß diese Einteilung zunächst auf einer seismischen Momentaufnahme des letzten Jahrzehnts be-
ruht. Die genannten Typen verraten sich aber auch durch geologische Hinweise, die sich nur in langen Zeiträumen verdichten können, etwa durch
Art und Verteilung vulkanischer Erscheinungen, tektonischer Verformung
und, bisher noch am wenigsten bekannt und verstanden, durch unterschiedliche Muster des Wärmeflusses aus dem Untergrund.

8.3.1 Divergenzränder

Der Divergenzrand wurde in seiner Initialphase bei der Darstellung der
mittelozeanischen Rücken schon auf S. 21 und S. 152 geschildert. Da der
Geologe aber die Erd*geschichte* verstehen lernen will, muß er konsequenterweise diese Anfangsstadien im Sinn der beiden Theorien auch in weiter
entwickelten Fällen rekonstruieren. Dabei kommt er zu interessanten Schluß-
folgerungen, die ihn zu Voraussagen etwa des inneren Baus oder der Geschichte vieler Kontinentalränder führen. Ob sie stimmen, müssen letztlich
Bohrungen entscheiden.

Der mittelatlantische Rücken muß nach dieser Theorie zum Beispiel aus
einer Spalte des ursprünglich vereinten Amerika-Afrika-Eurasien-Kontinents
entstanden sein. Als Modell für diese Situation wird das heutige Rote Meer
angesehen. Dort hebt aufquellendes Mantelmaterial die kontinentale Kruste
heraus und reißt sie auseinander. Konsequenzen sind eine *Graben-Bruch-
tektonik,* die die Ränder in lange, schmale Schollen zerlegt, die unterschiedlich weit absinken (Abb. 8-1). Einzelschollen können daher auch
relativ zueinander herausgehoben werden. Dadurch kommen längliche, rand-
parallele Meeresbecken zustande, die durch Querstörungen oder Vulkane
voneinander getrennt sein können. Geschieht dies in aridem Gebiet, so sind
beispielsweise günstige Voraussetzungen für die Entstehung von Gips- und
Salzlagern gegeben. Die herausgehobenen Ränder steuern je nach Klima auch
terrigenes Material bei. Zerrungstektonik, Abtragung von oben, Aufschmel-
zung von unten her wirken zusammen, um die dortige kontinentale Kruste
zu verdünnen. Mit der allmählichen Abkühlung zusammen bewirkt dies ein
langsames *Absinken,* das durch die Zufuhr von Material aus dem angrenzenden Festland, also durch zusätzliche Auflast, noch verstärkt wird.

Entfernen sich die Ränder durch die Platznahme der neugeschaffenen ozeanischen Kruste, so bleibt diese Tendenz des Absinkens über lange Zeit erhalten. Hält die Sedimentationsrate Schritt, so sammeln sich an den Rändern Flachwassersedimente mit Resten typischer Organismen an, die nach
außen in Kontinental-Hang- und Fuß-Sedimente übergehen. Welche *Mächtigkeiten* diese Serien erreichen können, wenn die Mündung eines großen
Flusses benachbart ist, mögen die Verhältnisse vor dem Niger, Mississippi,
Ganges zeigen: 10-15 km werden von dort berichtet.

Der "*atlantische*" Typ des Kontinentalrands (Abb. 8-10) ist also ein von
derartigen Sedimenten *begrabener ehemaliger Divergenz-Plattenrand.* Die
Kenntnis der Blocktektonik im Untergrund, der Salzlager, die bei genügen-
der Auflast zu Salzdiapiren führen können, des Charakters und der Abfolge
der Sedimente sind indessen fundamentale Voraussetzungen, um eine ge-
zielte Exploration auf Erdöllagerstätten ansetzen zu können! So spielen
auch in diesem Beispiel Theorie, Grundlagenforschung und Anwendung zusammen.

Alle diese Überlegungen sind nach Abb. 8-3 auf die Kontinentalränder an-
zuwenden, die auf Platten liegen, welche durchgängig zu mittelozeanischen
Rücken führen: Ostafrika, der indische Subkontinent, weite Teile Austra-
liens, der Antarktis und wahrscheinlich auch der Ränder der Arktis gehören dazu.

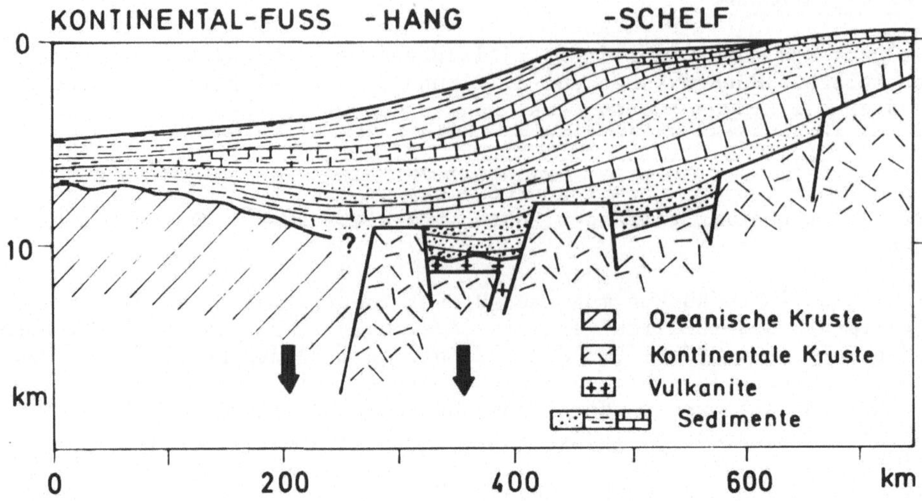

Abb. 8-10. Kontinentalrand des atlantischen Typs. Erläuterungen s.S. 163f.

Eine Fülle von Einzelheiten sind aber noch offen: Geschieht dieses Aus-
dünnen der kontinentalen Kruste auf engem Raum oder kontinuierlich?
Ist dieser Übergang eine betonte Schwächestelle mit besonderen Gesetz-
mäßigkeiten? Verhalten sich die Absenkungen ozeanwärts und landwärts davon ähnlich, d.h. sind diese Einheiten "gekoppelt" oder sind sie "ent-
koppelt"? Sind eingeschaltete Phasen der Heraushebung auf das angrenzen-
de Festland beschränkt oder greifen sie auf Schelf und Hang hinaus? Oder
sollten dort festgestellte Ausfälle ganzer Schichtpakete, "Diskordanzen",
auf andere Weise erklärt werden? Ist die Heraushebung auf bevorzugte
Streifen konzentriert, etwa auf den Schelfrand, auf den Übergang Hang/
Fußregion? Werden die Vertikalbewegungen regional oder global gesteuert?
Hat die unterschiedliche Driftgeschwindigkeit darauf direkten oder in-
direkten Einfluß, etwa über eine Absenkung oder Hebung des Meeresspiegels?
Wenn wir diese Zusammenhänge für die Zeit bis an die Wende Trias/Jura
zurück besser verstehen, kann auch die immer noch ungelöste Frage nach
tektonischen Periodizitäten in der Erdgeschichte wieder aufgegriffen werden. Sind große Revolutionen, wie das letzte Aufbrechen der Ozeane, die Ursachen weltweiter Transgressionen des Meeres auf die Kontinente auch in
früheren Epochen, im untersten Karbon, im untersten Kambrium? Diese Ereignisse hätten sich danach also alle rund 180 Millionen Jahre wiederholt.

Und weiter: Sind die Ränder des atlantischen Typs Modelle für eine Gruppe
der "Geosynklinalen", das heißt mächtige, längliche Sedimentanhäufungen,
aus denen nach dem klassischen geologischen Konzept Faltengebirge entstehen? Warum und wann aber kann in einem solchen Komplex Faltung einsetzen? Gibt es auch hier Periodizitäten, etwa in der Größenordnung von
einigen Dutzend Jahrmillionen? Von unseren Problemen des Meeresbodens
kommen wir damit zu Grundfragen der Geologie, die seit über 100 Jahren
im Mittelpunkt der Forschung stehen.

8.3.2 Konvergenzränder

Noch dramatischer sind die "Konvergenzränder", an denen bevorzugt *Pressung*
herrscht (Abb. 8-11). Im Gegensatz zu den Divergenzrändern treten hier
nicht nur Flachherdbeben auf. Von der Ozeanseite her taucht eine mit
15-75° geneigte seismisch aktive Zone ab, an der Erdbebenherde noch in
700 km Tiefe nachgewiesen werden können. Die Hauptaktivität scheint aber
in rund 100-300 km Tiefe zu liegen. Sie manifestiert sich auch an ihrem
Austritt an der Oberfläche, als *Tiefseegesenke* (Abb. 8-9). Die Auswertung dieser Beben hinsichtlich der ersten Bewegung macht die Deutung wahrscheinlich, daß sich an dieser Zone die Lithosphäre vom Ozean her unter
die Lithosphäre jenseits des Tiefseegesenkes schiebt und in den Mantel,
die Asthenosphäre, abtaucht. Dies soll dadurch möglich sein, daß sie zunächst kälter, also schwerer ist als die Umgebung. Im Verlauf der Abwärts-
bewegung wird Material aufgeschmolzen, was zu vulkanischen Erscheinungen
führt. Eine Kette von aktiven *Vulkanen* parallel zu den Gesenken zeugt
davon in den Anden, auf den Aleuten, in Japan wie Java. Ihre Gesteine
gehören den "Andesiten" an. Tiefer noch werden die Gesteine durch weitere
Einschmelzung in Plutonen homogenisiert, Intrusionen von meist granitischem
und dioritischem Charakter. Dabei nimmt der Kaliumgehalt mit der Entfernung vom Ozean zu. Durch diese Umschmelzung wird die abtauchende Lithosphäre in der Asthenosphäre "verdaut", "verbraucht" und z.T. in kontinentale Kruste umgewandelt. Diese *"Subduktions-Zonen"* unter den Gräben
werden als wichtigste Bildungsstätte kontinentaler Kruste angesehen.
Auf seine Weise hat dies schon JAMES HUTTON (1726-1797) vorausgesehen:
"Ein Kreislauf beherrscht das Material des Erdballs... Unsere Welt wird
an einer Stelle zerstört, aber andernorts wieder erneuert."

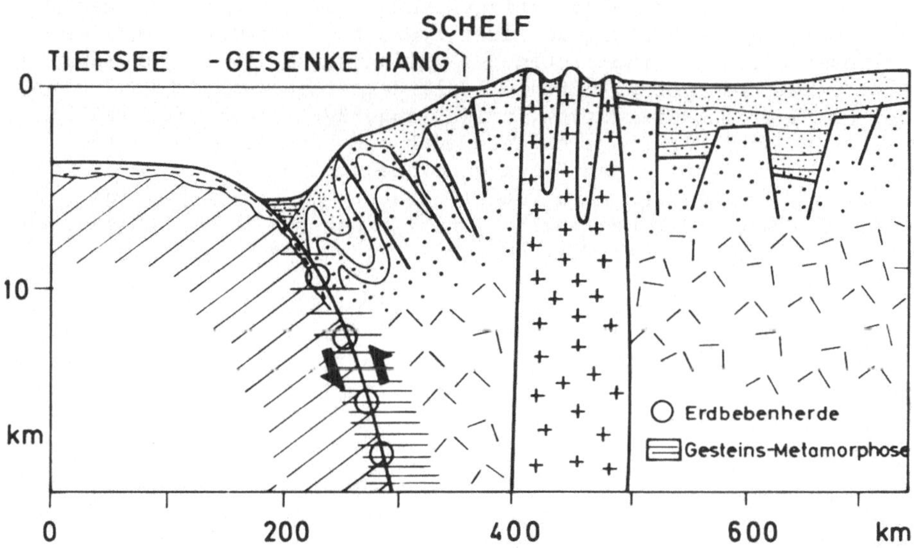

Abb. 8-11. Kontinentalrand des pazifischen Typs. Hier der andine Fall,
bei dem sich an das Tiefsee-Gesenke direkt der Kontinent schließt. Erläuterungen s.S. 165f.

Es ist nach dem Gesagten leicht einzusehen, daß der *Gesteinskomplex* an
Konvergenzrändern äußerst bunt ist. Zunächst wandert ja mit diesem Förderband Tiefseematerial nach unten: Pelagische Sedimente wie Roter Ton, kie-
selige Radiolarienschlamme, gelegentlich auch biogene Kalkschlamme oder
gar Erzschlämme, wie sie auf S. 149 behandelt wurden. Die driftende ozeanische Kruste führt aber auch vulkanisches Material, etwa basaltische
Kissenlaven und vulkanische Breccien mit, sowie deren Unterlage, also
metamorphisierte und frische Mantelgesteine, etwa Serpentinit, Gabbro,
Peridotit. Diese Gesteinsgemeinschaft wird unter dem Namen "Ophiolithe"
zusammengefaßt. Sie sind von großem aktuellen Interesse, hofft man doch,
mit ihrer Hilfe auch fossile Subduktionszonen charakterisieren zu können,
die dann ja auch mitten auf den Kontinenten und nicht nur an deren Rand
zu erwarten sind.

Von der Landseite her tritt die Füllung des Gesenkes hinzu, die Material
aus Rutschungen und Turbiditen enthält. Auf dem Abstieg wird das Ganze
vermischt, verfaltet, zerschert, geschiefert und zunächst unter wenig
erhöhten Temperaturen und Drucken metamorphisiert (Blau- und z.T. Grünschiefer, "Melange"). Tiefer bilden sich dadurch Grünschiefer und Amphi-
bolite sowie die erwähnten Intrusivgesteine.

Die petrographische Buntheit durch Anlieferung von Land, vom Ozean und
von unten steht indessen nicht allein. Konvergenzränder zeigen auch alle
Äußerungen der *tektonischen Aktivität*: Am ozeanwärtigen Gesenkerand
scheint - durch das Abbiegen der Lithosphäre - Zerrung vorzukommen. In
der unterfahrenen Platte treten Faltungen und Überschiebungen auf, die
zum Ozean hin gerichtet sind. Vertikalbewegungen sind noch akzentuierter
als an den anderen Kontinentalrandtypen. Schließlich: Wenn die Unter-
schiebungsbewegung für längere Zeit erlahmt, ist es durchaus möglich,
daß ein solcher Rand auch Züge des atlantischen Typs annimmt, mit geruh-
samerer Absenkung, der Anhäufung der dort typischen Sedimentfolgen des
Flachwasserbereichs, dem Zurücktreten des Vulkanismus. Dem in Verbindung
mit den Tiefseegesenken geschilderten Modell der "Eugeosynklinalen"
können dadurch Züge der "Miogeosynklinalen" zugefügt werden. Schließlich
kann umgekehrt im Lauf der Erdgeschichte auch ein ehemaliger atlantischer
Kontinentalrand einmal auf einen Konvergenzrand treffen. Diese Kollision
führt dann zu noch komplizierteren Verhältnissen. Ob es also je eine
"normale" Entwicklung einer Geosynklinalen im Sinne von H. STILLE gegeben
hat, ist nach unserem heutigen Wissen fraglich geworden.

Beim Konvergenzrand unterscheidet man verschiedene Fälle, je nachdem, ob
kontinentale mit ozeanischer Kruste kollidieren ("*andiner Typ*"), ozeanische
mit ozeanischer ("*Inselbogentyp*") oder sogar kontinentale mit kontinentaler -
etwa im Himalaya, auf den in unserem marinen Rahmen indessen nicht weiter
eingegangen werden soll.

8.3.3 Scherungsränder

Schließlich sei noch der Scherungsrand kurz erwähnt, wie er etwa, sehr
komplex, an der kalifornischen Küste gegeben ist. Weite Abschnitte Nord-
brasiliens und Westafrikas zwischen Nigermündung und Liberia gehörten in
der Öffnungsphase des Atlantik gleichfalls einem Scherungsrand an, weshalb dort wahrscheinlich schmalere Schelfe und schmalere Küstenbecken

ausgebildet sind und wohl geringere Sedimentmächtigkeiten erwartet werden
können, vom Nigerdelta abgesehen.

8.3.4 Bruchzonen

Um bei der Scherung zu bleiben: Die Platten sind in ihrem Innern nicht
völlig inaktiv. In Abb. 8-9 sind einige Bruchzonen eingezeichnet, die
grob senkrecht auf dem benachbarten mittelozeanischen Rücken stehen.
Eine genauere Untersuchung der Streifen normaler und umgekehrter Magnetisierung beidseits dieser Zonen hat ergeben, daß es sich dabei um *Blatt-*
verschiebungen handelt, an denen beide Schollen um Beträge bis über 1.000
km mehr oder weniger horizontal aneinander vorbeigeglitten sind. Auf dem
Meeresboden selbst wirkt sich dies durch den Versatz morphologischer
Strukturen, etwa der Zentralgräben selbst, durch vertikale Verstellungen,
längliche Becken und ähnliches aus. Wie aus Abb. 8-9 zu entnehmen ist,
kann an diesen Blattverschiebungen die Bewegung gleichsinnig erfolgen
oder entgegengesetzt. Im letzteren Fall kommt es auch hier zu Flachbecken.
Die genaue Richtung dieser Zonen ist aber auch vom Grundsätzlichen her
wichtig. Wenn nämlich die Platten der Lithosphäre wirklich steif sind und
nur dann, so müssen ihre Bewegungen als starre Kugelkalotten – nach dem
Theorem von EULER – auf einer Kugeloberfläche durch Rotation um eine durch
den Mittelpunkt der Kugel verlaufenden Achse beschrieben werden können.
Es hat sich nun gezeigt, daß tatsächlich die Bewegungen an den erwähnten
Bruchzonen solchen Rotationspolen und -achsen zugeordnet werden können.
Sie brauchen allerdings nicht mit der Rotationsachse der Erde zusammenzu-
fallen. Sie können zudem von Ozean zu Ozean verschieden liegen, ja sich
auch in der Zeit verschieben. Darüber hinaus muß die Bewegung vom jeweiligen Pol zum jeweiligen "Äquator" der Rotation hin zunehmen: Die Drift-
raten der Ozeanböden können schon aus diesem Grund nicht einheitlich sein.

8.4 Offene Probleme

Doch damit werden schon Details behandelt, die den Rahmen dieses Kapitels
bei einer Vertiefung sprengen würden. Es wurde bisher nur in Nebensätzen
darauf hingewiesen, daß nicht alle bisherigen Beobachtungen sich ohne
weiteres in den Rahmen der beiden Theorien einpassen lassen, und daß noch
viele Probleme, dabei oft die grundsätzlichen, völlig offen sind. Ab-
schließend hierfür einige Beispiele:

Zunächst wird auf Ungereimtheiten und Unsicherheiten bei den Beobachtungen selbst hingewiesen, die die Theorie des Auseinanderdriftens der Meeresböden stützen sollen. Viele kritische Bemerkungen finden sich in MEYERHOFF
(1972). *Island*, das doch auf dem mittelatlantischen Rücken sitzt, verhält
sich hinsichtlich dieser Theorie in vieler Hinsicht aberrant. Man kann
indessen einwenden, daß es ja auch aberrant ist, daß dort der Rücken
überhaupt über den Meeresspiegel auftaucht. Selbst seine Spitzen bleiben
sonst normalerweise meist 1.000–2.000 m darunter. Außerdem liegt Island
auf der Kreuzung des mittelatlantischen Rückens mit der aseismischen Grön-
land-Schottlandschwelle.

Auf dem Rücken wurden, sogar in der Nähe der Rückenachse, durchaus schon
ältere Basalte als nach den magnetischen Anomalien vorausberechnet ange-

troffen und auch andere Gesteine, die nicht ins Bild passen. Sind es "ver-
gessene" Kleinschollen aus der Initialphase der "Öffnung der Ozeane"?
Sind es nur eistransportierte Materialien? Dies erscheint nach den jetzt
systematischer vorgenommenen Erhebungen nur teilweise der Fall zu sein,
scheidet ohnehin um den Äquator aus.

Ist in den Tiefseebohrungen bis auf den Basalt die Sedimentsäule wirklich
voll durchteuft worden oder handelt es sich dabei um flächenhafte Basalt-
rgüsse über älteren Sedimenten? Im Atlantik glaubt man zum Beispiel,
aus tiefreichenden seismischen Untersuchungen Anzeichen dafür gefunden
zu haben, daß auch *unter* den Basalten schichtige Strukturen auftreten
können. Handelt es sich mitunter um basaltische *Lagergänge*, die horizontal in Sedimente eindringen können? Sie müßten sich durch Kontakter-
scheinungen an diesen Sedimenten nachweisen lassen, was auch im Bohr-
material gelegentlich auffiel. Tieferes Eindringen in die ozeanischen
Basalte ist technisch schon heute möglich. Es ist aber sehr zeitraubend
und extrem teuer. Trotzdem wird diese Frage in den nächsten Jahren an
ausgewählten Stellen sicher zu beantworten versucht werden.

Einige Schwierigkeiten der Plattentektonik mögen folgen: Wenn sich an
den mittelozeanischen Rücken Jahr für Jahr die ozeanische Kruste ver-
breitert, müßte sich ja die Erde ausdehnen. Es werden aber - zumindest
zur Zeit - einige Gründe gegen diese Ausdehnung ins Feld geführt, wie
etwa die so gut stimmende Geometrie und Kinematik der ozeanischen Linea-
mente. Also müßte die Rechnung in den - oft Tausende Kilometer davon entfernten - Tiefseegesenken durch das "Verbrauchen" der abtauchenden Lithosphäre wieder ausgeglichen werden. Wie können so riesige Gesteinsmassen
verdaut, wie kann ein so *delikates Gleichgewicht* aufrecht erhalten werden?
Wie und in welcher Tiefe muß man sich den Rücktransport in der Asthenosphäre von den Gesenken zu den Rücken vorstellen? Warum wird die Sedimentfüllung der Gesenke so glatt verschluckt, daß darin meist nur 1 km, maximal
4 km enthalten sind? Und dies bei solcher Landnähe und bei dem erheblichen
Relief etwa im "andinen Typ"!

Die Kruste driftet sowohl vom mittelatlantischen als auch vom mittel-
indischen Rücken beidseitig auseinander, also etwa von beiden Rücken her
"auf Afrika zu". Dort gibt es aber - zumindest heute - keine Subduktions-
zone. Ähnliches gilt für die Umrandung der Antarktis. Konsequenterweise
muß man annehmen, daß deshalb weder die Lage der Kontinente noch die der
Rücken fixiert sind. Beide können *wandern*. Wie aber, wenn die Aufquellkörper aus sehr großen Tiefen (S.153) für die - wandernden - Rücken wie
auch für die - lagestabilen - Beispiele Hawaii usw. verantwortlich sein
sollen?

Warum sind die Bewegungen auf der *Nordhalbkugel* offensichtlich für Amerika
effektiver als auf der Südhalbkugel? Hat Nordamerika den ostpazifischen
Rücken von Osten her nur deshalb überfahren, weil der Nordatlantik älter
als der Südatlantik ist?

Noch schwieriger werden die Fragen nach den *Kräften* zu beantworten sein,
die das ganze Geschehen bestimmen. Sie sitzen in der Tiefe, im schlecht
zugänglichen Erdmantel. Man kennt weder seine mineralogische Zusammensetzung, noch die Temperaturen, noch das Fließverhalten des Materials.
Trotzdem diskutiert man gelegentlich Größe und Geschwindigkeit thermisch
angetriebener Konvektionsströme im Mantel.

Und endlich: Welches globale oder außerglobale *Ereignis* ist dafür verantwortlich, daß die Öffnung der Ozeane nach bisherigem Wissen recht einheitlich vor rund 200 Millionen Jahren begann? Ganz zu schweigen von der Frage,
wie das Weltbild davor ausgesehen hat und verändert worden ist.

Diese Schwierigkeiten und offenen Fragen sollen wenigstens zeigen, daß man
die beiden Theorien nicht einfach deshalb ablehnen kann, weil sie Gedich-
te sind, in denen sich am Ende alles reimt. Das gesamte Kapitel aber soll
veranschaulichen, daß die Erdwissenschaften heute in ihrer Gesamtheit vor
der ungemein fruchtbaren Herausforderung stehen, zu fundamentalen Fragen
von vielen Seiten her Beobachtungen beizusteuern und Stellung beziehen
zu müssen, auch wenn diese laufend revidiert werden muß.

"Die Erde beantwortet nur Fragen, die gezielt an sie gestellt werden,
aber sie spricht in Sprachen von vielen Spezialfächern und nur die viel-
sprachige Gemeinschaft vermag sie ganz zu verstehen" (G. KNETSCH, 1972).

Anhang

Formationstabelle

Ära	Formation	Abteilung (z.T. mit Stufen)	Absolutes Alter (Millionen Jahre)
Känozoikum	Quartär	(Holozän) (Pleistozän)	
			1,8
	Tertiär	Jungtertiär-Neogen (Pliozän 3,2 Millionan Jahre) (Miozän 17,5 Millionen Jahre)	
			22,5
		Alttertiär-Paläogen (Oligozän 15 Millionen Jahre) (Eozän 16 Millionen Jahre) (Paleozän 11,5 Millionen Jahre)	
			65
Mesozoikum	Kreide	Oberkreide	100
		Unterkreide	140
	Jura	Malm Dogger Lias	
			180
	Trias	Keuper Muschelkalk Buntsandstein	
			230
	Perm	(Zechstein) (Rotliegendes)	
			280
Paläozoikum	Karbon		340
	Devon		400
	Silur		440
	Ordovizium		500
	Kambrium		580
Proterozoikum			
			1900
Archäozoikum			

Weiterführende Literatur

(Auswahl)

1. Allgemeine Lehr- und Handbücher

DIETRICH, G., 1965: Allgemeine Meereskunde. Mit Beiträgen von K. KALLE,
    492 S., Berlin. (Standardwerk).
DIETRICH, G., 1970. Ozeanographie (Das Geographische Seminar), 117 S.,
    Braunschweig. (Erste Einführung).
DIETRICH, G., ULRICH, J., 1968. Atlas zur Ozeanographie. Mannheim.
    (Standardwerk).
FAIRBRIDGE, R.W., 1966. The Encyclopedia of Oceanography. 1033 S.,
    New York. (Wichtige meeresgeologische Beiträge).
HILL, M.N. (Hrsg.): The Sea. Bd. 1 (1962), 864 S.; Bd. 2 (1963), 554 S.;
    Bd. 3 (1963), 963 S.; MAXWELL, A.E. (Hrsg.) Bd. 4 (1970), S. 802 und
    676. New York usw. (Standardwerk, für Fortgeschrittene).
ROSS, D.A., 1970. Introduction to oceanography. 384 S., New York.
    (Erste Einführung).
SEIBOLD, E., 1964. Das Meer. In: Lehrbuch der Allgemeinen Geologie,
    (BRINKMANN, R., Hrsg.), S. 280-500 (2. Aufl. 1974), Stuttgart.

2. Spezielles

BELOUSSOV, V.V., 1970. Against the hypothesis ocean floor spreading.
    Tectonophysics 9, 489-511.
BERNER, R.A., 1971. Principles of chemical sedimentology. 256 S.,
    New York.
BIRD, J.M., ISACKS, B. (Hrsg.), 1972. Plate tectonics. (Ausgewählte
    Artikel aus Journal of Geophysical Research). 951 S., Amer. Geophys.
    Union, Washington, D.C.
BLATT, H., MIDDLETON, G., MURRAY, R., 1972. Origin of sedimentary rocks.
    653 S., Englewood Cliffs.
BORCHERT, H., MUIR, T.O., 1964. Salt deposits; the origin, metamorphism
    and deformation of evaporites. 338 S., London.
DEGENS, E.T., 1968. Geochemie der Sedimente. 290 S., Stuttgart.
ENGELHARDT, W. von, 1973. Die Bildung von Sedimenten und Sedimentge-
    steinen. 387 S., Stuttgart.
FÜCHTBAUER, H., MÜLLER, G., 1970. Sedimente und Sedimentgesteine. 741 S.,
    Stuttgart.
FUNNELL, B.M., RIEDEL, W.R. (Hrsg.), 1971. The Micropaleontology of
    Oceans. 838 S., Cambridge.
GUILCHER, A., 1954. Morphologie littorale et sous-marine. 210 S., Paris.
    (Engl. Übersetzung 1958, London).
HEDGPETH, J.W. (Hrsg.), 1957. Treatise on marine ecology and paleo-
    ecology I. Geol. Soc. Amer. Mem. 67, 1296, New York.
HEEZEN, B.C., HOLLISTER, C.D., 1971. The face of the deep. 667 S.,
    New York usw. (Hervorragende Sammlung von Tiefseeaufnahmen).

HESEMANN, J. (Hrsg.), 1963. Unterscheidungsmöglichkeiten mariner und nicht-mariner Sedimente. Fortschr. Geol. Rheinld. Westfalen, 10, 494, Krefeld.

IMBRIE, J., NEWELL, N. (Hrsg.), 1964. Approaches to Paleoecology. 440 S., New York.

LE PICHON, X., FRANCHETEAU, J., BONNIN, J., 1973. Plate tectonics. 313 S., Amsterdam.

LOMBARD, A., 1956. Géologie sédimentaire. Les séries marines. 724 S., Paris.

MERO, J.L., 1965. The Mineral Resources of the Sea. 312 S., Amsterdam.

MEYERHOFF, A.A., MEYERHOFF, H.A., 1972. "The new global tectonics": Major inconsistencies. Bull. Amer. Assoc. Petrol. Geol. 56, 269-336, Tulsa.

MILLOT, G., 1956. Géologie des argiles. 499 S., Paris. (Engl. Übersetzung 1970, New York usw.).

PERES, J.M., 1961. Océanographie biologique et biologie marine. S. 541 und 514, Paris. (Einführung).

PETTIJOHN, F.J., 1957. Sedimentary rocks. 718 S., New York.

PETTIJOHN, F.J., POTTER, P.E., 1964. Atlas and glossary of primary sedimentary structures. 370 S., Berlin-Göttingen-Heidelberg-New York.

PETTIJOHN, F.J., POTTER, P.E., SIEVER, R., 1972. Sand and sandstone. 634 S., Berlin-Heidelberg-New York.

PFANNENSTIEL, M., 1970. Das Meer in der Geschichte der Geologie. Geol. Rundsch. 60, 1-72, Stuttgart.

POTTER, P.E., PETTIJOHN, F.J., 1963. Paleocurrents and basin analysis. 330 S., Berlin-Göttingen-Heidelberg.

REINECK, H.E., SINGH, I.B., 1973. Depositional sedimentary environments. 447 S., Berlin-Heidelberg-New York.

RILEY, J.P., SKIRROW, G., 1965. Chemical Oceanography. 731 S., London.

SCHWARZBACH, M., 1974. Das Klima der Vorzeit, ca. 400 S., Stuttgart.

SEIBOLD, E., 1973. Rezente submarine Metallogenese. Geol. Rundsch. 62, 641-684, Stuttgart.

SHEPARD, F.P., DILL, R.F., 1966. Submarine Canyons and other Sea Valleys. 394 S., Chicago.

STRAKHOV, N.M., 1967-1970. Principles of Lithogenesis I-III, S. 252, 621 und 589. (Engl. Übersetzung). Edinburgh usw.

THORSON, G., 1972. Erforschung des Meeres. (Behandelt biologische Fragen. Erste Einführung), 253 S., München.

VINE, F.J., HESS, H.H., 1970. Sea floor spreading. In: The Sea (A.E. MAXWELL, ed.), 4, 2, 587-622, New York.

WILSON, J.T. (Hrsg.), 1972. Continents Adrift. (Sammlung von Artikeln aus Scientific American), 172 S., San Francisco.

3. Regionales

EMERY, K.O., 1960. The Sea off Southern California. 366 S., New York usw.

MENARD, H.W., 1964. Marine Geology of the Pacific. 271 S., New York.

PURSER, B.H. (Hrsg.), 1973. The Persian Gulf. 471 S., Berlin-Heidelberg-New York.

REINECK, H.E. (Hrsg.), 1970. Das Watt. Ablagerungs- und Lebensraum. 142 S., Frankfurt.

SCHÄFER, W., 1962. Aktuo-Paläontologie nach Studien in der Nordsee. 666 S., Frankfurt.

SCHOTT, G., 1935. Geographie des Indischen und Stillen Ozeans, 433 S.,
    und Geographie des Atlantischen Ozeans, 454 S. (1942), Hamburg.

4. Denkschriften

BUNDESMINISTERIUM FÜR WISSENSCHAFT UND FORSCHUNG, 1969. Meeresforschung
    in der Bundesrepublik Deutschland 1969-1973, Bonn.
DEUTSCHE FORSCHUNGSGEMEINSCHAFT, 1968. Deutsche Meeresforschung.
    (G. DIETRICH, A.H. MEYL, F. SCHOTT, Hrsg.), 1962-1973, Wiesbaden.
SCIENTIFIC COMMITTEE ON OCEANIC RESEARCH, 1969. Global Ocean Research,
    La Jolla, USA.

5. Fachzeitschriften und Serien

Contributions to Sedimentology (1973 ff.), Stuttgart.
Deep Sea Research (1953 ff.), Oxford usw. (Wertvolle Bibliographie für
    das Gesamtgebiet der Meeresforschung enthaltend).
Development in Sedimentology (1964 ff.), Amsterdam usw. (Viele Bände
    über marine Sedimente).
Geological Society of America. Memoirs and Special papers. (Bisher über
    200 Bände, zum Teil Standardwerke zur Meeresgeologie).
Marine Geology (1960 ff.). International Journal of Marine Geology,
    Geochemistry and Geophysics. Amsterdam usw.
"Meteor" Forschungsergebnisse, Reihe A: Allgemeines, Physik und Chemie
    des Meeres (1966 ff.); Reihe C: Geologie und Geophysik (1968 ff.);
    Reihe D: Biologie (1967 ff.), Berlin usw.
Oceanography and marine biology (1963 ff.). An annual review, London.
Palaeogeography, Palaeoclimatology, Palaeoecology (1965 ff.), Amsterdam
    usw.
Progress in Oceanography (1963 ff.), Oxford usw.
Sedimentary Geology (1967 ff.), Amsterdam usw.
Sedimentology (1962 ff.). Journal of the International Assoc. of Sedi-
    mentology, Amsterdam usw. (Wichtige Beiträge über marine Sedimente).
Society of Economic Palaeontologists and Mineralogists (1930 ff.).
    Special publications, Tulsa. (Viele Bände mit meeresgeologischen
    Themen).

Quellenverzeichnis der Abbildungen

Abbildungen ohne Vermerk sind Originale

Abb. 2- 1.   Nach Unterlagen des Deutschen Hydrographischen Instituts
             Hamburg.

Abb. 2- 3.   Aufnahme 79/69, Deep Sea Drilling Project, Scripps Inst.
             Oceanography.

Abb. 2- 4.   Aus R.S. NEWTON, E. SEIBOLD, F. WERNER, 1973: Facies dis-
             tribution patterns on the Spanish Sahara continental shelf
             mapped with Side Scan Sonar. Meteor Forsch. Erg. C, 15,
             55-77.

Abb. 2- 5.   Aufnahme zur Verfügung gestellt von F. WERNER, Kiel.

Abb. 2- 7.   Aus E. SEIBOLD, 1967: Lá mer baltique prise comme modèle
             de géologie marine. Rev. Géogr. phys. géol. dynamique (2),
             11, 5, 371-384, Paris.

Abb. 2- 8.   Aus E. SEIBOLD, K. VOLLBRECHT, 1969: Die Bodengestalt des
             Persischen Golfs. Meteor Forsch. Erg. C, 2, 29-56.

Abb. 2- 9.   Aus E. SEIBOLD, 1973: Vom Rand der Kontinente. Abh. Math.
             Nat. Wiss. Kl., Akad. Wiss. Lit. Mainz.

Abb. 2-10.   Pneuflex-Profil zur Verfügung gestellt von K. HINZ, Hannover.

Abb. 2-11.   Verändert nach J. ULRICH, 1968: Die Echolotungen des For-
             schungsschiffes "Meteor" im Arabischen Meer während der
             Internationalen Indischen Ozean Expedition. Meteor Forsch.
             Erg. C, 1, 1-12.

Abb. 2-12.   Rechts: Tauchaufnahme zur Verfügung gestellt von R.F. DILL,
             Washington, D.C.

Abb. 2-13.   Aus E. SEIBOLD, 1973: s. Abb. 2-9.

Abb. 2-14.   Nach G. DIETRICH, K. KALLE, 1957: Allgemeine Meereskunde,
             Berlin.

Abb. 2-15.   Nach T.H. VAN ANDEL, G.R. HEATH, 1970: Tectonics of the Mid-
             Atlantic Ridge, 6-8° South Latitude. Marine Geophys. Res. 1,
             5-36.

Abb. 2-16.   Aufnahme zur Verfügung gestellt von A.S. LAUGHTON, Wormley
             5132, 48.

Abb. 2-17.   Verändert nach K. HINZ, 1969: The Great Meteor Seamount.
             Results of seismic reflection measurements with a pneumatic
             sound source, and their geological interpretation. Meteor
             Forsch. Erg. C, 2, 63-77.

Abb. 2-18.   Aus M. TALWANI: Gravity, S. 282. In: The Sea (A.E. MAXWELL,
             Hrsg.), 4, 1, 1970, New York etc.

Abb. 2-19.   Aufnahme zur Verfügung gestellt von R.L. FISHER, Scripps
             Inst. Oceanography.

Abb. 3- 1.   Nach H.R. KUDRASS, 1973: Sedimentation am Kontinentalhang
             vor Portugal und Marokko im Spätpleistozän und Holozän.
             Meteor Forsch. Erg. C, 13, 1-63.

Abb. 3- 2.   Nach D.K. DAVIES, W.R. MOORE, 1970: Dispersal of Mississippi
             sediment in the Gulf of Mexico. J. Sed. Petr. 40, 339-353.

Abb. 3- 3.   Vereinfacht nach M. HARTMANN, H. LANGE, E. SEIBOLD, E. WALGER,
             1971: Oberflächensedimente im Persischen Golf und Golf von
             Oman I. Meteor Forsch. Erg. C, 4, 1-76.

Abb. 3- 4.   Vereinfacht nach L.V. ILLING, A.J. WELLS, J.C.M. TAYLOR, 1965:
             Penecontemporary Dolomite in the Persian Gulf. Soc. Econ.
             Paleont. Mineral. Spec. Publ. 13, 89-111.

Abb. 3- 5.   Aus E. SEIBOLD, 1964: In: Lehrbuch der Allgemeinen Geologie,
             (R. BRINKMANN, Hrsg.), S. 488.

Abb. 3- 6.   Elektronen-Raster-Mikroskop-Aufnahmen Geologisch-Paläontolo-
             gisches Institut Univ. Kiel (C. SAMTLEBEN, U. PFLAUMANN),
             oben rechts: Lichtmikroskop. (Aufnahme H.J. SCHRADER).

Abb. 3- 7.   Nach A.P. LISITZIN, 1972: Sedimentation in the World Ocean.
             Soc. Econ. Paleont. Mineral. Spec. Publ. 17.

Abb. 4-1b.   Aufnahme zur Verfügung gestellt von H.W. MENARD, Scripps
             Inst. Oceanography.

Abb. 4-1c.   Nach C.D. MÜLLER, H.E. REINECK, E. SEIBOLD, K.H. NACHTIGALL,
             K. VOLLBRECHT, 1965: Der Knechtsand. Jahresbericht 1964 For-
             schungsstelle Norderney, Bd. 16, 143-201 (Aufnahme H.E.
             REINECK).

Abb. 4- 3.   Aufnahmen Tauchergruppe Universität Kiel.

Abb. 4- 4.   Nach E. SEIBOLD et al., 1971: Marine Geology of Kiel Bay. In:
             Sedimentology of parts of Central Europe (G. MÜLLER, Hrsg.),
             209-235, Frankfurt.

Abb. 4-5b   Aufnahmen zur Verfügung gestellt von J. NEWIG, Westerland.
  und c
Abb. 4- 7.   Tauchaufnahmen zur Verfügung gestellt von R.F. DILL.

Abb. 4- 9.   Aufnahme zur Verfügung gestellt von P. LONSDALE und B.T.
             MALFAIT, Scripps Inst. Oceanography.

Abb. 4-10.   Flugaufnahme zur Verfügung gestellt von H.E. REINECK, Wil-
             helmshaven.

Abb. 4-11.   Aus E. SEIBOLD, 1958: Jahreslagen in Sedimenten der mittleren
             Adria. Geol. Rundschau 47, 100-117, Stuttgart.

Abb. 4-12.   Aufnahme zur Verfügung gestellt von G. UNSÖLD, Geologisch-
             Paläontologisches Institut Univ. Kiel.

Abb. 4-13.   Aus E. SEIBOLD, 1974: In: Lehrbuch der Allgemeinen Geologie
             (R. BRINKMANN, Hrsg.), 1, 2. Aufl., Stuttgart.

Abb. 4-14.   Flugaufnahme zur Verfügung gestellt von H. BÄCKER, Hannover.

176

Abb. 4-17. Nach J.R. CURRAY, 1969: In: The New Concepts of Continental
Margin Sedimentation (D.J. STANLEY, ed.). Amer. Geol. Inst.
Washington, D.C.

Abb. 4-19. Nach S.A. GERLACH, 1958: Die Mangroveregion tropischer Küsten
als Lebensraum. Z. Morph. Ökol. Tiere 46, 636-730.

Abb. 4-20a Nach E. SEIBOLD, 1964: Beobachtungen zur Schichtung in Sedi-
und b   menten am Westrand der Great Bahama Bank. N. Jb. Geol.
Paläont. Abh. 120, 3, 233-252.

Abb. 4-21. Nach R. FRASETTO, 1972: CNR-Lab. Stud. Din. Gr. Masse,
Techn. Report 4.

Abb. 4-22. Vereinfacht nach M. CAPUTO et al., 1972: CNR-Lab. Stud. Din.
Gr. Masse, Techn. Report 9.

Abb. 5- 1. Verändert nach A.G. FISCHER, 1960: Latitudinal variation
in organic diversity. Evolution 14, 64-81.

Abb. 5- 2. Aus E. SEIBOLD, 1973, s. Abb. 2-9. Daten nach H.R. KUDRASS
und J. THIEDE.

Abb. 5- 3. Oben: Raster-Elektronen-Mikroskop-Aufnahmen Geologisch-
Paläontologisches Institut Univ. Kiel (C. SAMTLEBEN, I.
SEIBOLD). Unten: Lichtmikroskop-Aufnahme R. RÖTTGER.

Abb. 5- 4. Nach J.S. BULLIVANT, 1967: Ecology of the Ross Sea Benthos.
In: New Zealand Dept. Scient. Ind. Res. Bull. 176.

Abb. 5- 5. Nach S.M. STANLEY, 1970: Relation of shell form to life
habitat of the Bivalvia (Mollusca). Geol. Soc. Amer. Mem. 125.

Abb. 5-6d. Aufnahme zur Verfügung gestellt von H.E. REINECK, Wilhelmshaven.

Abb. 5- 7. Aufnahme (a) zur Verfügung gestellt von R.L. FISHER, Scripps
Inst. of Oceanography, (b) von F.C. KÖGLER, Geologisch-
Paläontologisches Institut Univ. Kiel.

Abb. 5- 8. Zur Verfügung gestellt von N.F. MARSHALL, Scripps Inst.
Oceanography.

Abb. 5- 9. Nach M. MELGUEN, Etude de sédiments Pleistocène - Holocène
au nord-ouest du Golfe Persique. Thèse, Rennes, 1971.

Abb. 5-10. Nach G. THORSON, 1972: Erforschung des Meeres. Kindler,
München.

Abb. 6- 1. s. Abb. 2-9.

Abb. 6- 2. s. Abb. 4-13, nach A.W.H. BE.

Abb. 6- 4. Nach A. McINTYRE, W.F. RUDDIMAN, 1972: Northeast Atlantic
Post-Eemian Palaeooceanography: a Predictive Analog of the
Future. Quat. Res. 2, 350-354.

Abb. 6- 5. s. Abb. 3-5.

Abb. 6- 6. Aus S. GERLACH, 1959: Über das tropische Korallenriff als
Lebensraum. Verh. Dt. Zool. Ges. Münster/Westf., 356-363.

Abb. 6- 8   Aus E. SEIBOLD, 1970: Nebenmeere im humiden und ariden
bis 6-10. Klimabereich. Geol. Rundschau 60, 73-105.

Abb. 6-11. Aus E. SEIBOLD, 1973: Biogenic Sedimentation of the Persian
            Gulf. In: Ecological Studies (B. ZEITZSCHEL, Hrsg.), 3,
            Springer: Berlin etc. In Anlehnung an M. SARNTHEIN.

Abb. 6-12. Nach G.F. LUTZE, 1965: Zur Foraminiferen-Fauna der Ostsee.
            Meyniana 15, 75-142.

Abb. 7- 1. Nach E. SEIBOLD, 1970: Der Meeresboden als Rohstoffquelle
            und die Konzentrierungsverfahren der Natur. Chemie Ingenieur
            Technik 42, A 2091-2103.

Abb. 7- 4. Vereinfacht nach H. BÄCKER, M. SCHOELL, 1972: New Deeps with
            Brines and Metalliferous Sediments in the Red Sea. Nature,
            Phys. Sci. 240, 153-158.

Abb. 8- 1. s. Abb. 2-9.

Abb. 8- 2. Aufnahme zur Verfügung gestellt von R.L. FISHER, Scripps
            Inst. Oceanography.

Abb. 8- 3. s. Abb. 2-9. In Anlehnung an X. LE PICHON, 1968: Sea floor
            spreading and continental drift. J. Geophys. Res. 73,
            3661-3697; W.J. MORGAN, 1972: Deep mantle convection plumes
            and plate motions. Amer. Assoc. Petrol. Geol. Bull. 56,
            203-213; J.R. HEIRTZLER et al., 1968: Marine magnetic anoma-
            lies, geomagnetic field reversals, and motions of the ocean
            floor and continents. J. Geophys. Res. 73, 2119-2136.

Abb. 8- 4   Nach J.R. HEIRTZLER et al., 1968, s. Abb. 8-3.
und 8- 5.
Abb. 8- 6. Vereinfacht aus A.E. MAXWELL, 1970: Initial Reports Deep
            Sea Drilling Project, 3, Washington, D.C.

Abb. 8- 7. Nach J. und M. EWING, 1967: Sediment distribution on the
            mid-ocean ridges with respect to spreading of the sea floor.
            Science 156, 1590-1592.

Sachverzeichnis

Die Anfügungen bei den Seitenzahlen
bedeuten: A = Abbildung, T = Tabelle

Meereskunde der Ostsee

Herausgegeben von L. Magaard und G. Rheinheimer

Mit 131 Abbildungen. Etwa 250 Seiten. 1974
(Hochschultext)
In Vorbereitung
ISBN 3-540-06897-X

Die ständig wachsende Bedeutung der Ostsee für
Schiffahrt, Fischerei, Fremdenverkehr und Industrie führte
zu einer kräftigen Zunahme des Interesses an diesem Mee-
resgebiet, das zudem ein besonders reizvolles und vielseiti-
ges Forschungsobjekt darstellt.
Dennoch liegt über die Meereskunde der Ostsee bislang
keine zusammenfassende Darstellung vor. Daher wurde am
Institut für Meereskunde an der Universität Kiel eine Ringvorlesung zu diesem Thema gehalten, an der sich Wissen-
schaftler aus allen dort vertretenen meereskundlichen Dis-
ziplinen beteiligten. Ziel dieser Veranstaltung war, einem
möglichst großen Kreis von Hörern in allgemein verständ-
licher Form einen Überblick über unser gegenwärtiges
naturwissenschaftliches Bild von der Ostsee zu vermitteln,
wobei Meteorologie, physikalische Ozeanographie und
Chemie ebenso Berücksichtigung fanden wie Biologie,
Fischereiwissenschaft und Ökologie. Das lebhafte Echo,
das diese Ringvorlesung fand, legte den Gedanken nahe,
eine Veröffentlichung in Buchform anzustreben, um damit
einer größeren Zahl von Interessenten die Meereskunde
der Ostsee zugänglich zu machen.

Springer-Verlag
Berlin Heidelberg New York

Förstner · Müller
Schwermetalle in Flüssen und Seen
als Ausdruck der Umweltverschmutzung

Von Univ.-Doz. Dr. **Ulrich Förstner,** und Professor Dr. **German Müller,**
Laboratorium für Sedimentforschung, Universität Heidelberg
Mit 83 Abbildungen und 59 Tabellen. XIV, 225 Seiten. 1974
Gebunden DM 36,—; US $14.70   ISBN 3-540-06589-X
Preisänderungen vorbehalten

Die zunehmende Belastung der Umwelt durch Schadstoffe wird besonders deutlich am Zustand unserer Flüsse und Seen. Die Schwermetalle gehören zu den gefährlichsten Umweltgiften, da sie durch natürliche Prozesse nicht abbaubar sind und sich bevorzugt in den biologischen Nahrungsketten anreichern.
Im Mittelpunkt der vorliegenden Studie steht eine Bestandsaufnahme der Schwermetall-Belastung von Gewässern in der Bundesrepublik Deutschland und die generelle Beschreibung der Anreicherungsvorgänge von Schwermetallen im aquatischen System. Dabei wird gezeigt, daß sich Ausmaß, Verbreitung und auch Herkunft von Schwermetall-Verunreinigung durch die Untersuchung der Sedimente erfassen und verfolgen lassen.
Die hier veröffentlichten Untersuchungen ergeben das Bild einer bedrohlichen Entwicklung in aquatischen Ökosystemen und für die Trinkwasserversorgung. Gerade die als besonders toxisch bekannten Schwermetalle (Quecksilber, Cadmium, Blei und Zink) sind in den Sedimenten der Flüsse im Bereich der Bundesrepublik am stärksten angereichert.
Aus dieser Tatsache leiten sich die Forderungen nach veränderten Technologien auf den Gebieten der Abwasserreinigung, der Verwendung und Wiedergewinnung von Schwermetallen und der Trinkwasseraufbereitung ab. Bei einem weiteren Anstieg der abwasserbedingten Schwermetall-Belastung kann allerdings schon jetzt eine Gefährdung der Trinkwasserversorgung aus Oberflächengewässern nicht mehr ausgeschlossen werden.

Springer-Verlag
Berlin Heidelberg New York